Deepen Your Mind

推薦序一

近年來，以 5G、物聯網、巨量資料、雲端運算、人工智慧、區塊鏈、量子科技等為代表的新技術與金融業務融合步伐的加速，有效提升了金融服務的能力和效率，科技賦能金融業創新將成為增強金融穩定發展的動力核心。金融科技創新催生了智慧化、精細化、多元化的新場景，有效促進了企業的數位化轉型，但是金融科技在為金融發展植入新活力的同時，也深刻改變了風險的傳播方式和傳播速率，並且隨著微服務、雲端原生、容器化等理念或技術被逐漸引入企業系統建設工作中，系統運行及建設模式逐步從穩態轉變為敏態，系統之間的對話模式變得越來越複雜。這些因素對業務系統在穩定運行、業務連續性保障、金融風險防範等方面都帶來了不小的挑戰，而解決這些問題的有效手段之一就是打造一個可以對業務系統運行情況和 IT 全端要素實現立體化監控及健康度評估，並且能夠做到事前智慧預警、事後快速定位的監控平臺，從而實現對系統風險的多維度、全天候監測，從源頭提升安全風險防範能力。

不僅在金融業內，在各個行業中，無論系統規模大小、系統架構是單體架構還是分散式架構、所用技術是傳統技術還是新興技術，都需要對業務系統尤其是核心業務系統及所承載的業務功能進行持續監控，並結合相關風險防範機制確保問題早發現、漏洞早補救、風險管得住，所以建設一套可靠好用的監控平臺是務實企業資訊化建設工作的重要一環。

本書編著者姜才康深耕於金融科技領域，長期從事金融業應用軟體設計開發、技術標準制定和技術管理等工作，在建構全方位的銀行間市場風險治理和安全運行維護系統等方面有著豐富的經驗。他和他的團隊將從業以來關於 IT 系統監控平臺建設所累積的實踐經驗、領域知識及解決方案等內容進行歸納複習，為讀者詳細介紹了從底層基礎設施到上層業務監控各個階段所涉及的監控原理、實現技術及實施方法等內容，從理論到實踐，皆言之有物，是一本不可多得的介紹監控平臺建設的專業書籍。

最後，祝每位讀者透過對本書的閱讀都能夠在各自的專業領域裡打開新的想法，不斷提升資訊系統建設品質和運行保障水準，在科技創新浪潮中，奮楫揚帆，逐浪前行。

李偉

中國人民銀行科技司司長

推薦序二

金融基礎設施作為國家發展和穩定金融市場的主要載體,對於系統的穩定性和可靠性要求極高,運行維護團隊作為最後一道防線,有著非常重要的作用。近年來,隨著分散式、雲端原生系統架構的逐漸興起,系統的複雜度日漸上升,傳統的手工運行維護已經逐漸被自動化的運行維護平臺所替代,一個高可靠、可擴充的運行維護平臺方能支撐起高度複雜的業務系統。

如今運行維護平臺的監控範圍也早已跨越了針對系統硬體和網路裝置的傳統監控,要求運行維護平臺的建設人員能以業務人員的角度出發去檢查系統功能,從設計人員的角度入手拆解系統架構,從開發人員的角度介入去理解應用程式,把基礎資源和應用系統作為一個整體,用系統論的方法去分析問題,在工具平臺層面找到落腳點,綜合運用傳統監控技術與人工智慧、資料探勘的新興技術,最終透過快速迭代的建設方式形成監控和營運一體化、為業務賦能的運行維護平臺。

作為金融系統的建設者,無論是業務人員、設計人員、開發人員還是運行維護人員,掌握運行維護平臺的運行機制和相關技術知識,合理運用平臺功能來追蹤、預警和解決應用系統日常運行問題,都是必不可少的技能,有些時候還能造成事半功倍的效果。

本書從監控平臺的原理和規劃談起,既涵蓋了傳統的電腦裝置、虛擬機器、作業系統監控,也囊括了常用的資料庫和中介軟體監控,還有針對性地介紹了記錄檔分析在各類監控領域中的應用和基於容器化技術的應用系統監控原理及實現方式。全書內容覆蓋完整,行文深入淺出,是一本既有廣度又有深度的工具書。

　　本書編著者姜才康長期戰鬥在銀行間市場業務系統建設的最前線，先後參與了四代本外幣交易系統的建設和運行維護工作，是業內有名的運行維護專家，熟知系統運行維護和監控領域的相關產品及技術。本書是其近三十年工作經驗的精華，可供有志於了解或從事運行維護工作的讀者參考，相信各位讀者在閱讀此書後會獲益匪淺。

許再越

跨境銀行間支付清算有限責任公司總裁

推薦序三

　　運行維護監控，在很多人看來是一個傳統的技術領域，在過去的二十多年裡，BMC Patrol、HP OpenView、IBM Tivoli 等外商傳統監控產品一度成為監控領域的標準配備產品，但最近五年開放原始碼逐漸被認知、雲端運算成為資料中心建設核心、雲端原生開始嶄露頭角，新的運行維護監控技術和產品被大量採用，開放原始碼的 Zabbix、Prometheus 等監控系統逐漸成為主角。同時，人工智慧技術的加持使得近幾年智慧運行維護 AIOps 成為大家關注的熱點，透過人工智慧技術提前發現問題、預防問題乃至自動解決問題，不正是運行維護團隊一直期望和夢想的嗎？所以，運行維護監控也是一個與時俱進的技術分支，其重要性隨著企業數位化處理程式而對應提升。

　　中國外匯交易中心的核心交易系統是金融市場的重要金融基礎設施，其本幣、外幣兩大國內外交易系統及數十個週邊互動系統共同承載覆蓋國內外銀行、證券、保險等行業 3 萬多家機構投資者每天巨量的本外幣交易及相關業務。如何確保這麼多系統及元件穩定運行，如何第一時間發現隱憂，運行維護監控系統在其中扮演著最關鍵的角色。本人有幸曾和外匯交易中心的技術團隊共同參與早期運行維護監控系統的規劃和建設工作，外匯交易中心的技術團隊經過多年實踐，累積了大量寶貴經驗，從 IBM Tivoli 到開放原始碼 Zabbix 監控，再到自研監控系統，所用監控工具及技術不斷迭代，管理效能不斷提升，確保了交易系統數十年如一日地可靠運行。

　　本書編著者姜才康負責的部門從開發中心到資料中心，經歷了核心業務系統從開發階段到生產運行維護階段的全過程。哪裡是可能的風險點、哪裡是可能的性能瓶頸、哪裡必須實現秒級監控、哪裡需要進行歷史資料整理分析，他了然於心，他帶隊架設的監控平臺是業務系統長期穩定運行不可或缺的組成部分。

本書沒有深奧的原理，也沒有花俏的技術包裝，實實在在從實戰角度出發，從一個從業多年，同時具備開發和運行維護深厚經驗的專家角度詮釋了監控系統的建設之路，是一本在智慧監控平臺建設領域非常有參考價值的著作，相信讀過此書的讀者都會有自己的體會和收穫。

沈鷗

北京青雲科技股份有限公司副總裁

前言

在 IT 建設工作中，監控一直扮演著重要角色。我們能否在應用系統及其所依賴的各類基礎設施發生異常時即時探測異常、迅速定位問題原因、快速解決異常，以及總結經驗、避免再次發生類似問題，在很大程度上取決於監控系統的支援程度。可以說，在資料中心的建設過程中，監控貫穿了各個環節，從最上層的應用系統到底層的基礎設施，都需要透過不間斷的、近乎即時的監控檢測措施來保障業務的連續性。監控系統的建設工作是各企業內部一項最基礎，同時也是最重要的工作，尤其是在對業務連續性要求非常高的金融機構內，建構一套成熟完備的監控系統更是重中之重。

在業務系統結構不複雜、業務規模不大的情況下，監控系統的建設相對沒有那麼複雜，我們透過架設一套主流的監控系統，就可以實現大部分的監控需求了。但是，隨著 IT 技術的快速迭代和發展，雲端運算、容器、分散式架構等技術在企業內部的應用、落地及推廣程度逐漸加深，以及對應配套基礎設施的規模呈幾何級數增加，建構一個能夠第一時間發現問題、精準定位問題，甚至可以透過巨量資料分析、人工智慧等手段進行異常預警及事後分析且避免同類問題再次發生的監控系統就並非易事了。這對監控系統的功能、監控資訊的準確性和即時性、監控範圍的覆蓋程度，以及監控系統自身的高可用性等方面都提出了更高的要求，涉及從底層基礎設施到頂層應用系統的各個領域的監控實施工作。我們幾乎很難找到一套可以滿足所有監控需求的監控系統，所以監控系統的建設工作通常包括把對各類監控細分領域實施精細化監控的監控系統或工具進行整合、訂製開發及自研等工作。

本書試圖以理論結合實踐的方式，介紹如何從 0 到 1 打造一個一體化企業級監控系統，全書共 11 章，第 1 章「監控系統規劃及原理」詳細介紹了監控運行維護管理的發展歷程、監控系統整體規劃、監控系統的分類、監控系統工作原理、監控系統運行模式分類，以及監控事件匯流排等內容；從第 2 章開始至第 10 章自底向上依次對電腦硬體裝置、虛擬機器、作業系統、資料庫、中介軟體、Docker 容器、Kubernetes、應用，以及記錄檔等領域實施監控的技術原理、常用監控指標及實現方式等內容做了介紹。第 11 章「智慧監控」作為全書複習，對監控系統下一個階段的發展趨勢，即智慧監控涉及的相關技術原理及常用智慧監控功能做了介紹。本書第 1 章由姜才康編著；第 2 章、第 4 章、第 11 章由何瑋編著；第 3 章、第 5 章、第 6 章、第 7 章由邢世友編著；第 8 章、第 9 章由蔣德良編著；第 10 章由杜旭東編著；全書由姜才康和蔣德良統稿。

監控系統的成功建設離不開運行維護和研發工程師的互相配合及共同努力，所以本書對運行維護和研發工作具有同樣重要的意義。運行維護工程師透過對本書的系統學習，可以對監控系統的基本原理、設計思想、實現方式等內容有全面理解及深入掌握，從而將這些內容運用到監控系統的建設或完善工作中。研發工程師透過對本書的系統學習，可以更進一步地了解監控系統對應用系統進行監控的工作原理及可能產生的影響，從而在系統研發過程中更全面地考慮與監控系統的整合方式，建構能更加穩定運行的業務系統。

本書的出版離不開中國人民銀行科技司、中國外匯交易中心及中匯資訊技術（上海）有限公司各位領導的指導和同事們的大力支持，離不開電子工業出版社徐薔薇和朱雨萌編輯的認真態度和辛勤工作，編著者都是利用業餘時間完成本書的撰寫工作的，其間更是離不開家人的體諒與支持，在此一併表示由衷的感謝！同時，特別感謝中國人民銀行科技司李偉司長、跨境銀行間支付清算有限責任公司許再越總裁、北京青雲科技股份有限公司沈鷗副總裁為本書傾情作序。

最後，因監控技術的迭代和新技術的湧現速度非常快，受限於水準和經驗，書中內容的撰寫難免有欠妥和不足之處，熱忱歡迎讀者批評指正。

姜才康

目錄

Chapter 03　虛擬機器監控

Chapter 04 作業系統監控

Chapter 06 中介軟體監控

Chapter 07 Docker 容器監控

Chapter **08 Kubernetes 監控**

Chapter **09 應用監控**

Chapter 10 記錄檔監控

Chapter **11** 智慧監控

Appendix **A** 參考文獻

監控系統規劃及原理

在整個運行維護系統中，監控工作貫穿了運行維護管理工作的各個環節，從最上層的業務系統到底層的基礎設施，都需要透過不間斷的即時監控來保障業務的連續性。監控是一項最基礎，同時也是最重要的工作。隨著雲端運算、容器、分散式架構等技術在企業內部的應用、落地及推廣，系統架構的複雜性及對應配套基礎設施的規模呈幾何級數增加，這些因素對監控工作的自動化程度、精準性，甚至監控自身的高可用性都提出了更高的要求，建設一個能夠第一時間發現問題、精準定位問題，甚至可以透過巨量資料分析、人工智慧等手段進行異常預警的監控平臺顯得尤為重要。本章將從監控系統的發展歷程、監控系統常用架構、監控原理等方面對監控系統做一個介紹。

1.1 IT 監控運行維護管理的發展歷程

談到 IT 監控運行維護管理的發展歷程，有必要先區分兩個重要市場，一個是營運商市場，另一個是企業市場。因為這兩個市場的業務方向、體量，以及管理成熟度都有比較大的差別，因此 IT 監控運行維護系統的建設也有很大差異。IT 監控運行維護管理的目標是支撐業務運行、保障服務品質，尤其是在資料通訊業務（營運商）早期階段，這種業務差異尤為明顯。

營運商和企業業務結構的最大區別是，營運商的核心業務是提供資料通訊服務，監控運行維護管理從一開始就是資料通訊系統的重要組成部分，隨營運商系統同步建設。IT 監控運行維護在營運商系統內發展較早，系統較成熟。

在營運商系統內，營運商的 IT 監控運行維護管理中，網管監控部分比企業使用者更為複雜，這部分功能營運商稱之為 OSS（Operation Support System，營運支撐系統），是面向線路訊號、操作維護、運行品質報表、服務申請、故障處理流程等的。OSS 中相關監控主要用於監控局端線路、程式控制交換裝置、基地台及訊號品質等方面。另外，還有撥測（即時發現線路故障）和網優（針對發現的問題進行網路最佳化）兩個重要方面。早期的易立信、北電網路、3com、摩托羅拉、朗訊、諾基亞、上海貝爾、華為等也都有自己獨立的 OSS 網管、撥測及網優工具。

在企業中，運行維護監控是圍繞著業務系統的穩定運行和業務性能最佳化建立和展開的，網路監控是其早期的重點和重要組成部分，隨著網路品質和穩定性的逐步提高，企業使用者的監控運行維護重點逐漸轉變為業務的穩定保障、應用的性能最佳化，以及服務的 SLA（Service Level Agreement，服務等級協定）可度量等方面。

1.1.1 新興的中國市場（1985 － 1994 年）

自 1978 年改革開放以來，中國開始引進國外先進的技術，建立、完善覆蓋全國的電信基礎設施網。在 20 世紀 80 年代中後期，程式控制交換裝置開始投入使用，電話開始進入尋常百姓家庭，營運商隨程式控制交換裝置開始引入網路裝置製造商配套的 OSS 網管軟體，用於對製造商裝置的操作與維護。當時的程式控制交換裝置供應商主要有加拿大北電網路、美國 AT&T、法國阿爾卡特、瑞典易立信、芬蘭諾基亞等。

1984 年，當時的郵電部選擇了比利時 ITT 貝爾公司，共同建立了中國高新技術領域第一家中外合資企業——上海貝爾（現上海諾基亞貝爾股份有限公司）。1985 年，上海貝爾第一條程式控制交換裝置生產線投產，自身裝置的網管軟體也配套投入使用，這是最早的中國產網管軟體。

1.1.2 營運商大建設期（1995 － 2000 年）

1995 年，安裝一部市內電話的初裝費為 15000 ～ 20000 元。為了打破壟斷，解決通訊費率昂貴的問題，管理層在這一階段進行了重大調整、拆分。1994 年，電信局從郵電部獨立出來，1995 年，中國電信成立，同時中國聯通成立。1998 年，資訊產業部組建，電信業實現政企分離，從中國電信又拆分出中國移動和中國衛星通訊。這一階段的拆分奠定了中國營運商格局，隨後營運商進入新一輪的大建設時期。

面對中國巨大的通訊市場，世界各通訊裝置製造巨頭紛紛進入，這一時期的網管軟體多為命令列方式，結合一些簡單的網路品質檢測工具，各廠商的網管軟體只支援對自身程式控制交換裝置的監控和操作，不能互相相容。早期的網管軟體對使用者的能力要求非常高，不僅需要精通程式控制交換原理，而且要非常了解所維護的網路的物理架構。

營運商需要面對的是管理不同的通訊傳輸網路拓樸骨幹裝置，以及多品牌廠商的管理工具。如加拿大北電網路建設了全國的光傳輸骨幹網，若干省份選擇了芬蘭諾基亞的 GSM，這些裝置同時存在、建構、支撐著營運商不同的業務，如市內電話、尋呼、行動通訊等。由表 1-1 營運商大建設期的廠商可見種類之繁多。

表 1-1 營運商大建設期的廠商

品牌	國籍	進入中國時間	發展現狀	現品牌
阿爾卡特	法國	1984 年	2006 年收購了朗訊，2016 年被諾基亞收購	諾基亞
摩托羅拉	美國	1987 年	2011 年被 Google 收購；2014 年聯想從 Google 手中收購了其原摩托羅把手機業務	Google 聯想
朗訊 / 貝爾（AT&T）	美國	1993 年	1995 年 AT&T 分拆出了朗訊（原通訊裝置製造部門＋原貝爾實驗室）和 NCR，2006 年朗訊被阿爾卡特合併，2016 年被諾基亞收購	諾基亞
易立信	瑞典	1985 年	2001 年易立信與索尼共同組建索尼易立信，致力於手機終端市場，2012 年易立信退出手機終端市場，把手機終端業務全部出讓給索尼，專注於行動網路裝置和通訊服務	易立信
諾基亞	芬蘭	1985 年	現在的諾基亞包括阿爾卡特、朗訊、西門子通訊（電信裝置業務）	諾基亞
北電網路	加拿大	1987 年	2009 年陷入財務醜聞，隨後破產	已破產
高通	美國	1998 年	行動通訊領域、商用衛星、3G、4G、5G	高通
西門子通訊	德國	1982 年	2006 年西門子電信裝置業務部與諾基亞網路事業部合併，成立諾基亞西門子網路公司。2013 年西門子剩餘的 50% 股權全部被諾基亞收購，完全成為諾基亞	諾基亞

1. 營運商網管系統

隨著越來越多營運商業務系統的建立，營運商營運管理的矛盾日益凸顯。為了應對這些新問題，營運商建立了網管系統 OSS，OSS 面向網路設備、信號、動力環境等方向深化建設，由服務商實施國外產品，並以當地語系化開發為主，國外產品主要有 IBM Tivoli、HP Open View、BMC 等。

這一時期的監控系統相對原始網路監控時代，除了具備良好的圖形化介面，還具備更加完整的系統性，即六大主要功能：網路性能管理、網路故障管理、網路設定管理、網路安全管理、服務請求管理及工作需求管理。

2. 企業網管工具

20 世紀 90 年代後期，企業（如稅務、金融、保險、電力、石化等）IT 的建設重點仍然是分支機構聯網和傳統業務電子化。雖然線路是租用營運商或自己敷設的，但線路或通訊品質並不穩定。這一階段企業使用者廣域網路建設的核心路由交換裝置大量採用 Cisco 的裝置，因此該階段的企業使用者網管工具主要是隨購買裝置配套的 Cisco Works，以及檢查區域網敷設線路訊號傳輸品質的工具 Fluke。

這一階段的網管系統相較於早期監控系統已經比較完善，可以對網路裝置包括交換機、路由器、防火牆和伺服器等進行基礎性能、故障的監控。企業網管的重點工作是在網路建設和通訊品質層面的。這一階段對應用的品質缺乏有效的監控手段，仍然以人工巡檢方式完成品質檢查。

1.1.3 多元化的監控運行維護系統（2001 － 2010 年）

2001－2010 年，這個階段的 IT 監控運行維護系統建設逐步系統化，企業機構開始引入 ITIL（Information Technology Infrastructure Library，IT 基礎架構函數庫）系統作為建設標準，監控工具也更加注重多維度和細分市場劃分。客戶開始注重 SLA 服務等級，透過建立以監控網控管制為核心的維護管理系統，形成以快速回應業務為中心的運行維護機制，完善業務導向的系統運行綜合管理與維護方式，實現高品質、高可靠、高效率、低成本的維護目標，提高 IT 綜合管理水準和維護效率。

隨著 ITIL 系統的引入，IT 運行維護監控市場也開始向兩個方向發展，大廠商透過併購、整合等方式向全面化覆蓋方向發展，小廠商立足自身專業技術，精細化版面設定專業市場。

IBM Tivoli 和 HP OpenView 在早期 IT 服務領域，因各自硬體市佔率優勢和銷售優勢，佔領了大部分營運商和金融業一流企業的 IT 基礎架構管理和服務管理的軟體市場。2005 年 12 月，IBM 以 8.65 億美金收購了 Micromuse 公司，Micromuse 的 Netcool 系列產品能幫助使用者建立一個自動化的網路管理運行維護平臺。Omnibus 是 Netcool 產品的核心模組，該產品被很多企業沿用至今。

2007 年 7 月，HP 斥資 16 億美金收購了 Opsware 公司，開始拓展網路自動化和伺服器自動化市場，Opsware 公司是在網路裝置及伺服器裝置自動化設定領域技術較為領先的企業。

2007 年，專注於 IT 運行維護管理，包括基礎架構監控、CMDB、IT 資產管理和運行維護自動化等多個 IT 管理領域的 BMC 公司也斥資 8 億美金收購了 BladeLogic 公司，進一步版面設定 IT 自動化市場。透過代理 IBM、HP、BMC 等的產品，在幫助營運商及金融電力等企業落地營運商業務營運支撐系統、ITIL 實施服務的過程中，逐漸累積了 IT 監控運行維護管理核心技術。

1.1.4 面向雲端和應用（2010 年至今）

隨著虛擬化、雲端運算，以及軟體定義網路和儲存的發展，基礎架構在這一階段被重構，IT 監控運行維護也轉向智慧化、專業化、精細化發展。之前的大型國際綜合性監控運行維護軟體逐漸被在各個細分領域研究更專業、投入更深入的開放原始碼或商業產品所替代，如可以對基礎設施進行有效監控的 Zabbix 監控系統、對系統記錄檔進行集中收集及分析的 ELK 監控系統、對容器編排系統 Kubernetes 進行監控的 Prometheus 系統、對應用呼叫鏈路進行追蹤及分析的 Dynatrace 系統等。

■ 1.2 監控系統整體規劃

建構一套完整的監控系統需要從 IT 營運系統的階段性和監控系統建設的階段性兩個方面考量。專案管理中經常提到「漸進明細」一詞，任何系統的建設都是一個在摸索中前行的過程，本節將分享監控系統建構的一些實踐經驗。

1.2.1 IT 營運系統的階段性

監控系統的建設，規模小的可以是一套簡單的監控系統，如運用 Zabbix 監控軟體，實現作業系統、資料庫等 IT 基礎監控，也可以是整合網路監控、IT 基礎監控、應用監控、點檢系統、巡檢機器人等監控系統與資料中心的流程管理、設定管理、巨量資料平臺等共同組建的運行維護監控平臺。

監控系統的建構需要參照 IT 營運組織的管理成熟度。處於不同管理成熟度的企業在選擇自己的監控系統時區別很大，好的監控系統不能一味求大求全，也就是我們常說的「只買對的，不買貴的」。

參照圖 1-1 IT 營運組織的管理成熟度發展的不同階段，IT 營運組織的管理成熟度分不同階段，包括：面向資源管理、面向應用和流程管理、面向服務管理、面向業務管理四個階段。

▲ 圖 1-1 IT 營運組織的管理成熟度發展的不同階段

1. 面向資源管理階段

　　該階段的企業主要關注的是不同類別的 IT 基礎資源的可用性和性能。處於該階段的企業一般處於創業初級階段，對外提供的服務單一，對時效性要求也不高，架構簡單，伺服器的類型、數量、版本等少，而且 IT 基礎資源的設定和使用上以最低廉的成本實現基礎功能，規範性差，可維護性也差。

　　企業將有限資源用於保障對外服務的「刀刃」上，營運資源被無限壓縮，員工在企業中的運行維護手段和技術也很欠缺，常常使用人工點檢的方式。

　　建議處於該階段的企業將主要精力用在 IT 基礎架構平臺監控上和網路監控的設計和架設上。如果有其他的特定需求和餘力，可按照選擇發展 IT 虛擬資源池監控、儲存資源監控、動力環境監控，以及 IAAS 雲端監控等。

2. 面向應用和流程管理階段

　　該階段的企業開始關注跨越 IT 基礎設施的業務應用點對點的管理，驅動來自應用可用性和服務水準。「古典經濟學之父」亞當‧史密斯認為，分工導致勞動者技能的提高、時間的節約和技術進步，企業在發展過程中透過專業分工、有效協作來提高工作效率成為必然。管理能力和團隊規模也將跟隨業務增長而快速增長。

　　建議處於該階段的企業基於上一階段架設的各類型基礎監控發展使用者體驗、主動監控、應用性能監控和診斷，推進應用導向的 IT 資源管理持續最佳化，建立應用監控規範，建構 ITIL 服務支援流程，如有需求可選擇發展 PAAS 雲、混合雲監控。

3. 面向服務管理階段

　　該階段的企業初具規模，為提高整個 IT 服務水準，需要 IT 基礎設施、業務應用和服務的組合，驅動力來自 IT 整體服務水準要求。企業關注整體服務目錄、每項服務的品質和效果，以及使用者滿意度。

建議處於該階段的企業致力於架設全通路互動門戶，集中管理警告和管理性能；設計企業自動設定庫 CMDB，持續維護 CMDB 資料的正確性；完善 ITIL 服務交付流程，形成設定變更控制平臺；集中匯聚運行維護組織過程資產、架設運行維護知識庫，並可初步建設運行維護巨量資料分析系統，為後續運行維護故障分析及預警打下基礎。

4. 面向業務管理階段

該階段的企業關注每項服務成本，關注資源跟隨業務要求的動態部署。處於該階段的企業將角度完全轉向業務，應逐步形成一套業務交易監控、業務服務監控規範、業務影響分析、業務監控指標系統、業務服務水準管理，以及運行維護績效考核系統。

1.2.2 監控系統建設的階段性

監控的工作就是發現故障、定位故障、解決故障、預防故障、即時準確警告、分析定位故障、高效快速排障、資源架構最佳化的過程，監控系統建設的階段性如圖 1-2 所示。

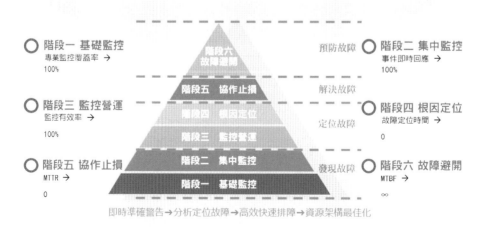

▲ 圖 1-2 監控系統建設的階段性

1. 階段一 基礎監控

目標:專業監控覆蓋率→ 100%。

IT 設施有各種類別,任何單一的監控軟體都有自己的局限性,無法滿足所有 IT 設施監控的需求。當企業處於面向資源管理階段時,不建議過多地使用各類專有監控軟體,因為專有監控軟體大多是由被納管 IT 基礎元件廠商設計開發的,在針對自己的元件監控上尚可發揮作用,但是針對同類型其他廠商的產品就顯得不那麼得心應手了,而且這類專有監控軟體大多是閉源的,無法深度訂製納管其他廠商的產品。

在市面上各類監控軟體中,架設企業級基礎監控系統建議採用 Zabbix,它幾乎能滿足你的「溫飽」需求。Zabbix 是一款開放原始碼的 IT 基礎監控解決方案,提供了多種資料收集方式,靈活的範本定義,高級警告設定,可即時繪圖並擴充圖形化顯示網路拓撲等特性。即使 Zabbix 標準元件無法滿足監控需求,使用者也可以自行撰寫指令稿實現訂製需求,實現網路裝置、伺服器、Cloud、應用、服務等監控,Zabbix 監控解決方案如圖 1-3 所示。

全方位監控

全面監控,適用於任何IT基礎架構、服務、應用程式和資源的監控

| 網路裝置監控 | 伺服器監控 | Cloud監控 | 應用監控 | 服務監控 |

擷取網路中的所有性能指標和事件資料,全面監控網路性能,即時檢測網路故障,排除故障

全面擷取並監控物理和虛擬伺服器的可用性,CPU、磁碟空間和記憶體使用率等關鍵性能指標

收集獲取雲資源的監控指標或使用者自訂的監控指標,探測服務可用性,以及針對指標設定警告

即時獲取應用性能資料,通過確保伺服器與應用的正常健康運行,來保證關鍵業務系統的高可用性和性能

關注IT部門服務整體的可用性、SLA指標、現有IT基礎設施架構的結構,以及更高層面的監控資訊

▲ 圖 1-3 Zabbix 監控解決方案

當然，Zabbix 監控無法作為動能環境監控使用，同樣也不能用於業務交易路徑監控，要覆蓋所有的 IT 設施，需要以較完備的監控軟體為基礎。

2. 階段二 集中監控

目標：事件即時回應→ 100%。

基礎監控軟體存在專業性，在階段一中部署的多款基礎監控軟體之間無法做資料互動，存在資料「豎井門檻」。但是任何生產事件是不會獨立存在的，事件之間存在因果關係。在實際工作中，工程師只負責自己模組的事情，也同樣存在「豎井門檻」。這就造成了即使 IT 設施異常的事件通知到具體的工程師，他們在應對具體事件時也只能各行其是，事件是什麼原因造成的，會影響其他什麼業務，均無法定位。

集中監控的本質就是將各類基礎監控軟體事件、性能等資料集中匯聚和管理，為人工統籌、處置和管理事件提供一個介面。IBM Tivoli 產品架構是集中監控平臺中相對比較成熟的架構，讀者在架設時可以參考，其架構如圖 1-4 所示。

該平臺用到了以下 Tivoli 產品線功能元件。

（1） ITM/ITCAM 用於作業系統、中介軟體、資料庫等監控。
（2） Netcool/ OMNIbus 用於使用者資料集中、轉發、豐富、降噪等，為 IBM 多數架構的核心元件。OMNIbus 據稱有 300 餘項介面元件，其擴充性、性能、友善度、穩定性等均堪稱翹楚之作。
（3） EIF Probe ITM/ITCAM 連接 OMNIbus 的介面。
（4） Syslog Probe Syslog 伺服器連接 OMNIbus 的介面。
（5） Trap Probe 硬體連接 OMNIbus 的介面。
（6） ISM Probe 通訊埠、ping、監控工具連接 OMNIbus 的介面。
（7） Precision 網路拓撲工具連接 OMNIbus 的介面。

（8） Netcool/Impact 用於 OMNIbus 連接 CMDB 並做事件豐富。

（9） TADDM 設定專案自動發現工具。

（10）TIP 事件管理展示平臺。

（11）Cognos 報表工具。

（12）TEC 本地監控記錄檔工具，在早期 IBM 專案中的作用類似於 OMNIbus。

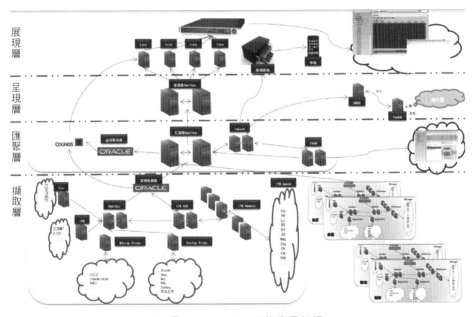

▲ 圖 1-4 IBM Tivoli 的產品架構

如上元件共同建構了集中監控平臺，OMNIbus 作為「萬能膠」將各元件黏合在一起，建構了一個有擴充性的運行維護監控平臺。

3. 階段三 監控營運

目標：監控有效率→ 100%。

監控營運的範圍很大，簡單概括起來就是「用最高效的方式滿足監控需求，保證需求持續改進並有效」。讓該被監控的被監控起來，該報的警示出來，不該報的警告不顯示來。另外，還要做好監控自動化，縮減監控運行維護成本，提高工作效率。做好監控與其他運行維護工具的整合，使大家能方便地使用監控，進而依賴監控，最終樂於使用監控。

4. 階段四 根因定位

目標：故障定位時間→ 0。

根因定位解決的問題可概述為「發生了什麼」、「為什麼發生」、「影響到哪些業務」。

監控運行維護階段是根因分析的「神經元」形成的過程。根因定位的關鍵字主要是「巨量資料」、「演算法」、「AI」。IT 運行維護的根因分析不是玄學，而是一套依賴於切實可行的設定管理資訊，以及行之有效的演算法繪製故障「影響樹」形成的降維故障影響元素，縮減故障定位成本，助力快速發現問題的一套方法論和解決方案。

5. 階段五 協作止損

目標：MTTR（平均故障恢復時間）→ 0。

投資術語中的止損也叫「割肉」，是指當某項投資出現的虧損達到預定額度時，即時「斬倉出局」，以免形成更大虧損。監控中提到的止損通常也叫「自癒」，是指在監控系統探測到某些異常後，透過自動化軟體或指令稿等，按照預先定義好的操作流程，對已發生事件進行處置，以恢復生產營運的過程，以求即時解除生產事故，最小限度地影響生產。

協作止損發起於監控系統，由監控系統探測具體元件功能異常；其核心是基於 CMDB、知識庫的警告決策模組，當然，決策在很大程度上也依賴根因定位；自動化模組完成事故異常的處理操作，也就是「監控」中的「控」。

6. 階段六 故障避開

目標：MTBF（平均故障間隔時間）→∞。

業界常將運行維護人員稱為「背鍋俠」，故障是運行維護人員心中永遠的痛，如果僅依賴監控發現問題，不對問題做改進，那無非是不斷揭「傷疤」的痛。

在日常運行維護中，透過監控系統發現問題是最基礎的要求，針對發現的問題不斷深挖原因才是運行維護人應該具有的品質。我們有必要遵循 PDCA（Plan、Do、Check、Action）模型（見圖 1-5）持續改進，依賴基礎監控軟體發現新問題、梳理故障脈絡、快速定位問題根因，運用自動化平臺高效解決問題、分析問題資料並避開問題，持續改善運行維護品質。

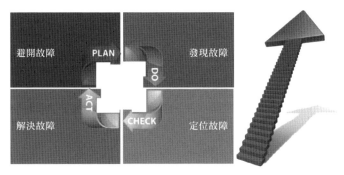

▲ 圖 1-5 PDCA 模型

1.3 監控系統的分類

Gartner 在 *AIOps Will Provide Consolidated Analysis of Monitoring Data*（AIOps 將提供監控資料的綜合分析）中將監控分為：ITIM、NPMD、APM、DEM 四類，各類監控軟體及資料匯聚在一起組成了 IT

運行維護的人工智慧（Artificial Interlligence For IT Operations，AIOps）
監控，如圖 1-6 所示。

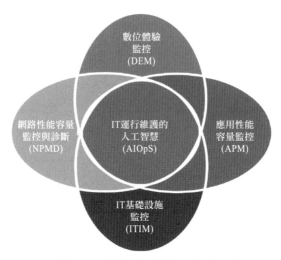

▲ 圖 1-6 IT 運行維護的人工智慧監控

1. ITIM（IT Infrastructure Monitoring，IT 基礎設施監控）

　　IT 基礎設施監控主要針對作業系統、資料庫、中介軟體、伺服器、
儲存等。當然，日常我們也使用 ITIM 監控軟體做一些簡單的業務等級的
監控，如處理程式的狀態、性能等。

　　現在市面上常見的 ITIM 軟體有：Zabbix、Open-falcon、Prometheus、
Sensu，商用的有 IBM Tivoli 系列中的 ITM/ITCAM、BMC 的 Potorl、HP
的 Openview Perfview/MeasureWare 等。

2. NPMD（Network Performance Monitoring and Diagnostics，網路性能容量監控與診斷）

　　網路性能容量監控與診斷常對應網路基礎監控和網路性能容量監控
（Network Performance Monitoring，NPM）兩大類。

網路基礎監控一般透過 SNMP、Syslog 等協定，主動或被動向網路裝置獲取相關資料，完成網路裝置的性能容量管理、網路拓撲管理、事件管理、裝置管理、設定管理等工作。常見的有：Solarwinds 網路管理系列產品、北塔軟體網路監控系列產品等。

網路性能容量監控一般基於網路資料鏡像技術，以 NetScout 為例，其主要致力於三類問題：①業務應用的網路流量是多少，是否有突發流量和網路壅塞；②業務應用為什麼慢；③業務應用請求為什麼提交不成功。

3. APM（Application Performance Monitoring，應用性能容量監控）

應用性能容量監控主要是針對業務系統的監控。需要明確的是，許多 IT 基礎設施監控軟體也提供了針對業務功能模組的監控，如 IBM Tivoli Composite Application Management 有針對 WAS、SOA、Dadabase 等業務元件的監控模組，且產品也被定義為 "Application" 監控，但一般不把它們當作 APM 軟體，而是當作 ITIM。APM 有 Dynatrace、pinpoint、Traceview。

4. DEM（Digital Experience Monitoring，數位體驗監控）

DEM 軟體用於發現、追蹤和最佳化網路資源和最終使用者體驗。這些工具可以監視流量、使用者行為和許多其他因素，以幫助企業了解其產品的性能和可用性。DEM 產品整合了主動或模擬的交通監測和真實使用者監測，分析了理論性能和真實使用者體驗。這些為檢查和改進應用程式和現場性能提供了分析工具，還幫助企業了解存取者如何瀏覽他們的網站，並發現終端使用者的體驗是否受到了影響。

DEM 和 APM 的界限稍有模糊，如 Dynatrace 也常被認為是 DEM 監控軟體。另外，DEM 還有 Centreon、Nexthink、Catchpoing 等。

1.4 監控系統工作原理

　　資料中心各類監控系統，主體模組一般可分為：代理層、協定層、匯聚層、核心層、展現層。以目前市面上比較流行的記錄檔監控解決方案 ELK（Elasticsearch ＋ Logstash ＋ Kibana）為例，其中，Logstash 是工作於代理層和匯聚層的用於記錄檔資料收集的代理（Agent）；Elasticsearch 是工作於核心層的開放原始碼的分散式搜尋引擎，提供記錄檔資料檢索、分析、儲存；Kibana 是工作於展現層的開放原始碼免費的記錄檔分析展示 Web 介面，用於監控資料視覺化。同時，監控系統還需要有對接警告閘道的警告模組、使用者和許可權管理模組等，監控系統通用架構如圖 1-7 所示。

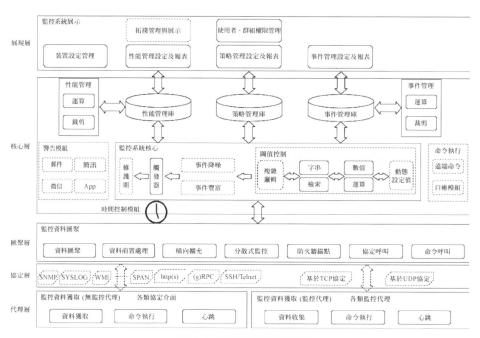

▲ 圖 1-7 監控系統通用架構

1. 代理層

監控資料獲取一般有無監控代理（Agentless）和監控代理（Agent）兩種方式。

無監控代理大多是透過被監控元件端（監控代理端）附帶的協定，如 Windows 作業系統使用 WMI、資料庫使用 JDBC、PC Server 使用管理通訊埠設定 Trap 等，由監控代理端向服務端推送或有監控服務端拉取監控資料的監控工作模式。

監控代理則是在監控代理端部署監控代理，如 Zabbix 的 Zabbix Agent、Splunk 的 Forward 等，透過啟用監控代理服務與監控服務端互動監控資料的監控工作模式。其中，心跳模組保障監控代理端與服務端的資料連接，當心跳遺失時，產生事件警告，通知監控管理員即時恢復監控代理狀態。

2. 匯聚層

目前市面上大多是分散式監控系統（Distributed Monitor System），都設計了分佈節點，作為將擷取完成的資料匯聚送入監控核心的前置，其主要實現以下功能。

（1）資料前置處理、緩衝和分流主要伺服器壓力。資料前置處理操作前置，將擷取資料中的無用無效資料捨棄，計算、分類、格式化擷取的資料，以便於後續監控核心模組使用。在資料匯聚模組日常收集資料後，將資料快取在本地，間歇性地輸送給監控主要伺服器，緩衝主要伺服器壓力。監控資料匯聚模組在大多數監控中作為一個資料前置節點，其通常是一個可選項，即可以跳過資料匯聚模組直接將監控資料送達監控核心，但監控資料匯聚模組的出現有利於大幅降低監控核心模組的系統資源銷耗。

（2）分散式設計，便於監控系統靈活伸縮。監控事件（警告）集中
管理和監控資料分佈擷取是網際網路架構和微服務設計思潮下
的產物。與傳統架構相比，分散式架構將模組拆分並使用介面
通訊，降低了模組間的耦合性，使得系統可以更靈活地架設和
部署；更利於整個系統的橫向擴充。當系統性能遇到瓶頸時，
可以在不觸及監控主要伺服器架構的情況下，方便地以新增節
點的形式擴充監控系統整體性能容量。

（3）防火牆錨點，安全隔離，如圖 1-8 所示，企業為了確保自身網路
安全，防火牆是必不可少的網路安全裝置。特別是在大型態資
料中心裡，網路和機房場地更加複雜，可以透過在防火牆上設
定策略，允許或限制網段之間的資料傳輸。監控軟體提供的代
理模組，使得監控服務端透過存取防火牆背後的代理伺服器，
監測非本網段下的各 IT 元件，僅需要在該防火牆上設定有限
的策略，允許資料透過。如 Zabbix 監控提供的 Zabbix Proxy。
Zabbix Proxy 是無須本地管理員即可集中監控遠端位置、分支機
構和網路的理想解決方案。

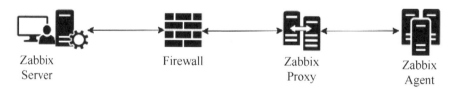

Zabbix Server　　　Firewall　　　Zabbix Proxy　　　Zabbix Agent

▲ 圖 1-8 防火牆錨點

3. 核心層

監控系統核心與監控資料庫共同組成了整個系統的大腦，不同的監
控系統對資料的處理邏輯、演算法及儲存方式有所不同，但概括起來需
要完成以下工作。

（1）資料運算與裁剪。資料在被擷取後，一般以封包的形式送入監控系統，系統截取有效原始資料欄位。針對特定資料需要做運算後才能得到，如 Linux 淨記憶體使用率計算（詳見 4.4.2 節）。監控系統上存放的資料離當前時間越久遠，時效性也就越差，而儲存空間又是有限的，沒必要把有限的空間用於無用的資料上。IBM Tivoli ITM/ITCAM 設計有分表、時表、日表，透過裁剪代理（SY）對資料做裁剪，資料的顆細微性隨時間越長越粗略。

（2）設定值觸發。監控值常見的有狀態（如是與非、紅黃綠、是否可達等）和數值（如 80GB、20%、交易筆數、交易延遲等）兩類，監控系統可針對監控值設定設定值，即警告事件觸發條件。如果作業系統比較先進，可能還有性能容量的動態設定值功能，可基於不同的時間點對監控值動態地調配生成警告事件。

（3）時間控制。時間控制是監控系統中重要的排程觸發模組，監控資料每隔多長時間擷取、在什麼時間段對指標監控、什麼時間點觸發監控策略，都需要用到時間控制。

（4）設定管理。設定管理是用於儲存監控軟體監控策略、使用者許可權等的監控設定資料庫。

（5）性能管理。性能管理是用於儲存監控元件性能容量資料的監控性能資料庫。

（6）事件管理。事件管理是用於儲存監控異常事件警告的監控事件資料庫。

（7）警告模組。當監控軟體檢測到異常時，由監控警告模組觸發警告。警告的形式可以是簡訊、郵件、微信，有的警告還整合了電話語音套件。但這類警告絕大多數是單向的，監控警告模組僅完成事件通知，至於受埋崗是否接到了警告，是否處理了事件，業務是否恢復正常，都不是監控警告模組所關注的。為解決這些問題，部分監控軟體設計了行動終端 App，使用 App 接事件單、回饋處理進度、匯報處理結果。

（8）命令執行。部分監控軟體也整合了自動化模組，可以使用對被納管裝置操作。舉例來說，遠端命令（Telnet 某台裝置）、監控自癒（如 Zabbix 的 Action）等。

4. 展現層

與監控資料庫對應，監控系統展示模組一般包括：拓樸管理與展示、使用者群組許可權管理、裝置設定管理、性能管理設定及報表、策略管理設定及報表、事件管理設定及報表等模組。

1.5 監控系統運行模式分類

1.5.1 主動 / 被動監控

主動和被動是以監控用戶端或監控代理為參照物的。

1. 被動監控

服務端向用戶端發送獲取監控資料的請求，用戶端被動回應，接收請求和執行命令，並把監控資料傳遞回服務端的監控工作模式。

2. 主動監控

用戶端主動執行命令和收集監控資料，並將監控資料主動傳遞給服務端。服務端僅完成監控資料接收和後期處理的監控工作模式，主 / 被動監控模式如圖 1-9 所示。

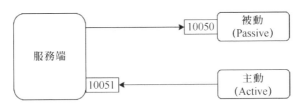

▲ 圖 1-9 主 / 被動監控模式

以 Zabbix 監控為例，在被動模式下，用戶端預設啟動監聽通訊埠 10050，服務端向用戶端請求獲取監控項的資料，用戶端傳回資料。Zabbix 被動監控工作原理如圖 1-10 所示。

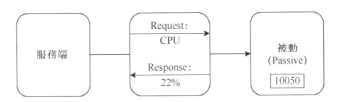

▲ 圖 1-10 Zabbix 被動監控工作原理

（1）服務端打開一個 TCP 連接。

（2）服務端發送請求。

（3）用戶端接收請求並且回應。

（4）服務端處理接收的資料。

（5）關閉 TCP 連接。

從被動模式工作流程上看，監控動作是由服務端發起的，服務端擁有豐富的監控範本和策略邏輯，設定起來更加靈活多變。同時，伺服器在該過程中作為發起方、接收方和資料處理方，而監控代理只是被動地回應服務端的請求，一旦監控代理的數量過多，服務端將承載過大負載。

在主動模式下，服務端預設啟動監聽通訊埠 10051，用戶端請求服務端獲取主動的監控項清單，並主動將監控項內需要檢測的資料提交給服務端 / 代理端。Zabbix 主動監控工作原理如圖 1-11 所示。

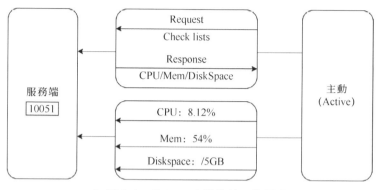

▲ 圖 1-11 Zabbix 主動監控工作原理

（1）用戶端建立 TCP 連接。

（2）用戶端提交 items 清單收集的資料。

（3）服務端處理資料，並傳回回應狀態。

（4）關閉 TCP 連接。

在主動模式下，監控代理主動將資料封包推送給服務端，服務端無須進行干預，主動模式在一定程度上減輕了服務端的負載壓力。

1.5.2 有代理 / 無代理

在 IT 服務管理行業早期，採用有代理（Agent-base）或無代理（Agentless）的監控管理技術存在爭執。其實，有代理或無代理模式不存在絕對的優劣，主要還是取決於應用場景。

1. 安全需求因素

在部分企業或機構內部，為避免伺服器上各類代理安裝過多，對系統運行的穩定性及安全性造成影響，通常在伺服器上預設不允許安裝監控代理、監控代理使用者不允許有寫入許可權、監控代理資源消耗不允許超過某值、監控代理通訊埠限制等，在這種場景下，通常會使用無代理的模式進行監控資料收集和通訊。

無代理即可簡化監控代理和無代理設計之間的差異主要圍繞資料收集和通訊，無代理產品不會在 IT 元件中嵌入代理管理功能。相反，其依靠業界標準介面來收集監控資料。所有管理工具都需要在裝置上執行的軟體（某項專有服務），即 IT 元件預設代理。但是，透過基於標準的通訊介面，無代理系統提供針對關鍵指標和基本監控情況的輕量級監控。無代理監控實際上表示使用現有的嵌入式功能，可實現基於內建 SNMP、遠端 shell 等的存取。「無代理人」有些用詞不當，無論代理是否嵌入 IT 元件，所有管理都依賴代理。

2. 資源消耗因素

監控代理深入系統的內部工作中，用專門設計的應用程式來使用監控資料，如作業系統事件記錄檔。安全性是另一個代理系統的加分項，裝置上的代理通訊在內部發生，而非在企業網路上發生，因此可以防止攻擊。代理系統設計減少了 IT 監控的網路頻寬需求，一般來說代理監控系統在本地收集和評估性能資訊，僅在出現重大問題時向中央監控系統發送遇險訊號。

監控應用程式不會遇到防火牆規則或其他障礙，因此代理系統僅需要最少的網路設定。企業資料網路變得越來越大、越來越複雜和越來越分散，IT 組織希望減少白色雜訊監控系統產生的數量，使系統故障排除變得更快、更有效。

3. 運行維護成本因素

代理是安裝在被監控的 IT 基礎元件上的專有軟體應用程式，基於代理的技術可實現深入的監控和管理，但也可能是因為它們的管理平臺僅用於與其專有代理商合作，結果是供應商鎖定，而更換供應商可能表示更換技術的昂貴費用，以及大規模、長期部署。因此，當 IT 需求發生變化時，滿足這些需求的費用可能會非常昂貴，從長遠來看，開放標準和靈活性的工作要好得多。

1.6 監控事件匯流排

1.6.1 什麼是集中監控事件匯流排

匯流排（Bus）通常指連接電腦各功能元件的傳輸模組，在電腦主機板上就整合了匯流排模組，用於共用、規範傳輸資料。隨著企業資訊化建設的不斷發展，企業建立了大量的 IT 系統，這些 IT 系統在營運過程中每天產生大量監控事件資訊，系統管理員、業務操作員需要透過這些監控事件資訊來判斷 IT 系統的營運狀況。然而，由於監控事件資訊分佈在不同的系統中，如作業系統、資料庫、中介軟體、伺服器、網路裝置等均有自己的監控事件管理控制台，分別儲存各自的事件資訊，並且通常一個大、中型態資料中心，每天產生的監控事件資訊高達幾萬至幾千萬筆。如何收集、分析、處理這些分散、巨量的監控事件資訊變得非常複雜。

大、中型態資料中心遇到的挑戰主要表現在：缺少對各類事件綜合的資料分析，導致無法反映系統整體真實運行情況；無法統一收集、處理各類事件資訊，只能分散管理，導致事件管理混亂和經常重複處理同一事件；工作效率低下，缺少對巨量事件資訊的連結，重複性分析，無法快速定位問題所在，導致系統故障或系統「帶病工作」，影響前端業務正常運行；無法整合其他非 IT 設施（空調、電源、環境溫濕度等）的警告事件，從而無法做到 IT 與非 IT 系統的整體管理。

因此，集中監控事件匯流排作為企業集中監控平臺的核心模組，其作用如圖 1-12 所示。監控事件匯流排承擔著重要的資料連接融合的角色，整合各類監控系統和其他運行維護系統，形成一個有機集中監控平臺，為巨量資料分析、智慧運行維護系統建設提供了重要的業務資料中台支撐。

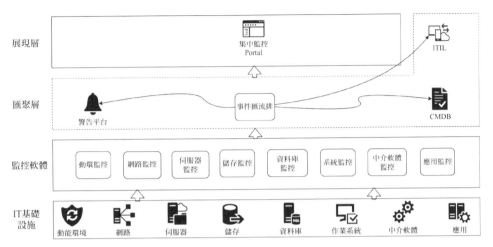

▲ 圖 1-12 監控事件匯流排作用

1.6.2 事件匯流排的市場格局

在 20 世紀 90 年代，隨著傳統模擬電信業務向 IP 業務轉型，營運商的基礎設施建設和管理複雜度呈暴發式增長。多品牌、多廠商型號、異質系統，越來越多地出現在同一個資料機房，隨之帶來了需要解決針對不同廠商、不同型號裝置所產生的警告的整合、統一、智慧、高效的事件管理需求。IBM、HP、CA、BMC 等最前線 IT 廠商紛紛版面設定這一領域，幫助資料中心管理人員對分散、巨量的事件資訊進行管理。

我們以主流商務軟體領先者 IBM Tivoli Netcool/OMNIbus 為例，簡述集中監控事件平臺功能要點。OMNIbus 是 IBM Tivoli 收購的 Micromuse 的旗艦級操作支援系統（OSS）應用，能夠提供統一的企業級網路事件圖，其主要功能是透過服務提供環境，從各種網路裝置和管理平臺收集網路事件資訊，對收集來的網路事件資訊做匯聚與處理，然後將這些資訊分別傳遞給負責故障和服務等級監控的操作員和管理員。

Netcool 事件平臺解決方案是 IBM Tivoli Netcool 產品線下的常見元件（軟體），解決方案示意圖如圖 1-13 所示。

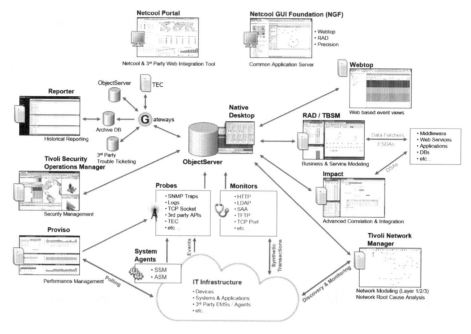

▲ 圖 1-13　Netcool 事件平臺解決方案示意圖

1. ObjectServer

　　ObjectServer 是網路事件綜合管理平臺，基於記憶體的高速事件處理引擎，負責事件的整理和自動化處理，是運行維護監控的核心處理平臺。

2. Webtop

　　Webtop 用於 Netcool 系列軟體，提供使用者圖形 Web 介面；提供事件清單和目標視圖，用於監控和管理目標伺服器事件的解決方案，使用者可自行透過篩檢程式訂製事件清單。Webtop 還提供了使用者許可權管理。

3. Gateways

　　Gateways 在 ObjectServer 和其他系統之間提供一個管道，主要功能如下。

（1）故障閘道（Trouble Ticket Gateway）：ARS、Clarify、Peregrine、Vantive。

（2）資料庫閘道（Database Gateways）：Oracle、Sybase、Informix。

（3）恢復 / 故障切換（Resilience/Failover）：用於 Object Server Gateway。

（4）事件路由（Event Forwarding）：SNMP Trap、Flat File、Socket。

（5）報表閘道（Reporter Gateway）：用於 Netcool/Reporter。

4. Netcool/Reporter

Netcool/Reporter 與報表閘道聯用，生成報表。

5. Netcool/Impact

Netcool/Impact 用於管理 OMNIbus 和執行資訊系統（MIS）之間的關係，即透過 MIS 系統豐富 OMNIbus 資訊欄位。

1.6.3 監控事件匯流排的功能設計

目前，有不少監控事件匯流排產品，但絕大多數都是基於某個專案訂製開發後作為監控產品線的可選模組推廣應用的，常存在可攜性差、功能不全、資料連線介面欠缺等問題。監控事件匯流排功能如圖 1-14 所示。

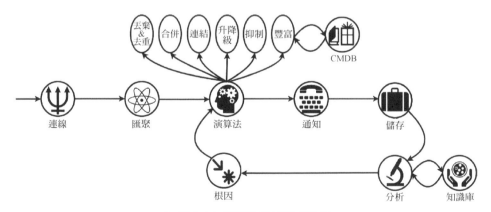

▲ 圖 1-14 監控事件匯流排功能

1. 連線

　　監控事件匯流排作為核心管理元件，在整個 IT 服務系統中起整合和管理作用，其需要資料整合企業中的各類監控軟體監控，將如 Zabbix、Nagios、VMware、IBM Tivoli、華為等開放原始碼或商業監控資料連線匯流排。連線介面的豐富程度決定了該事件匯流排產品的成敗，IBM Tivoli/OMNIbus 提供從不同的監控工具中收集並整合的管理事件資訊，不再需要相關管理員費時費力地進入各個事件管理工具搜索相關資訊。

2. 匯聚

　　匯聚是連線和後期資料處理的「中介」，該過程對資料做初步加工。資料來自不同監控或事件管理系統，不同系統有各自的資料結構和組織方式，如 Zabbix 的事件等級為 0 級 Not Classified、1 級 Information、2 級 Warning、3 級 Average、4 級 High、5 級 Disaster，但新華三 iMC 的事件等級為 1 級緊急、2 級重要、3 級次要、4 級警告、5 級通知，如此兩類監控事件在匯入監控事件匯流排時，會出現警告等級錯亂的情況，需要同步事件等級。

　　另外，監控事件匯流排有必要捨棄不符合連線規則的事件資訊，以減緩後續資料處理的資源壓力；為事件資料打標籤，標示事件來源；路由資料到下一道工序等。

3. 演算法

　　監控事件匯流排的主要功能是從各種 IT 系統或監控管理平臺收集相關事件警告資訊，演算法會對事件進行深度加工，捨棄、去重、合併、連結共同完成對事件的降噪（Reduce Volumes）。降噪是 IBM Netcool/OMNIbus 中的術語，監控事件匯流排需要保證系統處理數以千萬計的原始警告資訊，並對這些警告資訊進行整合、技術相關性分析、業務相關性分析、從許多「雜訊事件」中提取真正影響業務的警告資訊，並即時提醒管理人員注意，有效提高事件管理人員回應處理問題的效率。

1）捨棄 & 去重

有過事件整合專案經驗的人就會發現，隨著事件匯入事件匯流排，常會帶有類似心跳的事件，另外，還有一些無須關注的低等級的 info 或 debug 資訊，而這類事件匯入事件匯流排是無價值的，應該在進入事件匯流排前予以捨棄。

去重可以簡單歸納為針對「重複原始事件警告不再告出」。硬體或記錄檔監控常伴有同一警告資訊重複不斷刷出的情況，做好該類重複事件的控制能有效減少事件風暴的發生，降低對系統資源的壓力，進而保證事件匯流排的健康運行。

2）合併

該場景常被稱為警告合併或事件集。當資料中心規模足夠龐大、監控手段足夠完善時，控制監控事件的數量將成為難題。試想，運行維護人員每天收到 10 筆監控警告簡訊尚可應對，而當警告簡訊達到每天 100 筆時，他們將疲於奔命。

可將原始事件警告基於各種維度合併為事件集，常見的方式有：按照策略類型合併、按照實例類型合併、按照部署機器合併、按照模組合併、按照業務合併、按照機房合併、按照運行維護受理人合併等。

3）連結

事件的合併只是初步解決原始事件通知過多的問題，並沒有實際解決警告間的關係問題。事件的連結更接近初步的根因分析，設計依賴的規則梳理本身就是一個複雜的工作。如果監控策略規劃得足夠清晰，可以嘗試設計策略依賴模型配合監控事件合併做到監控事件連結。但在實戰中，如果依賴模型顆細微性太細，維護成本會很大，如果顆細微性太粗，又產生不了多少實際價值。

4）升降級

　　事件升降級是指某警告事件的原有嚴重等級不是所預期的，需要進行等級重定義。由於監控軟體是統一訂製某一類型事件等級的，而這類事件中常出現個別臨時特例，如果在監控軟體上直接訂製這類特例事件等級，勢必會增加監控策略的維護維度。透過監控事件匯流排維護這類臨時特例事件，能實現對其集中、標準、有效的管理。

5）抑制

　　變更維護期是事件匯流排警告抑制最常見的應用場景。變更維護時間段，監控點狀態將出現可預知異常，並觸發警告（簡訊、郵件）。不斷接收到警告簡訊的手機成為「震動按摩器」，影響變更心情；產生不必要的簡訊費率；不利於從變更期內接收的許多警告中找到所需資訊。

▲ 圖 1-15 變更維護期案例（編按：本圖例為簡體中文介面）

　　變更維護期是指在變更或準生產架設過程中，對可預知簡訊、郵件警告做合理拋棄的監控模組。設計完備的變更維護期應支持按照欄位條件設定維護視窗，如服務、主機、內容、嚴重程度等；支持按照時間條件設定維護視窗，時間可設定為時間段、週期時間等。圖 1-15 所示為變更維護期案例。

6）豐富

在大部分的情況下，監控系統警告資訊對運行維護人員來說不是特別的詳盡，達不到「窺一斑而知全豹」的效果，因此完善警告資訊的需求應運而生。舉例來說，Oracle 資料庫的顯示出錯 ORA-00060：等待資源時檢測到鎖死。對於 Oracle 記錄檔的監控，如果記錄檔中出現了 ORA-00060 關鍵字，則將該記錄檔事件的警告資訊豐富為「等待資源時檢測到鎖死」，還有將 CMDB 中的伺服器的機房機櫃位置和業務資訊豐富進警告資訊中也是事件豐富的常見場景。

4. 通知

事件匯流排須提供連線郵件、簡訊、電話等整合方式，可將連線匯流排的事件資料以某種方式通知到崗、通知到人。隨著行動終端的發展與普及，較多公司也整合了微信小程式、釘釘等通知手段，完成事件通知、處理和關閉。

5. 儲存

事件的儲存常設計了即時事件庫和歷史事件庫。OMNIbus 中的 Object Server 自身就是即時事件庫，用於儲存當前活躍事件資訊。即時事件庫一般會選擇輕量、高效的資料解決方案。OMNIbus 記憶體中資料庫技術作為 Tivoli 核心元件被沿用至今，歷時近 20 年，其 50000 筆 / 秒的事件輸送量仍是業界其他同類產品不可企及的。歷史事件庫儲存生命週期結束的事件資料，用於後期分析和改進，一般關聯式資料庫均能勝任，如果涉及複雜的連結關係，需要引入圖資料庫。

6. 分析 & 根因

　　監控事件匯流排應提供全方位的視圖總覽，介面的每個區域都能清晰地展現特別注意資訊，方便運行維護人員第一時間了解系統運行情況。用於分析的多維度報表也是事件匯流排必不可少的，事件數量總覽、事件數量趨勢分析、事件等級分佈、事件業務分佈、重複事件統計、事件恢復統計、負責人事件統計等，能幫助管理者把控運行維護全域。

　　根因是基於應用場景，整合運行維護資源，運用合理的演演算法分析運行維護巨量資料，繪製事件依賴關係的過程。事件的損毀修復時間由定位和止損操作兩個部分組成，而絕大多數時間是消耗在問題鎖定上的，根因能夠有效縮減問題排除定位時間，進而大幅度降低平均損毀修復時間（MTTR），保障業務持續可用。

▌ 1.7 本章小結

　　本章首先介紹了自 20 世紀 80 年代至今 IT 監控營運管理的發展歷程；其次介紹了監控平臺建設的整體規劃及實踐經驗；再次介紹了監控系統的四大分類、通用架構、各模組功能、運行模式分類等；最後介紹了監控事件匯流排概念，以及在企業監控系統中扮演的角色和造成的價值。

電腦硬體裝置監控

本章討論資料中心裡的電腦裝置監控，即已開箱、上架、接上電源、入網的成品電腦硬體裝置監控。

我們知道，電腦由硬體（Computer Hardware）和軟體（Computer Software）組成。硬體為電腦提供物理支撐，常見的硬體包括：中央處理器、主機板、記憶體、儲存、網路卡、顯示卡等，這些硬體共同組成了電腦裝置。區別於個人電腦，資料中心絕大多數電腦裝置都整合了管理通訊埠。在電腦裝置接上電源入網後，管理通訊埠大多可獨立於電腦上運行的對外提供業務服務的系統，透過設定管理 IP 位址，以某些特定協定，如 http(s)、SNMP、IPMI 等可登入電腦硬體裝置進行管理和監控。

2.1 電腦的分類

根據電腦的效率、速度、價格、運行的經濟性和適應性來劃分，電腦可分為通用電腦和專用電腦兩大類。專用電腦是指專為某些特定工作場景而設計的功能單一的電腦，一般說來，其結構要比通用電腦來得簡單，具有可靠性高、速度快、成本低等優點，是特定場景中最有效、最經濟和最快速的電腦，但是其可攜性和適應性很差。通用電腦通用性強、適應面廣且功能齊全，可完成各種各樣的工作，但是在效率、速度和經濟性方面有所妥協。

通用電腦又可分為超級電腦（Supercomputer）、大型主機（Mainframe）、伺服器（Server）、工作站（Workstation）、微型機（Microcomputer）和微處理器（Single-Chip Computer）六類，它們的區別在於體積、複雜度、功耗、性能指標、資料儲存容量、指令系統規模和價格。

一般而言，超級電腦主要用於科學計算，其運算速度遠遠超過其他電腦，資料儲存容量很大、結構複雜、價格昂貴。微處理器是只用單片積體電路（Integrated Circuit，IC）做成的電腦，其體積小、結構簡單、性能指標較低、價格便宜。介於超級電腦和微處理器之間的是大型主機、伺服器、工作站和微型機，它們的結構規模和性能指標依次遞減。但是，隨著超大型積體電路的迅速發展，微型機、工作站、伺服器彼此的界限也在發生變化，今天的工作站有可能是明天的微型機，而今天的微型機也有可能是明天的微處理器。

▌ 2.2 資料中心常見的電腦種類

我們這裡談到的傳統企事業資料中心與超算中心不同，超算中心面向的是科學計算，更偏重運算能力，主要應用在科學領域，承擔各種大規模科學計算和工程計算任務，同時擁有強大的資料處理和儲存能力。超算中心的運算能力驚人，如用一台普通電腦分析 30 年的氣象資料需要很久，而使用超級電腦只需要 1 小時。超級電腦主要用在新能源、新材料、自然災害、氣象預報、地質勘探、工業模擬模擬、新藥開發、動漫製作、基因排序、城市規劃等領域。資料中心最早起源於 20 世紀 40 年代的巨大的電腦機房，以 ENIAC（Electronic Numerical Integrator and Computer，電子數位積分器和計算機）為代表，其已經形成了現代資料中心的雛形，它部署了安裝裝置的標準機架，高架地板和安裝在天花板上的電纜橋架等。直到 20 世紀七八十年代，隨著 UNIX 和開放原始碼免費的 Linux 的廣泛應用，以及相對廉價的網路裝置和網路結構化佈線新標準，使得伺服器可以放置在企業內部特定的房間中，「資料中心」的術語開始被使用。資料中心後續又經歷了 20 世紀 90 年代的 IDC（Internet Data Center，網際網路資料中心）和現今的 CDC（Cloud Data Center，雲端資料中心）時代。現今的資料中心主要面向的是大眾，以商業用途為主，傳統資料中心一般使用的電腦包括：大型主機、小型主機、PC 伺服器等。

2.2.1 大型主機

大型電腦（Mainframe），直譯為主機，又稱大型主機，指從 IBM System/360 開始的一系列電腦及與其相容或同等級的電腦。與通常用於科學與工程上的計算，擁有極強的計算速度的超級電腦不同，大型主機主要用於大量資料和關鍵專案的計算，如銀行金融交易及資料處理、人口普查、企業資源規劃等。

UNIVAC 於 1951 年交付給美國人口普查局，被認為是第一批批次生產的電腦。它的中央主體相當於一個車庫的大小（約 4.2 公尺 ×2.4 公尺 ×2.5 公尺），其真空管會產生巨大的熱量，所以需要不斷地透過大容量的冷凍水和鼓風機空調系統進行冷卻。在 UNIVAC 之後，IBM 進入大型主機版圖，於 1952 年引入的第一代大型主機 IBM 701，被認為是第一個用於解決複雜的科學、工程和商業問題的大型商用電腦系統。在 1959 年，IBM 推出了第二代電腦 IBM 1401——一個全電晶體化的資料處理系統，將小型企業也可以使用的電子資料處理系統功能放置其中。不久後，在 1964 年，IBM 大膽地調整方向並推出第三代電腦 System/360。

20 世紀 70 年代，System/370 的虛擬儲存得到發展；20 世紀 90 年代，OS/390 相容了 Y2K，直到我們今天看到的 z 系列主機。

　　儘管大型主機使用已經普及，使用者基礎廣泛，但隨著新技術的出現，從 20 世紀 90 年代起，很多用戶端伺服器專家預測，大型主機將走向沒落直到消毀。專家 Stewart Alsop 在 1991 年預測：「……最後一台大型主機將於 1996 年 3 月 15 日消毀」。具有諷刺意味的是，2004 年，IBM 慶祝了大型主機的 40 歲生日，在接下來的一年，以超過 10 億美金投資研發 z9──z 系列中的最新一代。2009 年，z 系列上的 Linux 被推出，一個真正開放的作業環境得以實現。2014 年，也就是在大型主機 50 周年慶典過後，IBM 發佈了 z13 企業伺服器，以應對不斷發展的行動技術、資料分析和雲端運算。圖 2-1 是 IBM 最新型號大型主機（IBM z14 雙機櫃）。

▲ 圖 2-1　IBM 最新型號大型主機（IBM z14 雙機櫃）

2.2.2　小型主機、PC 伺服器

「小型主機」（Minicomputer）一詞誕生的故事

　　1965 年，DEC 公司海外銷售主管約翰・葛蘭將 PDP-8 運到英國，發現倫敦街頭正流行「迷你裙」，姑娘們爭相穿上短過膝蓋的裙子，活潑輕盈，顯得嫵媚動人。他突然發現 PDP 與迷你裙之間的聯繫，新聞傳媒當即接受了這個創意，戲稱 PDP-8 是「迷你機」。「迷你」（Mini）即「小型」，這種機器小巧玲瓏，長 61 公分、寬 48 公分、高 26 公分，把它放在一張稍大的桌子上，怎麼看都似穿著

「迷你裙」的「窈窕淑女」。在電腦價格高昂的當時，它的售價為
18500 美金，比當時任何公司的電腦產品都低，很快便成為 DEC 獲利
的主導產品。

在英文裡，小型主機和 PC 伺服器都叫 Server（伺服器）。PC 伺服
器主要指基於 intel 處理器的 x86 架構，是一個通用開放的系統，如 Dell
PowerEdge R730 PC 伺服器（見圖 2-2），不同品牌的小型主機架構大不
相同，使用 RISC、MIPS 處理器，像美國 Sun、日本 Fujitsu 等公司的
小型主機是基於 SPARC 處理器架構的，而美國 HP 公司的小型主機則
是基於 PA-RISC 架構的，Compaq 公司的是基於 Alpha 架構的，IBM 和
SGI 等的也都各不相同。各品牌的小型主機 I/O 匯流排也不相同，Fujitsu
是 PCI，Sun 是 SBUS 等，這就表示各公司小型主機上的插卡，如網路
卡、顯示卡、SCSI 卡等也難以通用。作業系統一般是基於 UNIX 的，像
Sun、Fujitsu 使用 Sun Solaris，HP 使用 HP-UNIX，IBM 使用 AIX 等，
所以小型主機是封閉專用的電腦系統。圖 2-3 是 IBM Power 740 小型主
機。使用小型主機的使用者一般是看中 UNIX 作業系統的安全性、可靠
性和專用伺服器的高速運算能力，小型主機的價格一般是 PC 伺服器的好
幾倍。

▲ 圖 2-2 Dell PowerEdge R730 PC 伺服器

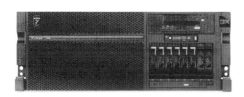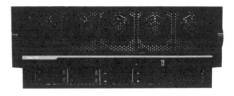

▲ 圖 2-3 IBM Power 740 小型主機

一般而言，小型主機具有高運算處理能力、高可靠性、高服務性、高可用性四大特點。

1. 高運算處理能力（High Performance）

小型主機採用 8 ～ 32 顆處理器，實現多 CPU 協作處理功能；設定超過 32GB 的巨量記憶體容量；系統設計了專用高速 I/O 通道。

2. 高可靠性（Reliability）

小型主機延續了大型主機、中型機高標準的系統和元件設計技術；採用高穩定性的 UNIX 類作業系統。

3. 高服務性（Serviceability）

小型主機能夠即時線上診斷，精確定位問題的根本所在，做到準確無誤的快速修復。

4. 高可用性（Availability）

多容錯系統結構設計是小型主機的主要特徵，如容錯電源系統、容錯 I/O 系統、容錯散熱系統等。

2.2.3 RISC、CISC

粗略地說，現今市面上伺服器的 CPU 指令集類型分為 RISC（Reduced Instruction Set Computing，精簡指令集電腦）和 CISC（Complex Instruction Set Computing，複雜指令集電腦）兩類，指令集類型常可用來區分小型主機和 PC 伺服器。小型主機中如 IBM Power 使用的 Power 架構，Oracle（Sun）、Fujitsu 使用的 SPARC 架構，HP 基於 PA-RISC 架構都屬於 RISC 精簡指令集架構。而 PC Server 中常見的 x86 和 AMD 絕大多數屬於 CISC 複雜指令集架構。當然也有特例，如現有的

PC Server 基於 ARM（Advanced RISC Machine，進階精簡指令集機器）架構的 CPU 是精簡指令集。

RISC 和 CISC 各有優勢，而且界限並不那麼明顯，如表 2-1 所示為 CISC 與 RISC 指令集的區別。

表 2-1　CISC 與 RISC 指令集的區別

CISC	RISC
指令系統複雜，指令數目多達 200 ～ 3000 條	只設定使用頻率高的一些簡單指令，複雜指令的功能由多筆簡單指令的組合來實現
指令長度不固定，有更多的指令格式和更多的定址方式	指令長度固定，指令種類少，定址方式種類少
CPU 內部的通用暫存器比較少	CPU 中設定大量的通用暫存器，一般有幾十到幾百個
有更多的可以存取主記憶體的指令	存取記憶體指令很少，有的 RISC 只有 LDA（讀取記憶體）和 STA（寫入記憶體）兩行指令。多數指令的操作在速度快的內部通用暫存器間進行
指令種類繁多，但各種指令的使用頻率差別很大	可簡化硬體設計，降低設計成本
不同的指令執行時間相差很大，一般都需要多個時鐘週期完成	採用管線技術，大多數指令在 1 個時鐘週期內即可完成
控制器大多採用微程式控制器來實現	控制器用硬體實現，採用組合邏輯控制器
難以用最佳化編譯的方法獲得高效率的目的程式	有利於最佳化編譯器

2.2.4　刀鋒機

刀鋒機即刀鋒式伺服器（Blade Server），是可在標準高度的機架式主機殼內插裝多個卡式的伺服器單元，實現高可用和高密度，是一種

HAHD（High Availability High Density，高叮用高密度）的低成本伺服器平臺。刀鋒機專門為特殊應用行業和高密度電腦環境設計，其主要結構為一個大型主體主機殼，內部可插上許多「刀鋒」，其中每片「刀鋒」實際上就是一片系統主機板。它們可以透過「板載」硬碟啟動自己的作業系統，如 Windows NT/2000、Linux 等，類似於一個個獨立的伺服器，在這種模式下，每塊主機板運行自己的系統，服務於指定的不同使用者群，相互之間沒有連結。

圖 2-4 是 Fujitsu PRIMERGY BX620 S4 刀鋒機，經 Fujitsu 統計，PRIMERGY 刀鋒伺服器可以提高節能減碳效率。

▲ 圖 2-4 刀鋒機（Fujitsu PRIMERGY BX620 S4）

當然，刀鋒伺服器省空間，可降低功耗，單位體積內能提供最高密度的運算性能，但刀鋒伺服器對運行環境要求相對較高，刀箱故障經常導致刀箱內所有刀鋒伺服器無法正常運行。

▌ 2.3 電腦硬體裝置監控

與軟體和業務監控不同，電腦硬體裝置監控大多是由資料中心機房人工巡檢完成的。透過人工查看電腦硬體裝置的狀態指示燈確定其運行情況。常見的如綠燈表示正常、黃（橙）燈表示異常等，較為先進的大型主機構也引進了機器人替代人工巡檢。但機房本身存在較大輻射，排放的氣體等對人體都存在較大的傷害，機器人巡檢也偏向於針對大型的、裝置類型較為單一的資料中心機房，所以平常在做的電腦裝置監控主要是透過裝置的管理通訊埠向監控軟體主動發送相關的裝置警告資訊。

2.3.1 大型主機裝置監控

大型主機的裝置監控主要是透過人工巡檢完成的。大型主機提供的裝置監控介面也較為單一，一般事件透過郵件形式將大型主機警告轉發至郵件伺服器。

我們以透過 IBM Netcool OMNIbus 的郵件探針（Email Probe）連線大型主機警告到郵件伺服器為例。Netcool 擁有數百種探針（Probe），在 Probe 接收到原始警告後，根據 Rules 解析原始資料並轉化成標準事件格式，然後將標準事件發送到 OMNIbus（事件平臺）的核心 ObjectServer 記憶體中資料庫中，如圖 2-5 所示為 Netcool OMNIbus Rules 的工作流程。

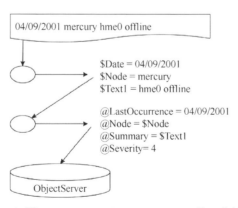

▲ 圖 2-5 Netcool OMNIbus Rules 的工作流程

在 Rules 檔案中定義提取關鍵性的警告資料推送至 ObjectServer，事件平臺再對大型主機事件集中展示與警告通知，以下是 OMNIbus Email probe 的大型主機 Rules 範例。

```
if( match( @Manager, "ProbeWatch" ) )
{
        switch(@Summary)
        {
        case "Running ...":
                @Severity = 1
                @AlertGroup = "probestat"
                @Type = 2
        case "Going Down ...":
                @Severity = 5
                @AlertGroup = "probestat"
                @Type = 1
        default:
                @Severity = 1
        }

        @AlertKey = @Agent
        @Summary = @Agent + " probe on " + @Node + ": " + @Summary
}
else
{
@Node = extract($Header_002,"\[(.*)\]")
$hostname = extract($Body_003,".*Source.*\'(.*)\'")
@NodeAlias = $hostname
@Manager = %Manager
@Class = 30500
$Summary = extract($Body_004,".*Text.*\'(.*)\'")
@Summary = $Summary
@Severity = 5
if(match($Summary,""))
{

$summary2 = extract($Body_005,"(.*)\'")
$summary1 = extract($Body_004,".*Text.*\'(.*)")
@Summary = $summary1 + $summary2
}
```

```
@Agent = "Mainframe"
@AgentType = "Mainframe"
@NodeGroup = "1.3.6.1.4.1.2.6.195.2627.6699"
@NodeName = @Summary
switch(@Severity)
{
case  "5":
@SourceSeverity = "critical"
case  "4":
@SourceSeverity = "unknown"
case  "3":
@SourceSeverity = "warning"
case  "1":
@SourceSeverity = "information"
default:
@SourceSeverity = @Severity
}
```

2.3.2 小型主機裝置監控

目前，市面上企事業單位仍在使用的小型主機主要有 IBM Power 系列、Oracle 的 T 系列和 M 系列、HP 的 Superdome 系列，本節以 IBM Power 系列小型主機為例，介紹小型主機裝置監控。

1. HMC 納管 IBM Power 小型主機

HMC（Hardware Management Console，硬體管理控制台）是 IBM 小型主機的管理監控軟體，可以使用硬體發現過程來俘獲納管 IBM 小型主機上的硬體資訊。

（1）我們可透過小機的液晶控制台設定 HMC 的通訊埠和 IP 位址。以 P5 設定 HMC 管理為例。（註：小型主機的控制台上使用↑、↓、→按鈕調整選項並設定。）

1. 伺服器接上電源並啟動完畢，控制台上的顯示不再變化。
2. 使用控制台的↑或↓按鈕選擇功能 2。按→按鈕進入功能 2，按→按鈕，選中 N(Normal) ，使用↑或↓按鈕將 N 改成 M(Manual) 按 2 次→按鈕退出功能 2。
3. 使用↑或↓按鈕選擇功能 30，按→按鈕進入。控制台顯示 30**。
4. 使用↑或↓按鈕，使面板顯示 3000 或 3001，然後按→按鈕，就能控制台上讀出所對應 HMC 通訊埠的 IP 位址了。如：
   SP_A:_ETH0:_ _ _T5
   192.168.33.24_ _ _ _ _ _
   HMC0 通訊埠的 IP 位址是 192.168.33.24.
5. 在檢查完成後，使用控制台上的↑或↓按鈕選擇功能 2。按→按鈕進入功能 2，按→按鈕，選中 N，使用↑或↓按鈕將 M 改成 N。
   然後按 2 次→按鈕退出功能 2。
6. 選擇功能 1，進入正常的操作模式。

此時，我們就可以在 HMC 上找到被納管的 IBM 小型主機的資訊了。

（2）HMC 警告轉發設定。登陸 HMC，點擊「服務管理」，點擊「管理可維護事件通知」，如圖 2-6 所示為 HMC 管理可維護事件通知。

服務管理（HMC 版本）

創建服務性事件　　　・創建服務性事件以報告問題
管理可維護事件　　　・查看、報告、修復或關閉可維護事件

回撥事件管理器　　　・從註冊的管理主控台管理事件

格式化媒體　　　　　・對 USB 快閃記憶體裝置進行格式化
管理轉儲　　　　　　・透過電子服務代理複製或刪除轉儲或將其發送到服務供應商
傳輸服務資訊　　　　・安排或將服務資訊傳輸給服務供應商

連接
啟用電子服務代理　　・控制能否為 HMC 或受管系統創建回撥請求
管理出站連接　　　　・在 HMC 與服務供應商之間設定回撥或韌體更新連接
管理入站連接　　　　・啟動對服務供應商的 HMC 或受管系統的臨時存取
管理客戶資訊　　　　・查看和更改管理員、系統和帳戶資訊
對使用者授權　　　　・授權服務提供者標識使用電子服務 Web 網站來存取服務資訊
管理可維護事件通知　・設定資訊，以便在發生可維護事件時通知客戶
管理分區連接監視　　・設定計時器以檢測中斷並監視所選機器的分區的連接

電子服務代理安裝精靈　・用於為系統設定回撥的指導式安裝精靈

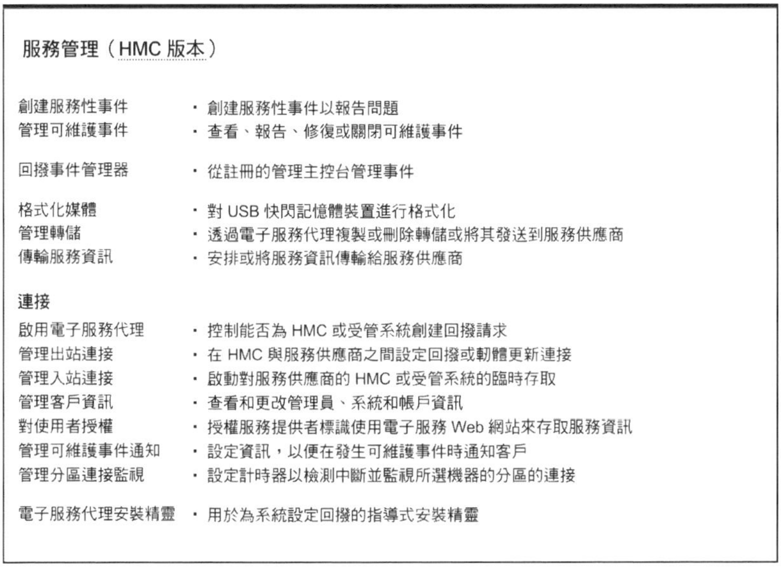

▲ 圖 2-6 HMC 管理可維護事件通知

以將事件發送給 OMNIbus MTTrap Probe 為例，參照圖 2-7 設定
OMNIbus MTTrap Probe 位址及通訊埠，點擊「SNMP 陷阱設定」，點擊
「增加 SNMP 陷阱」，TCP/IP 位址輸入 Trap 資訊的接收端位址，共用名
稱輸入 "public"，通訊埠輸入 "162"，點擊「更新」。

▲ 圖 2-7 設定 OMNIbus MTTrap Probe 位址及通訊埠（一）
（編按：本圖例為簡體中文介面）

如圖 2-8 所示，點擊「確定」，Trap 設定完畢。

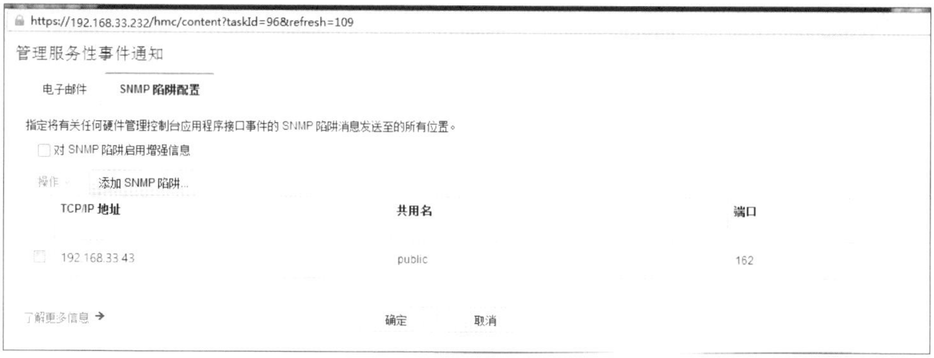

▲ 圖 2-8 設定 OMNIbus MTTrap Probe 位址及通訊埠（二）
（編按：本圖例為簡體中文介面）

如圖 2-9 所示，可在「首頁」選擇任意伺服器，在右側下方點擊「建立服務性事件」。

▲ 圖 2-9 建立測試服務性事件（一）（編按：本圖例為簡體中文介面）

如圖 2-10 所示，選擇任意問題類型，並在問題描述中註釋為測試警告，如 "test"，點擊「請求服務」，此時可在 OMNIbus 事件平臺中查看對應的警告資訊。

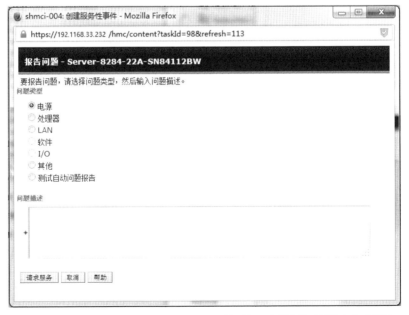

▲ 圖 2-10 建立測試服務性事件（二）（編按：本圖例為簡體中文介面）

2. System Director 透過 HMC 監控小型主機裝置

　　IBM Systems Director 是一個基礎管理平臺，可簡化跨異質環境管理物理和虛擬系統的方式。透過使用業界標準，IBM Systems Director 支援跨 IBM 和非 IBM x86 平臺的多種作業系統和虛擬化技術。

　　透過單一使用者介面，IBM Systems Director 提供一致的視圖，用於查看受管系統，確定這些系統之間的相互關係並辨識其狀態，從而幫助使用者將技術資源與業務需求相連結。IBM Systems Director 附帶的一組常見任務提供了基本管理所需的許多核心功能，這表示開箱即用的業務價值，如圖 2-11 所示，System Director 提供了納管小型主機的 HMC 裝置監控資訊。System Director 常見任務還包括：管理系統中發現的庫存、設定、系統運行狀況、監控、更新、事件通知和自動化。

▲ 圖 2-11 System Director 納管 HMC 小型主機事件（編按：本圖例為簡體中文介面）

3. Zabbix 透過 HMC 監控 IBM 小型主機裝置

Zabbix 開放原始碼監控方案也可替代 Systems Director 商務軟體來納管 HMC 監控 IBM 小型主機,具體操作步驟如下。

如圖 2-12 所示,SSH 登入 IBM HMC,執行命令查看當前 HMC 所納管的 Power 小型主機名稱。

```
hscroot@shmci-004:~> lssyscfg -r sys -F name,ipaddr,state
Server-8408-E8D-SN841A1CW, 192.168.33.244,Operating
Server-8284-22A-SN84112Bw, 192.168.33.220,Operating
```

▲ 圖 2-12 SSH 查看 HMC 小型主機納管的 Power 小型主機名稱

如圖 2-13 所示,在 Zabbix 頁面增加 IBM HMC 的主機設定資訊。

▲ 圖 2-13 在 Zabbix 頁面增加 IBM HMC 的主機設定資訊

如圖 2-14 所示，在 Zabbix 頁面新建 IBM HMC 監控範本。

▲ 圖 2-14 在 Zabbix 頁面新建 IBM HMC 監控範本

如圖 2-15，在 Zabbix 頁面上增加 Power 小型主機狀態監控項。

▲ 圖 2-15 在 Zabbix 頁面上增加 Power 小型主機狀態監控項

如圖 2-16 所示，在 Zabbix 頁面上新建 Power 小型主機狀態觸發器。

All templates / XXXXX Template Hardware AIX   Applications 1   Items 3   Triggers 1   Graphs   Screens   Discovery rules   Web scenarios

Trigger   Dependencies

Name	OS_AIX_HMC Host Down
Severity	Not classified Information Warning **Average** High Disaster
Expression	((({XXXXX Template Hardware AIX:hardware_aix[info].regexp(Operating)})<>1) Add
	Expression constructor
OK event generation	**Expression** Recovery expression None
PROBLEM event generation mode	**Single** Multiple
OK event closes	**All problems** All problems if tag values match
Tags	tag value Remove
	Add
Allow manual close	☐
URL	
Description	HMC Host Down
Enabled	✓

Update   Clone   Delete   Cancel

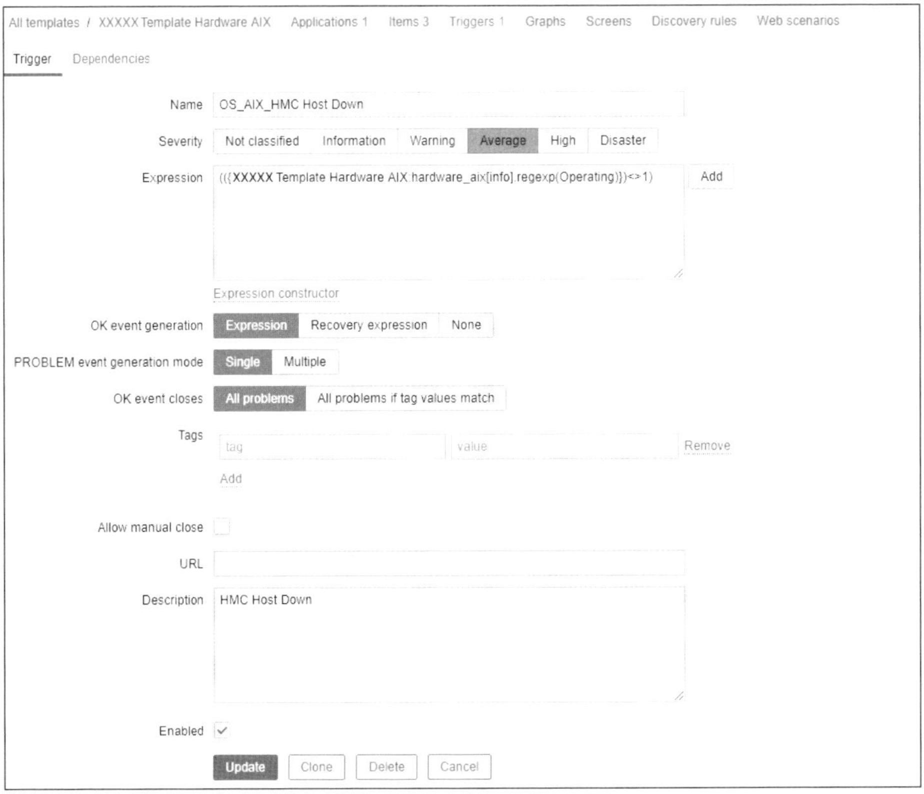

▲ 圖 2-16　在 Zabbix 頁面上新建 Power 小型主機狀態觸發器

圖 2-17 所示為 Power 小型主機硬體監控在 Zabbix 上顯示的擷設定值範例。

Status (3 items)			
Power HostStatus	05/21/2021 11:42:15 AM	Server-SSRVI-012-SN06E	History
Power LedStatus	05/21/2021 11:42:16 AM	state=off	History
Power LparStatus	05/21/2021 11:42:17 AM	SDWHETL01-200.31.132	History

▲ 圖 2-17　Power 小型主機硬體監控在 Zabbix 上顯示的擷設定值範例

圖 2-18 所示為 Power 小型主機在 Zabbix 上顯示主機狀態。

```
05/21/2021 11:43:16 AM  Server-SSRVI-012-SN06EC49R, 192.168.33.230 ,Operating
05/21/2021 11:42:15 AM  Server-SSRVI-012-SN06EC49R, 192.168.33.230 ,Operating
05/21/2021 11:41:13 AM  Server-SSRVI-012-SN06EC49R, 192.168.33.230 ,Operating
05/21/2021 11:40:10 AM  Server-SSRVI-012-SN06EC49R, 192.168.33.230 ,Operating
05/21/2021 11:39:54 AM  Server-SSRVI-012-SN06EC49R, 192.168.33.230 ,Operating
05/21/2021 11:39:22 AM  Server-SSRVI-012-SN06EC49R, 192.168.33.230 ,Operating
```

▲ 圖 2-18 Power 小型主機在 Zabbix 上顯示主機狀態

圖 2-19 所示為 Power 小型主機在 Zabbix 上顯示 Led 狀態。

```
05/21/2021 11:43:16 AM  state=off
05/21/2021 11:42:16 AM  state=off
05/21/2021 11:41:14 AM  state=off
05/21/2021 11:40:11 AM  state=off
05/21/2021 11:39:54 AM  state=off
```

▲ 圖 2-19 Power 小型主機在 Zabbix 上顯示 Led 狀態

圖 2-20 所示為 Power 小型主機在 Zabbix 上顯示 LPAR 狀態。

```
Timestamp              Value

05/21/2021 11:46:27 AM SDWHETL01-192.168.33.65 ,aixlinux,Running
                       SDWHDBS01-192.168.33.65 ,aixlinux,Running
                       SACCDBS01-192.168.33.24 ,aixlinux,Running
                       lpmtest-192.168.33.35 ,aixlinux,Not Activated
                       hatest2,aixlinux,Not Activated
                       hatest1,aixlinux,Not Activated
                       SSHIWEB01-192.168.33.17 ,aixlinux,Running
                       SCLRSIM01-192.168.33.26 ,aixlinux,Running
                       SSHIDBS03-192.168.33.16 ,aixlinux,Running
                       lpmtest1,aixlinux,Not Activated
                       SBASAPP01-192.168.33.20 ,aixlinux,Running
                       SBASDBS01-192.168.33.20 ,aixlinux,Running
                       SFITAPP01-192.168.33.12 ,aixlinux,Running
                       SFITDBS01-192.168.33.12 ,aixlinux,Running
                       SINFVIO002,vioserver,Running
                       SINFVIO001,vioserver,Running
                       SFITVIO002,vioserver,Running
                       SFITVIO001,vioserver,Running
```

▲ 圖 2-20 Power 小型主機在 Zabbix 上顯示 LPAR 狀態

IBM 小型主機常見的監控指標如表 2-2 所示。

表 2-2 IBM 小型主機常見的監控指標

指標名稱	擷取方法	指標描述	傳回值名稱
CPU	SSH	CPU 狀態資訊	狀態
記憶體	SSH	記憶體狀態資訊	狀態
磁碟	SSH	磁碟狀態資訊	狀態
介面卡	SSH	介面卡狀態資訊	狀態
磁帶機	SSH	磁帶機狀態資訊	狀態
物理卷冊資訊	SSH	物理卷冊狀態資訊	狀態
記憶體位置資訊	SSH	記憶體位置資訊	序號、大小、物理位置
警告燈狀態	SSH	警告燈狀態資訊	狀態
系統硬體記錄檔	SSH	系統硬體記錄檔資訊	記錄 ID、記錄數

2.3.3 PC Server 裝置監控

PC Server 作為目前市面上最主流的電腦裝置，相對大型主機和小型主機等相對小眾的電腦裝置監控手段要豐富得多。舉例來說，我們可以使用 IBM Netcool OMNIbus 的 MTTrap Probe 透過 Trap 發送監控事件匯聚到 OMNIbus 事件平臺；也可以透過 Trap 發送監控事件到 System Director。另外，目前的 PC Server 絕大多數都擁有 IPMI（Intelligent Platform Management Interface，智慧平臺管理介面），IPMI 能跨不同作業系統、韌體、硬體平臺，監視、控制和自動回報伺服器的運行狀況，以降低伺服器系統運行維護成本。透過 IPMI 使用 Zabbix 納管 PC Server 裝置監控資訊，操作步驟如下。

如圖 2-21 所示，在 Zabbix 用戶端遠端執行命令查看遠端 x86 伺服器的硬體資訊。

```
[root@SALGIMT01 agent]# ipmitool -I lanplus -H 192.168.33.109  -U administrator   sdr list
Password:
UID                 | 0x00            | ok
SysHealth_Stat      | 0x00            | ok
01-Inlet Ambient    | 18 degrees C    | ok
02-CPU 1            | 40 degrees C    | ok
03-CPU 2            | 40 degrees C    | ok
04-P1 DIMM 1-6      | disabled        | ns
06-P1 DIMM 7-12     | 37 degrees C    | ok
08-P2 DIMM 1-6      | 42 degrees C    | ok
10-P2 DIMM 7-12     | disabled        | ns
12-HD Max           | 35 degrees C    | ok
13-Exp Bay Drive    | disabled        | ns
14-Stor Batt 1      | 21 degrees C    | ok
15-Front Ambient    | 24 degrees C    | ok
16-VR P1            | 36 degrees C    | ok
17-VR P2            | 37 degrees C    | ok
18-VR P1 Mem 1      | 26 degrees C    | ok
19-VR P1 Mem 2      | 22 degrees C    | ok
20-VR P2 Mem 1      | 24 degrees C    | ok
21-VR P2 Mem 2      | 29 degrees C    | ok
22 Chipset          | 46 degrees C    | ok
```

▲ 圖 2-21 在 Zabbix 用戶端遠端執行命令查看遠端 x86 伺服器的硬體資訊

如圖 2-22 所示，在 Zabbix 頁面增加 x86 伺服器的主機資訊。

▲ 圖 2-22 在 Zabbix 頁面增加 x86 伺服器的主機資訊

如圖 2-23 所示，在 Zabbix 頁面設定 x86 伺服器的 IPMI 監控範本。

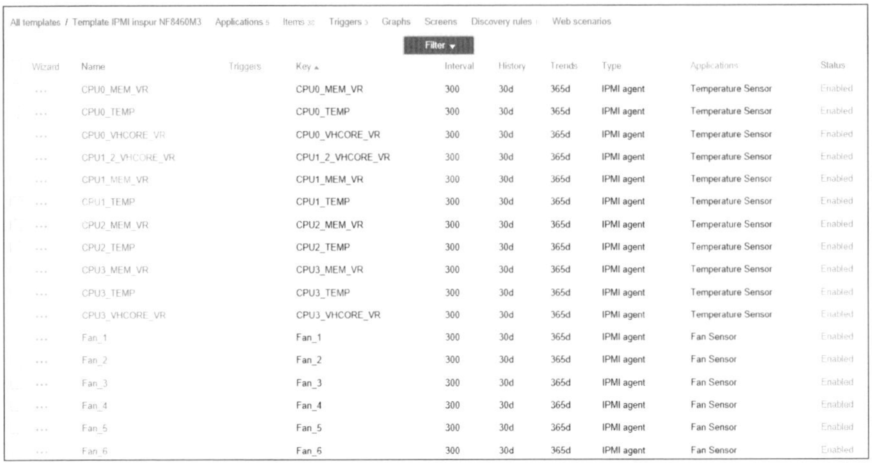
All templates / Template IPMI inspur NF8460M3 Applications 5 Items 30 Triggers 3 Graphs Screens Discovery rules 1 Web scenarios

Filter

Wizard	Name	Triggers	Key ▲	Interval	History	Trends	Type	Applications	Status
...	CPU0_MEM_VR		CPU0_MEM_VR	300	30d	365d	IPMI agent	Temperature Sensor	Enabled
...	CPU0_TEMP		CPU0_TEMP	300	30d	365d	IPMI agent	Temperature Sensor	Enabled
...	CPU0_VHCORE_VR		CPU0_VHCORE_VR	300	30d	365d	IPMI agent	Temperature Sensor	Enabled
...	CPU1_2_VHCORE_VR		CPU1_2_VHCORE_VR	300	30d	365d	IPMI agent	Temperature Sensor	Enabled
...	CPU1_MEM_VR		CPU1_MEM_VR	300	30d	365d	IPMI agent	Temperature Sensor	Enabled
...	CPU1_TEMP		CPU1_TEMP	300	30d	365d	IPMI agent	Temperature Sensor	Enabled
...	CPU2_MEM_VR		CPU2_MEM_VR	300	30d	365d	IPMI agent	Temperature Sensor	Enabled
...	CPU2_TEMP		CPU2_TEMP	300	30d	365d	IPMI agent	Temperature Sensor	Enabled
...	CPU3_MEM_VR		CPU3_MEM_VR	300	30d	365d	IPMI agent	Temperature Sensor	Enabled
...	CPU3_TEMP		CPU3_TEMP	300	30d	365d	IPMI agent	Temperature Sensor	Enabled
...	CPU3_VHCORE_VR		CPU3_VHCORE_VR	300	30d	365d	IPMI agent	Temperature Sensor	Enabled
...	Fan_1		Fan_1	300	30d	365d	IPMI agent	Fan Sensor	Enabled
...	Fan_2		Fan_2	300	30d	365d	IPMI agent	Fan Sensor	Enabled
...	Fan_3		Fan_3	300	30d	365d	IPMI agent	Fan Sensor	Enabled
...	Fan_4		Fan_4	300	30d	365d	IPMI agent	Fan Sensor	Enabled
...	Fan_5		Fan_5	300	30d	365d	IPMI agent	Fan Sensor	Enabled
...	Fan_6		Fan_6	300	30d	365d	IPMI agent	Fan Sensor	Enabled

▲ 圖 2-23 在 Zabbix 頁面設定 x86 伺服器的 IPMI 監控範本

如圖 2-24 所示，在 Zabbix 頁面增加 x86 伺服器的硬體狀態監控項。

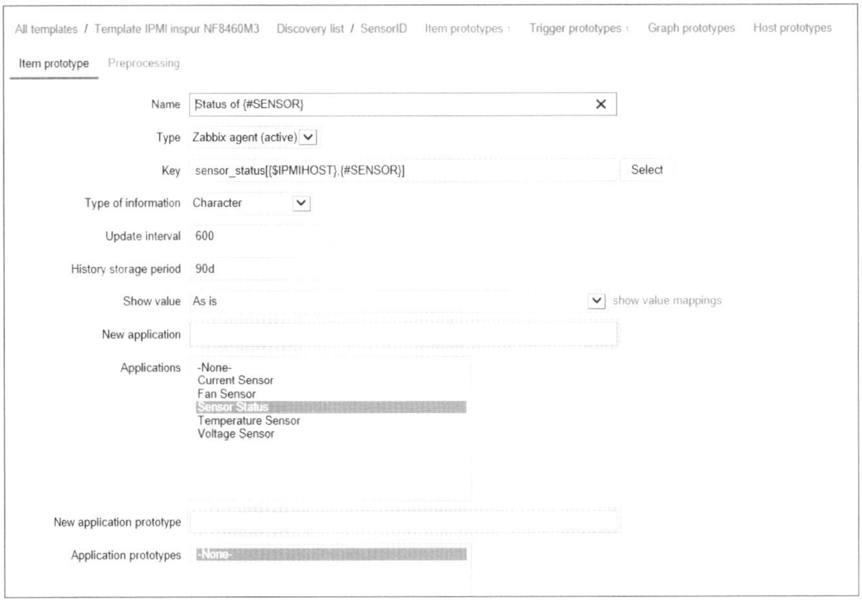
All templates / Template IPMI inspur NF8460M3 Discovery list / SensorID Item prototypes 1 Trigger prototypes 1 Graph prototypes Host prototypes
Item prototype Preprocessing
Name Status of {#SENSOR}
Type Zabbix agent (active)
Key sensor_status[{$IPMIHOST},{#SENSOR}]
Select
Type of information Character
Update interval 600
History storage period 90d
Show value As is
show value mappings
New application
Applications -None-
Current Sensor
Fan Sensor
Sensor Status
Temperature Sensor
Voltage Sensor
New application prototype
Application prototypes -None-

▲ 圖 2-24 在 Zabbix 頁面增加 x86 伺服器的硬體狀態監控項

如圖 2-25 所示，在 Zabbix 頁面設定 x86 伺服器的硬體狀態觸發器。

| All templates / Template IPMI inspur NF8460M3 | Discovery list / SensorID | Item prototypes ↑ | Trigger prototypes ↑ | Graph prototypes | Host prototypes |

Trigger prototype　Dependencies

Name	传感器{#SENSOR}状态现在为 ✕
Severity	Not classified　Information　**Warning**　Average　High　Disaster
Expression	{Template IPMI inspur NF8460M3:sensor_status[{$IPMIHOST}, {#SENSOR}].regexp(ok,10m)}=0　　Add
	Expression constructor
OK event generation	**Expression**　Recovery expression　None
PROBLEM event generation mode	**Single**　Multiple
OK event closes	**All problems**　All problems if tag values match
Tags	tag　　　　value　　　　Remove
	Add
Allow manual close	☐
URL	
Description	

▲ 圖 2-25　在 Zabbix 頁面設定 x86 伺服器的硬體狀態觸發器

圖 2-26 所示為 x86 伺服器硬體監控的擷設定值。

Sensor Status (147 Items)			
Status of 01-Inlet	05/26/2021 11:18:06 AM	ok	History
Status of 02-CPU	05/26/2021 11:18:10 AM	ok	History
Status of 03-CPU	05/26/2021 11:18:14 AM	ok	History
Status of 04-P1	05/26/2021 11:18:18 AM	ns	History
Status of 06-P1	05/26/2021 11:18:21 AM	ok	History
Status of 08-P2	05/26/2021 11:18:25 AM	ok	History
Status of 1	05/26/2021 11:19:06 AM	ok ns ok ok ok ok ok ok n...	History
Status of 1-6	05/26/2021 11:18:29 AM	ns ok	History

▲ 圖 2-26　x86 伺服器硬體監控的擷設定值

圖 2-27 所示為 x86 伺服器主機狀態。

Status of SysHealth_Stat	05/26/2021 11:27:31 AM	ok

▲ 圖 2-27　x86 伺服器主機狀態

圖 2-28 所示為 x86 伺服器 CPU 狀態。

| Status of 02-CPU | 05/26/2021 11:18:10 AM | ok |
| Status of 03-CPU | 05/26/2021 11:18:14 AM | ok |

▲ 圖 2-28 x86 伺服器 CPU 狀態

圖 2-29 所示為 x86 伺服器 Memory 狀態。

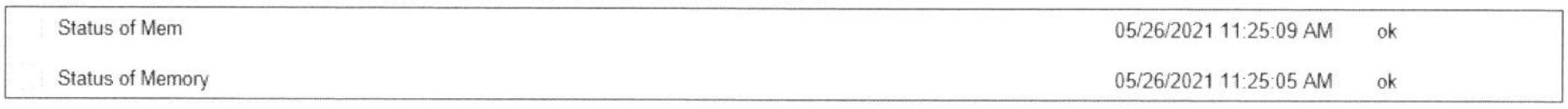

| Status of Mem | 05/26/2021 11:25:09 AM | ok |
| Status of Memory | 05/26/2021 11:25:05 AM | ok |

▲ 圖 2-29 x86 伺服器 Memory 狀態

圖 2-30 所示為 x86 伺服器 Fan 狀態。

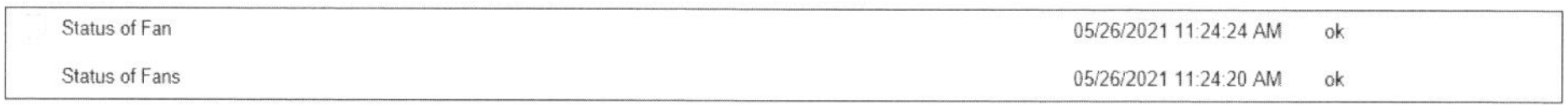

| Status of Fan | 05/26/2021 11:24:24 AM | ok |
| Status of Fans | 05/26/2021 11:24:20 AM | ok |

▲ 圖 2-30 x86 伺服器 Fan 狀態

圖 2-31 所示為 x86 伺服器 Power 狀態。

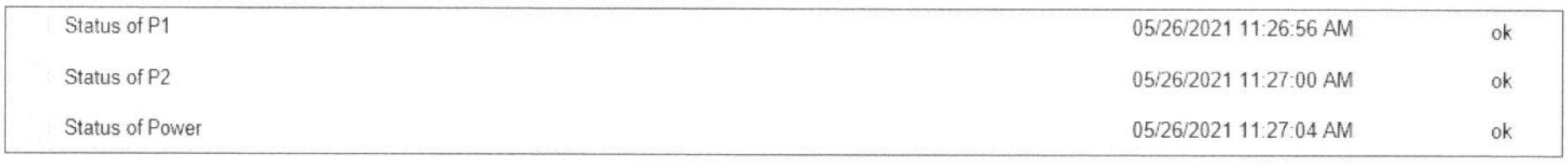

Status of P1	05/26/2021 11:26:56 AM	ok
Status of P2	05/26/2021 11:27:00 AM	ok
Status of Power	05/26/2021 11:27:04 AM	ok

▲ 圖 2-31 x86 伺服器 Power 狀態

Dell PC Server 常見的監控指標如表 2-3 所示。

表 2-3 Dell PC Server 常見的監控指標

指標名稱	擷取方法	指標描述	傳回值名稱
風扇	IPMI	風扇狀態資訊	狀態、值、單位
電池	IPMI	電池狀態資訊	狀態、值、單位
處理器	IPMI	處理器狀態資訊	狀態、值、單位

指標名稱	擷取方法	指標描述	傳回值名稱
主機殼電源	IPMI	主機殼電源狀態資訊	狀態
硬體記錄檔	IPMI	硬體記錄檔狀態資訊	總計、新增記錄檔數量、最近更新記錄檔內容
電源	IPMI	電源指標狀態資訊	狀態、值、單位
溫度	IPMI	溫度指標狀態資訊	狀態、值、單位
磁碟	IPMI	磁碟指標狀態資訊	狀態、值、單位
電壓	IPMI	電壓指標狀態資訊	狀態、值、單位
電流	IPMI	電流指標狀態資訊	狀態、值、單位
記憶體	IPMI	記憶體指標狀態資訊	狀態、值、單位
磁碟控制器	SNMP	磁碟控制卡狀態資訊	裝置說明、軔體版本、驅動程式版本、快取記憶體記憶體大小、SAS 位址、停止旋轉時間間隔、安全狀態、重建率、元件狀態、回寫模式、PCI 插槽、巡檢讀取狀態
物理磁碟	SNMP	物理磁碟狀態資訊	總大小、使用大小、剩餘大小、匯流排協定、區塊大小、媒體類型、安全狀態、操作狀態、電源狀態、連線狀況、生產廠商、型號、SN、狀態
虛擬磁碟	SNMP	虛擬磁碟狀態資訊	讀快取策略、寫入快取策略、匯流排協定、媒體類型、版面設定、區塊大小、總大小、磁條大小、磁碟快取策略、元件狀態、裝置說明、狀態
CPU	SNMP	CPU 狀態資訊	處理器品牌、處理器版本、當前速度、CPU 核心數、狀態
風扇指標	SNMP	風扇狀態資訊	當前速度、警告設定值最小值、嚴重設定值最小值、狀態
記憶體指標	SNMP	記憶體狀態資訊	類型、總記憶體大小、速率、生產廠商、SN、PN、狀態

指標名稱	擷取方法	指標描述	傳回值名稱
插槽指標	SNMP	插槽狀態資訊	當前使用、類型、插槽類別、狀態
電池指標	SNMP	電池狀態資訊	狀態
溫度指標	SNMP	溫度狀態資訊	讀數、嚴重設定值最大值、警告設定值最大值、警告設定值最小值、嚴重設定值最小值、類型、狀態
電源指標	SNMP	電源狀態資訊	電源輸入電壓、電源最大輸入功率、電源輸出功率、類型、狀態、生產廠商、SN、PN
電壓指標	SNMP	電壓狀態資訊	讀數、狀態
BIOS	SNMP	BIOS 資訊	版本、生產廠商、狀態
韌體	SNMP	韌體資訊	版本、狀態
侵入探測器	SNMP	侵入探測器狀態資訊	狀態
網路卡	SNMP	網路卡狀態資訊	狀態、連接狀態、供應商名稱、MAC 位址
LCD 指標	SNMP	LCD 狀態資訊	狀態
IDRAC	SNMP	IDRAC 資訊	名稱、產品資訊、韌體版本、製造商、IP 位址
伺服器	SNMP	伺服器資訊	製造商、系統型號、主機名稱、作業系統、作業系統版本、服務標籤、快速服務程式
主機殼電源	SNMP	主機殼電源狀態資訊	電源狀態

2.3.4 刀鋒機裝置監控

　　如圖 2-32 所示，與小型主機裝置監控一樣，我們同樣可以使用 System Director，或 Zabbix 納管刀鋒機監控資訊，操作步驟與使用 Zabbix 納管 PC 伺服器類似，此處不再贅述。

▲ 圖 2-32 System Director 納管刀鋒機監控資訊（編按：本圖例為簡體中文介面）

華為刀鋒機常見的監控指標如表 2-4 所示。

表 2-4　華為刀鋒機常見的監控指標

指標名稱	擷取方法	指標描述	傳回值名稱
刀鋒	SSH	刀鋒讀數資訊	讀數
刀鋒狀態	SSH	刀鋒狀態資訊	狀態
風扇指標	SSH	風扇指標資訊	前風扇轉速、前風扇偏差、後風扇轉速、後風扇偏差
風扇狀態	SSH	風扇狀態資訊	狀態
刀鋒指示燈	SSH	刀鋒指示燈資訊	支援顏色、本地控制顏色、逾越狀態顏色、狀態
電源指標	SSH	電源指標資訊	電源輸入功率
電源	SSH	電源狀態資訊	狀態
MM 指標	SSH	MM 指標資訊	進風口溫度、Flash 佔有率

指標名稱	擷取方法	指標描述	傳回值名稱
smm 狀態	SSH	smm 狀態資訊	狀態
mm 指示燈	SSH	mm 指示燈資訊	支援顏色、本地控制顏色、逾越狀態顏色、狀態
磁碟狀態	SSH	磁碟狀態資訊	狀態
通訊埠狀態	SSH	通訊埠狀態資訊	狀態
HBA 卡	SSH	HBA 卡狀態資訊	狀態
RAID 卡	SSH	RAID 卡狀態資訊	狀態
ACPI 狀態	SSH	ACPI 狀態資訊	狀態
系統記錄檔	SSH	系統記錄檔資訊	記錄數、最近記錄檔
刀鋒記錄檔	SSH	刀鋒記錄檔資訊	記錄數、最近記錄檔

▎2.4 本章小結

　　本章介紹了電腦的分類和資料中心常見的電腦種類，包括：大型主機、小型主機、PC 伺服器、刀鋒機等。隨後介紹了用來區分小型主機和 PC 伺服器的 RISC 和 CISC 架構；之後分別介紹了使用 IBM Netcool OMNIbus 的郵件探針（Email Probe）連線大型主機裝置警告、HMC 納管 IBM Power 小型主機、System Director 透過 HMC 監控小型主機裝置、Zabbix 透過 HMC 監控小型主機裝置、Zabbix 監控 PC Server 裝置，以及 System Director 監控刀鋒機等方式及常用監控指標。

虛擬機器監控

　　當前，電腦技術高速發展，從電子管電腦到現在的奈米級晶片電腦，運算速率從每秒幾千次到每秒上億次，CPU 核心從單核心到多核心，伺服器性能在不斷提升。為了充分利用伺服器的資源，我們通常會將多個業務部署在同一台伺服器上，但這會造成資源管理混亂、系統之間互相影響、系統之間依賴底層伺服器公共資源有耦合性等問題。為了應對這類問題，通常使用虛擬化技術，在硬體伺服器上建立虛擬主機，各虛擬主機系統相互獨立、互不影響，業務系統分別部署在獨立的虛擬主機上，如此可在運行維護規範化和資源使用率上達到最佳。

　　虛擬化技術是一種對資源的管理技術，一般是將電腦的 CPU、記憶體、磁碟、網路介面卡等，予以抽象轉換然後分割，再組合成一個或多個電腦硬體環境。同樣地，對作業系統、應用程式、網路裝置、桌面等的虛擬化，也都是利用軟體來模擬多個獨立運行、互不影響的作業系統、應用程式、網路裝置、虛擬桌面等的技術。

3.1 虛擬化分類

通常虛擬化分為硬體虛擬化、作業系統虛擬化、桌面虛擬化、應用程式虛擬化，以及網路虛擬化等類別，如圖 3-1 所示為維基百科上顯示的虛擬化技術分類表。

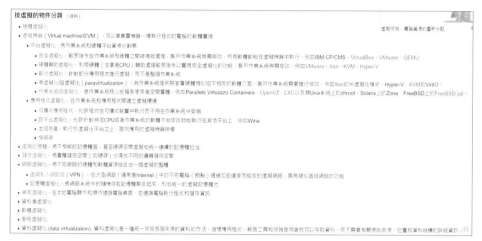

▲ 圖 3-1 虛擬化技術分類表

3.1.1 硬體虛擬化

硬體虛擬化是對電腦硬體的虛擬，虛擬化對使用者隱藏了實際的電腦硬體，虛擬出另一個電腦硬體系統，根據硬體虛擬化的程度又分為以下幾個大類。

（1）全虛擬化：敏感指令在作業系統和硬體之間被捕捉處理，客戶作業系統無須修改，所有軟體都能在虛擬機器中運行，支援該虛擬化類型的軟體有 IBM CP/CMS、VirtualBox、ESXi 及 QEMU 等。

（2）硬體輔助全虛擬化：利用硬體輔助處理敏感指令，以實現完全虛擬化的功能，客戶作業系統無須修改，當前使用較廣泛，支援該類虛擬化類型的軟體有 ESXi、Oracle Xen、KVM、Hyper-V 等。

（3）部分虛擬化：針對部分應用程式進行虛擬，而非整個作業系統的虛擬化。

（4）準虛擬化／超虛擬化：為作業系統提供與底層硬體相似但不相同的軟體介面，客戶作業系統需要進行對應修改。舉例來說，Xen 的半虛擬化模式、Hyper-V、KVM 的 VirtIO，由於需要修改作業系統，會帶來相容性問題，當前使用該技術的產品已不多。

（5）作業系統虛擬化：作業系統虛擬化使作業系統核心支援多使用者空間實體。舉例來說，Docker、Parallels Virtuozzo Containers、OpenVZ、LXC，以及類 UNIX 系統上的 chroot、Solaris 上的 Zone、FreeBSD 上的 FreeBSD jail 等。

3.1.2　桌面虛擬化

桌面虛擬化是將所有桌面 PC 需要的作業系統軟體、應用程式軟體、使用者資料全部存放到後台伺服器中，透過專門的管理系統指定特定使用者，使用者透過私人網路絡傳輸協定連接到後端伺服器分配的桌面資源，使用體驗基本與物理 PC 一樣。

3.1.3　應用程式虛擬化

應用程式虛擬化運用虛擬軟體套件來放置應用程式和資料，不需要傳統的安裝流程。應用套裝程式可以被瞬間啟動或故障，以及恢復預設設定，因為它們只運行在自己的計算空間內，從而降低了幹擾其他應用程式的風險。最常見的就是沙盒，在沙盒中運行的程式與作業系統和作業系統上運行的其他程式相互隔離。

3.1.4 網路虛擬化

網路虛擬化有VPN（Virtual Private Network）、VXLAN（Virtualextensible Local Area Network）、VirtualSwitch 等。VPN 是指使用者可在外部遠端存取組織的內部網路，存取效果如同在組織內部存取區域網一樣。VXLAN 即「虛擬擴充區域網」，可以基於三層網路結構來建構二層虛擬網路，透過 VXLAN 技術，可以將處於不同網段的網路裝置整合在同一個邏輯鏈路層網路中，對於終端使用者而言，這些網路裝置及連線網路的伺服器似乎部署在同一個鏈路層網路中。VirtualSwitch 顧名思義就是使用軟體虛擬出的交換機，它能轉發虛擬機器之間通訊的資料封包。

下面介紹常用商業硬體虛擬化軟體 ESXi 及開放原始碼硬體虛擬化軟體 KVM 的監控方式及常用指標。

3.2 ESXi 虛擬化監控

3.2.1 ESXi 虛擬化概述

ESXi 是一款虛擬化軟體，可將硬體資源虛擬化為多台虛擬裝置資源，從而將硬體資源充分利用起來。ESXi 是由 VMware 公司開發維護的，原名是 ESX，自 2010 年 ESX 4.1 版本發佈後，ESX 就改名為ESXi。由於 ESX 伺服器 3.0 的服務控制平臺是基於 Red Hat Linux 7.2 開發的，所以在部署了該 ESX 系統後，許多系統管理員會在系統上部署來白協力廠商的軟體，從而影響虛擬化環境的安全性。為解決這個問題，自 ESXi 版本之後，便將 Red Hat Linux 服務控制平臺剔除了，整個軟體大小由之前的 2GB 縮小到 150MB，且所有的 VMware 代理都直接在VMkernel 上運行，其他只有獲得授權的協力廠商模組才可在 VMkernel

中運行。該設計有效地阻止了任意程式在 ESXi 主機上運行，極大地提高了虛擬化系統的安全性。自 VMware vSphere 5.0 版本開始，VMware 將不再提供 ESX 伺服器產品，ESXi 則成了 VMware 產品線中唯一一款伺服器平臺產品。

ESXi 虛擬化在實際使用過程中會涉及很多元件及資源物件，它們之間相互連結、相互依賴，圖 3-2 展示了從 vCenter Server 到具體虛擬的虛擬機器之間所涉及的如 Cluster、Host、Resource Pool 物件的關聯式結構。只有了解了其相關關係，才能更進一步地監控其所有元件及資源物件。

圖 3-2 中相關的名詞解釋如下。

- vCenter：用於集中管理 ESXi 及其上的虛擬機器，還可以透過設定 Cluster，實現 HA、DRS、DPM 等高可用性功能；透過擴充 vCenter 相關外掛程式，可實現更多高級功能。
- Folder：是一個虛擬的資料夾，可以將多個如 Datacenter、Cluser、Resource Pool、VM 等的物件進行自訂存放，便於查看和管理。

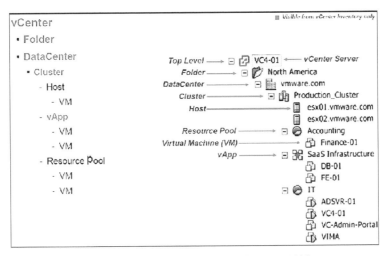

▲ 圖 3-2 vCenter 管理的各元件關聯式結構

- DataCenter：可以按企業的規劃，ESXi 的物理分佈，將 ESXi 有機地組織在一起，形成一個或多個資料中心。一般企業在建構自己的「兩地三中心」時，就可以使用 DataCenter 來區分組織各資料中心對應的資源。
- Cluster：是一個由若干個 ESXi 組織在一起形成的叢集，叢集內所有的虛擬機器可在叢集內所有的 ESXi 上自由移動，對叢集內的虛擬機器可以進行快速擴充，以及 HA 高可用的設定。
- Host（ESXi）：安裝了 ESXi/ESX 服務的傳統物理機 Host，在通用環境下分區和整合系統的虛擬主機軟體。
- DataStore：ESXi 上掛載的儲存資源池。
- Resource Pool：將獨立主機或叢集的 CPU 和記憶體資源劃分為多個資源池，這樣不同資源池中建立的 VM 虛擬機器是互不影響的。
- vApp：將多個 VM 虛擬機器組織在一起，便於批次啟停管理。
- VM：ESXi 上建立的虛擬機器。

vCenter 用於管理和建立多個 DataCenter，同時將多台裝有 ESXi 的物理主機，按區域劃分增加至不同的 DataCenter，再透過 vCenter 建立多個 Cluster 叢集，這時就可以在 Cluster 上建立 VM 虛擬機器了。如果此時為了更進一步地分配限制 CPU、記憶體資源等的使用，還可以將 Cluster 劃分為若干個資源池，多個資源池之間是相互隔離的，不同的資源池中建立的 VM 虛擬機器是互不影響的。DataStore 則是在各 ESXi 主機上進行掛載的儲存，然後在該儲存上建立 VM 虛擬機器，如果同一個 Cluster 叢集上掛載的是同一個儲存資源，當該 Cluster 中的某台宿主機 ESXi 異常當機時，該宿主上所有運行的 VM 可以自動漂移到其所在的 Cluster 中其他的 ESXi 主機上運行。

至此，可以發現，ESXi 虛擬化中的六個重要資源物件的依賴關係是：vCenter Server → Cluster → ESXi →（DataStore、Resource Pool）→ VM。所以當需要監控這些物件時，可從 vCenter 開始，依次自動發現其內部的各資源物件。在 3.2.3 節將介紹使用 Zabbix 按照該關係來實施監控的方法。這六個重要資源物件的可監控項組合在一起,就覆蓋了整個 VMware ESXi 虛擬化重要監控指標,如圖 3-3 所示。

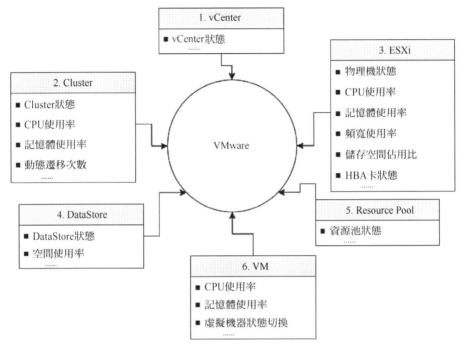

▲ 圖 3-3 VMware ESXi 虛擬化重要監控指標

各監控指標用途說明如下。

(1)vCenter:vCenter 的狀態、版本、事件。

(2)Cluster:Cluster 叢集清單,各叢集狀態,CPU、記憶體使用率,動態遷移次數。

(3)ESXi:Cluster 叢集中各 ESXi 物理機節點的狀態及其 CPU、記憶體、頻寬的使用率,儲存空間佔用比,HBA 卡狀態,健康狀態(灰色燈、紅色燈、黃色燈),系統的啟動時間,CPU 執行緒數,VM 數量等資訊。

（4）DataStore：儲存狀態、空間使用率、儲存讀寫延遲。

（5）Resource Pool：資源池的使用狀態。

（6）VM：ESXi 叢集上所虛擬出的虛擬機器的狀態，以及 CPU、記憶體、磁碟等資源的使用率。

3.2.2 ESXi 架構圖及監控入口

由於 ESXi 所有的 ESX 或 Cluster 資源都可被 vCenter Server 統一管理，而 vCenter Server 又提供了開放的 API 介面，所以在使用 Zabbix 監控時，完全可以透過 HTTP 協定呼叫 vCenter Server 的 API 介面來獲取物件的狀態，而無須深入每台 ESX 物理主機及虛擬主機內部安裝 Zabbix Agent 代理。圖 3-4 所示為 ESXi 架構圖，以 vCenter Server 為監控管理入口，由 vCenter Server 連接各資料中心內部的 Cluster 或 ESX，實現集中監控管理。

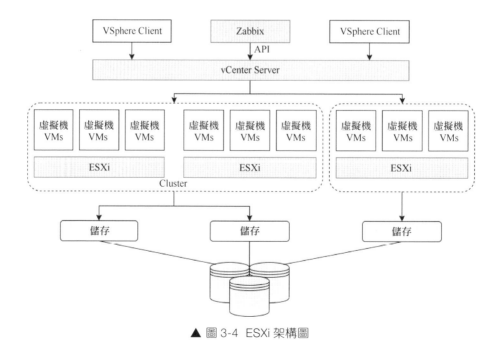

▲ 圖 3-4 ESXi 架構圖

3.2.3 使用 Zabbix 監控 ESXi

Zabbix 從 2.2.0 版本開始，便提供了對 ESXi 環境的監控支援。使用 Zabbix 監控 ESXi 非常便捷，可以使用它的 LLD（Low-Level Discovery，低級自動發現）功能從 ESXi vCenter 的 API 介面獲取 ESXi 叢集、叢集 Node 節點、虛擬機器，並根據預先定義的監控範本，自動建立叢集、叢集 Node 節點、虛擬機器監控物件，對各監控物件自動建立對應的監控項，自動加入被監控清單。

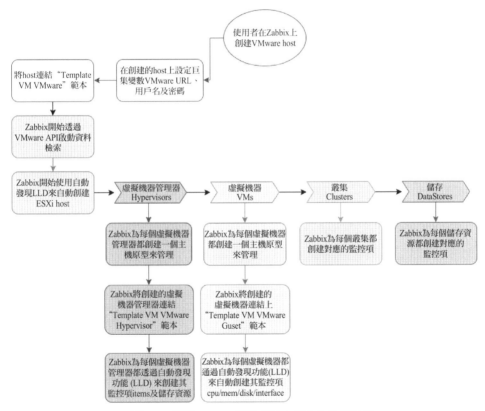

▲ 圖 3-5 透過 Zabbix 獲取所有 ESXi 的監控狀態

由於需要對 VM 的管理程式及對 VM 進行動態發現，自動生成對應監控項，在使用 Zabbix 來監控 ESXi 時會用到 "Template VM VMware"、 "Template VM VMware Guest"、"Template VM VMware Hypervisor" 三個 範本。圖 3-5 展示了在 Zabbix 上建立 VMware host、獲取所有 ESXi 叢集 Node 節點、讓 VM 虛擬主機監控項生效的整個過程。

使用 Zabbix 監控 ESXi 叢集的具體步驟如下。

1. 開啟 Zabbix 上的 ESXiCollector 監控模組

修改 zabbix_server.conf 設定，開啟 StartESXiCollectors、ESXiCache Size、ESXiFrequency、ESXiPerfFrequency、ESXiTimeout 選項，選項的 含義可參考表 3-1，然後重新啟動 Zabbix server 服務使其生效。

```
# 修改 ESXi 相關參數：
[root@host:~]# vi /etc/zabbix/zabbix_server.conf
### Option: StartESXiCollectors
#        Number of pre-forked ESXi collector instances.
#
# Mandatory: no
# Range: 0-250
# Default:
# StartESXiCollectors=0

# 此值取決於要監視的 ESXi 服務的數量。對於大多數情況，這應該是：
# servicenum <StartESXiCollectors < ( servicenum * 2 ) #servicenum 是 ESXi
服務的數量。
StartESXiCollectors=10
### Option: ESXiFrequency
#        How often Zabbix will connect to ESXi service to obtain a new data.
#
# Mandatory: no
# Range: 10-86400
# Default:
# ESXiFrequency=60
ESXiFrequency=60
### Option: ESXiPerfFrequency
```

```
#        How often Zabbix will connect to ESXi service to obtain
performance data.
#
# Mandatory: no
# Range: 10-86400
# Default:
# ESXiPerfFrequency=60
ESXiPerfFrequency=60
### Option: ESXiCacheSize
#        Size of ESXi cache, in bytes.
#        Shared memory size for storing ESXi data.
#        Only used if ESXi collectors are started.
#
# Mandatory: no
# Range: 256K-2G
# Default:
# ESXiCacheSize=8M
ESXiCacheSize=256M
```

表 3-1 Zabbix 監控 ESX 選項的含義

參　數	含　義
StartESXiCollectors	預先啟動 ESXi Collector 收集器實例的數量。此值取決於要監控的 ESXi 服務的數量。在大多數情況下，這應該是 servicenum < StartESXiCollectors < (servicenum * 2)，其中，servicenum 是 ESXi 服務的數量
ESXiCacheSize	用於儲存 ESXi 資料的快取容量，預設為 8MB，設定值範圍為 256KB ～ 2GB
ESXiFrequency	連接到 ESXi 服務收集一個新資料的頻率，預設為 60 秒，設定值範圍為 10 ～ 86400 秒
ESXiPerfFrequency	連接到 ESXi 服務收集性能資料的頻率，預設為 60 秒，設定值範圍為 10 ～ 86400 秒
ESXiTimeout	ESXi collector 等待 ESXi 服務響應的時間，預設為 10 秒，設定值範圍為 1 ～ 300 秒

2. 檢查 Zabbix server 與 ESXi vCenter 通訊是否正常

```
# 使用 curl 命令檢查與 ESXi vCenter 介面是否能正常通訊：
[root@host:~]# curl -i -k --data "" https://< ESXi vCenter IP >/sdk
```

3. 在 Zabbix 上建立 vCenter Agent 主機

在 Zabbix 上建立 vCenter Agent 主機，位址為 Zabbix server 的位址，也可以填 127.0.0.1，目的是使用本機來存取 vCenter URL 位址，如圖 3-6 所示。

▲ 圖 3-6 在 Zabbix 上建立 ESXi 虛擬主機

4. 連結 ESXi 監控範本

監控 ESXi 只需連結 "Template VM ESXi"。"Template VM ESXi" 範本應用於 ESXi vCenter 和 ESX hypervisor 監控。另兩個範本 "Template VM ESXi Guest" 和 "Template VM ESXi Hypervisor" 無須手動連結,當 "Template VM ESXi" 自動發現物件時,會自動連結使用。ESXi 主機連結 Template VM VMware 範本如圖 3-7 所示。

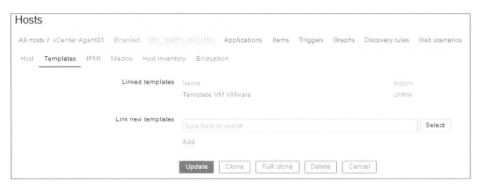

▲ 圖 3-7 ESXi 主機連結 Template VM VMware 範本

5. 設定巨集變數

設定存取 vCenter 的位址、帳號及密碼的巨集變數名稱及其含義如表 3-2 所示。

表 3-2 Zabbix 設定 ESXi 監控巨集變數名稱及其含義

巨集變數名稱	含　義
{$URL}	存取 vCenter SDK 的位址,一般為 "https://< ESXi vCenter IP >/sdk"
{$USERNAME}	存取 vCenter 服務的使用者名稱
{$PASSWORD}	存取 vCenter 服務的使用者密碼

在實際生產中,需要讓 ESXi 管理員建立一個隻擁有唯讀許可權的 vCenter 帳號,用來監控。在 ESXi 主機上增加 vCenter 的存取 URL、登入帳號、密碼如圖 3-8 所示。

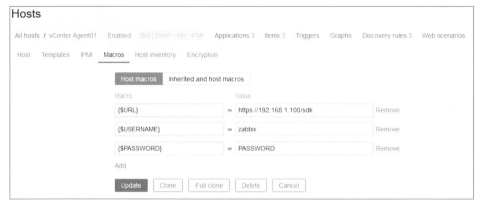

▲ 圖 3-8 在 ESXi 主機上增加 vCenter 的存取 URL、登入帳號、密碼

6. 完成對 vCenter 上所有被管理的 ESXi 叢集的監控

以下列出的是監控相關的資料資訊。

自動發現的 ESXi 叢集狀態資訊如圖 3-9 所示,可看出自動發現了四台 ESXi 叢集,其當前狀態燈為綠色,表示正常,當狀態燈為非綠色時則為異常。

	Name ▲	Last check	Last value	Change	
▼	Clusters (4 items)				
	Status of 'PESX-CLSN-CW23' cluster	2021-07-18 15:00:35	green (1)		Graph
	Status of 'PESX-CLSN-ECCVDI' cluster	2021-07-18 15:01:57	green (1)		Graph
	Status of 'PESX-CLSN-FTP' cluster	2021-07-18 15:00:34	green (1)		Graph
	Status of 'PESX-CLSN-OA23' cluster	2021-07-18 15:00:36	green (1)		Graph
▼	General (2 items)				
	Full name	2021-07-18 14:12:51	VMware vCenter Server		History
	Version	2021-07-18 15:02:52	6.0.0		History
▼	Log (1 item)				
	Event log	2021-07-18 15:03:50	无法登录 administrator@		History

▲ 圖 3-9 自動發現的 ESXi 叢集狀態資訊

如圖 3-10 所示,可透過 Zabbix 主機組查詢某 ESXi 叢集節點清單。

同樣地,再取出圖 3-10 中的 ESXi 叢集的某個 Node 節點,透過查看其歷史值,狀態資訊展示如圖 3-11 所示,可以看出 ESXi 叢集中 Node 節

點的 CPU、記憶體、網路頻寬、狀態、共用儲存、ESXi 版本、虛擬機器
數等監控項,都被自動辨識加入監控清單中,內容較多,共用儲存狀態
資訊展示如圖 3-12 所示,可以看出,共用儲存的總容量、使用百分比都
已被監控。

▲ 圖 3-10 透過 Zabbix 主機組查詢某 ESXi 叢集節點清單

▶	Datastore (84 items)				
▼	General (8 items)				
	Cluster name	2021-07-18 14 16 38	PESX-CLSN-CW23		History
	Datacenter name	2021-07-18 14 16 40	ZJDC-2		History
	Full name	2021-07-18 14 16 46	VMware ESXi 6 0 0 build		History
	Health state rollup	2021-07-18 15 12 01	green (1)		Graph
	Number of guest VMs	2021-07-18 14 17 05	13		Graph
	Overall status	2021-07-18 15 14 02	green (1)		Graph
	Uptime	2021-07-18 14 17 03	715 days 02 15 22	+00 59 00	Graph
	Version	2021-07-18 14 17 04	6 0 0		History
▼	Hardware (10 items)				
	Bios UUID	2021-07-18 14 16 55	b1c8054e-2c97-b1e7-e9		History
	CPU cores	2021-07-18 14 16 49	28		Graph
	CPU frequency	2021-07-18 14 16 47	2 6 GHz		Graph
	CPU model	2021-07-18 14 16 48	Intel(R) Xeon(R) Gold 61		History
	CPU threads	2021-07-18 14 16 50	56		Graph
	CPU usage percent	2021-07-18 15 13 52	12 3 %	-0.17 %	Graph
	Model	2021-07-18 14 16 54	2288H V5		History
	Total memory	2021-07-18 14 16 53	511 59 GB		Graph
	Used memory percent	2021-07-18 15 13 53	60 85 %		Graph
	Vendor	2021-07-18 14 16 56	Huawei		History
▼	Memory (4 items)				
	Ballooned memory	2021-07-18 14 16 57	0 B		Graph
	Total memory	2021-07-18 14 16 53	511 59 GB		Graph
	Used memory	2021-07-18 15 11 58	311 29 GB	-3 MB	Graph
	Used memory percent	2021-07-18 15 13 53	60 85 %		Graph
▼	Network (2 items)				
	Number of bytes received	2021-07-18 14 16 59	6 03 MBps	+2 29 MBps	Graph
	Number of bytes transmitted	2021-07-18 14 17 00	4 07 MBps	+681 KBps	Graph

▲ 圖 3-11 ESXi 叢集節點狀態資訊展示

Free space on datastore FC-HDS-PDARH003-CW_1 (percentage)	2021-07-18 15 12 58	42 13 %	Graph
Free space on datastore FC-HDS-PDARH003-CW_2 (percentage)	2021-07-18 15 12 59	33 39 %	Graph
Free space on datastore FC-HDS-PDARH003-CW_3 (percentage)	2021-07-18 15 13 01	42 12 %	Graph
Free space on datastore FC-IBM-PDARI004-CW_0 (percentage)	2021-07-18 15 13 02	14 56 %	Graph
Free space on datastore PCWNESX05_datastore (percentage)	2021-07-18 15 13 03	26 23 %	Graph
Total size of datastore FC-HDS-PDARH001-CW_1	2021-07-18 14 33 07	999 75 GB	Graph
Total size of datastore FC-HDS-PDARH001-CW_2	2021-07-18 14 33 11	999 75 GB	Graph
Total size of datastore FC-HDS-PDARH001-CW_3	2021-07-18 14 33 16	2 TB	Graph
Total size of datastore FC-HDS-PDARH001-CW_4	2021-07-18 15 03 07	2 TB	Graph
Total size of datastore FC-HDS-PDARH001-CW_5	2021-07-18 14 35 33	2 TB	Graph
Total size of datastore FC-HDS-PDARH001-CW_6	2021-07-18 14 35 34	2 TB	Graph
Total size of datastore FC-HDS-PDARH001-CW_7	2021-07-18 14 16 19	2 TB	Graph
Total size of datastore FC-HDS-PDARH001-CW_8	2021-07-18 15 11 01	2 TB	Graph
Total size of datastore FC-HDS-PDARH001-CW_9	2021-07-18 15 11 58	2 TB	Graph
Total size of datastore FC-HDS-PDARH002-CW_1	2021-07-18 14 33 08	999 75 GB	Graph
Total size of datastore FC-HDS-PDARH002-CW_2	2021-07-18 14 33 15	2 TB	Graph
Total size of datastore FC-HDS-PDARH002-CW_3	2021-07-18 14 33 17	999 75 GB	Graph
Total size of datastore FC-HDS-PDARH002-CW_4	2021-07-18 14 36 41	2 TB	Graph
Total size of datastore FC-HDS-PDARH002-CW_5	2021-07-18 14 36 42	2 TB	Graph
Total size of datastore FC-HDS-PDARH002-CW_6	2021-07-18 14 16 18	2 TB	Graph
Total size of datastore FC-HDS-PDARH002-CW_7	2021-07-18 15 11 00	2 TB	Graph
Total size of datastore FC-HDS-PDARH003-CW_1	2021-07-18 14 33 09	999 75 GB	Graph
Total size of datastore FC-HDS-PDARH003-CW_2	2021-07-18 14 33 10	1023 75 GB	Graph
Total size of datastore FC-HDS-PDARH003-CW_3	2021-07-18 14 33 12	999 75 GB	Graph
Total size of datastore FC-IBM-PDARI004-CW_0	2021-07-18 14 33 13	2 TB	Graph
Total size of datastore PCWNESX05_datastore	2021-07-18 14 33 14	1 08 TB	Graph
General (8 items)			
Cluster name	2021-07-18 14 16 38	PESX-CLSN-CW23	History
Datacenter name	2021-07-18 14 16 40	ZJOC-2	History

▲ 圖 3-12 ESXi 叢集節點上共用儲存狀態資訊展示

　　對 ESXi 叢集中所建立的虛擬主機有兩種監控方式,一種是透過 vCenter 介面來監控各虛擬主機,另一種是直接在各虛擬主機上安裝監控代理來監控。透過 vCenter 介面監控獲取的監控項比較有限,無法訂製一些指令稿來做具體的監控,而直接在虛擬主機上安裝監控代理,則可隨意訂製監控項。如果透過 vCenter,則可獲取的主要監控項如圖 3-13 所示。

Wizard	Name	Triggers	Key ▲	Interval	History	Trends	Type	Applications	Status
...	Cluster name		vmware.vm.cluster.name[{$URL},{HOST.HOST}]	1h	90d		Simple check	General	Enabled
...	Number of virtual CPUs		vmware.vm.cpu.num[{$URL},{HOST.HOST}]	1h	90d	365d	Simple check	CPU	Enabled
...	CPU ready		vmware.vm.cpu.ready[{$URL},{HOST.HOST}]	5m	90d	365d	Simple check	CPU	Enabled
...	CPU usage		vmware.vm.cpu.usage[{$URL},{HOST.HOST}]	5m	90d	365d	Simple check	CPU	Enabled
...	Datacenter name		vmware.vm.datacenter.name[{$URL},{HOST.HOST}]	1h	90d		Simple check	General	Enabled
...	Hypervisor name		vmware.vm.hv.name[{$URL},{HOST.HOST}]	1h	90d		Simple check	General	Enabled
...	Ballooned memory		vmware.vm.memory.size.ballooned[{$URL},{HOST.HOST}]	5m	90d	365d	Simple check	Memory	Enabled
...	Compressed memory		vmware.vm.memory.size.compressed[{$URL},{HOST.HOST}]	5m	90d	365d	Simple check	Memory	Enabled
...	Private memory		vmware.vm.memory.size.private[{$URL},{HOST.HOST}]	5m	90d	365d	Simple check	Memory	Enabled
...	Shared memory		vmware.vm.memory.size.shared[{$URL},{HOST.HOST}]	5m	90d	365d	Simple check	Memory	Enabled
...	Swapped memory		vmware.vm.memory.size.swapped[{$URL},{HOST.HOST}]	5m	90d	365d	Simple check	Memory	Enabled
...	Guest memory usage		vmware.vm.memory.size.usage.guest[{$URL},{HOST.HOST}]	5m	90d	365d	Simple check	Memory	Enabled
...	Host memory usage		vmware.vm.memory.size.usage.host[{$URL},{HOST.HOST}]	5m	90d	365d	Simple check	Memory	Enabled
...	Memory size		vmware.vm.memory.size[{$URL},{HOST.HOST}]	1h	90d	365d	Simple check	Memory	Enabled
...	Power state		vmware.vm.powerstate[{$URL},{HOST.HOST}]	5m	90d	365d	Simple check	General	Enabled
...	Committed storage space		vmware.vm.storage.committed[{$URL},{HOST.HOST}]	5m	90d	365d	Simple check	Storage	Enabled
...	Uncommitted storage space		vmware.vm.storage.uncommitted[{$URL},{HOST.HOST}]	5m	90d	365d	Simple check	Storage	Enabled
...	Unshared storage space		vmware.vm.storage.unshared[{$URL},{HOST.HOST}]	5m	90d	365d	Simple check	Storage	Enabled
...	Uptime		vmware.vm.uptime[{$URL},{HOST.HOST}]	5m	90d	365d	Simple check	General	Enabled

▲ 圖 3-13 透過 vCenter 獲取的主要監控項

3.3 KVM 虛擬化監控

3.3.1 KVM 虛擬化概述

KVM 的全稱是 Kernel-based Virtual Machine，最初是由 Avi Kivity 於 2006 年在 Qumranet 公司開始開發的，而後在 2008 年被紅帽收購。它是一款運行在 Linux 核心中的虛擬化模組，在 2007 年 2 月 5 日發佈的 2.6.20 核心中合併了 KVM 虛擬化模組，使得在該核心版本之後發佈的 Linux 作業系統天生支援 KVM 虛擬化功能。

virsh 是由紅帽開發並維護的用於管理硬體虛擬化的開放原始碼的管理工具。KVM 的日常管理監控常用的是 libvirt，它不僅能管理 KVM，還能相容 Xen、VMware、VirtualBox，這樣在建構雲端平臺或自動化運行維護平臺時，可以使用該工具來統一管理不同類型的虛擬化底層工具。libvirt 是有用戶端和服務端的，服務端的 libvirtd daemon 處理程序可被

virsh 命令進行本地或遠端呼叫，相當於命令列用戶端。在 virsh 中可呼叫 libvirtd 服務端程式，透過 qemu-kvm 來操作虛擬機器，實現虛擬機器的管理與監控。

```
# 查看 libvirtd 處理程式。
   [root@host:~]# ps -ef|grep libvirtd
root     557    1  0 May12 ?      00:00:02 /usr/bin/libvirtd
--timeout 120

# 使用 virsh 查看本地所有的 VM 虛擬機器及其狀態。
   [root@host:~]# virsh list --all
   Id   Name              State
   --------------------------------
   1    www.test.com      running
   -    test2-linux       shut off
```

3.3.2 使用 Zabbix 監控 KVM

Zabbix 安裝好後預設沒有 KVM 的監控範本，但其官網發佈了現成的監控解決方案。在該監控解決方案中提供了在 github 上持續維護的監控指令稿及其監控範本，該監控指令稿是基於 virsh 命令來獲取監控指標資訊的，安裝方法如下。

1. 在 KVM 宿主機上部署監控指令稿

```
# 從 github 上獲取 KVM 監控程式並安裝。
   [root@host:~]# git clone https://github.com/sergiotocalini/virbix.git
   [root@host:~]# sudo ./virbix/deploy_zabbix.sh -u "qemu:///system"
   [root@host:~]# sudo systemctl restart zabbix-agent
```

2. 驗證安裝是否成功，以及是否能正常獲取 KVM 的監控資訊

```
# 驗證安裝是否成功，如果安裝完成，會在以下目錄中建立多個指令稿及設定檔。
    [root@host:~]# cd /etc/zabbix/zabbix-agent/bin/scripts/virbix
    [root@host:~]# find .
.
./virbix.sh
./scripts
./scripts/report_pools.sh
./scripts/pool_check.sh
./scripts/report_node.sh
./scripts/net_list.sh
./scripts/functions.sh
./scripts/pool_list.sh
./scripts/report_domains.sh
./scripts/report.sh
./scripts/net_check.sh
./scripts/report_nets.sh
./scripts/domain_check.sh
./scripts/domain_list.sh
./virbix.conf
    [root@host:~ ]# /etc/zabbix/scripts/agentd/virbix/virbix.sh -s
domain_list -j DOMID:DOMNAME:DOMUUID:DOMTYPE:DOMSTATE
{
   "data":[
     { "{#DOMID}":"1", "{#DOMNAME}":"www.com", "{#DOMUUID}":"48457f9b-
6c28-4ee5-af98-d9d6d65e97b6", "{#DOMTYPE}":"hvm", "{#DOMSTATE}":"running"
},
     { "{#DOMID}":"-", "{#DOMNAME}":"kali-linux", "{#DOMUUID}":
"f56c9e61-037d-4ccd-8a9d-88990dc929da", "{#DOMTYPE}":"hvm",
"{#DOMSTATE}":"shut off" }
   ]
}
```

3. 匯入 xml 範本至 Zabbix

在 Zabbix 首頁上依次點擊 Configuration → Templates → Import，選擇 github 上下載的 "zbx3.4_template_hv_kvm.xml"。

在 Configuration 中的 Templates 一欄中點擊 "Import"，匯入 "Template HV KVM" 範本，如圖 3-14 所示。

▲ 圖 3-14 匯入 "Template HV KVM" 範本

4. 連結監控範本

將 KVM 宿主機連結 "Template HV KVM" 範本，以實現對 KVM 虛擬化的監控，如圖 3-15 所示。

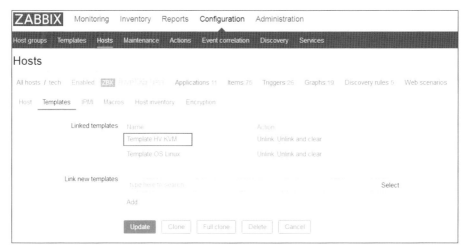

▲ 圖 3-15 KVM 宿主機連結 "Template HV KVM" 範本

5. 查看 KVM 監控資料

依次點擊 Monitoring → Latest data，輸入 KVM 宿主機後，再點擊 "Apply"，然後在列出的監控類中找到 KVM，如圖 3-16 中 KVM 的 12 項清單就是透過該監控獲取的所有 KVM 宿主機及虛擬機器的狀態監控。

KVM (12 items)

[KVM] Domain kali-linux State	2021-07-18 17 16 48	shut off	History
[KVM] Domain www.test.com State	2021-07-18 17 16 47	running	History
[KVM] Network default Active	2021-07-18 17 16 49	no	History
[KVM] Pool default Free space	2021-07-18 17 16 51	0 B	Graph
[KVM] Pool default State	2021-07-18 17 16 56	running	History
[KVM] Pool default Used space	2021-07-18 17 16 53	0 B	Graph
[KVM] Pool images Free space	2021-07-18 17 16 52	0 B	Graph
[KVM] Pool images State	2021-07-18 17 16 47	running	History
[KVM] Pool images Used space	2021-07-18 17 16 54	0 B	Graph
[KVM] Pool ISO Free space	2021-07-18 17 16 52	0 B	Graph
[KVM] Pool ISO State	2021-07-18 17 16 48	running	History
[KVM] Pool ISO Used space	2021-07-18 17 16 55	0 B	Graph

▲ 圖 3-16 KVM 宿主機的監控項展示

3.4 本章小結

本章先講解了虛擬化技術的概念，讓讀者了解當今虛擬化技術所涉及的領域，再詳細針對最常用的商業虛擬化軟體和開放原始碼虛擬化軟體的監控指標及監控方式做了詳細介紹。關於 ESXi 監控講解了 vCenter、Cluster、ESXi、VM 之間的關係，然後講解了如何透過 Zabbix 的高級功能 LLD 去監控 Cluster、ESXi、VM 的狀態，以及資源的使用情況。有很方便的 libvirt 工具 virsh 命令來管理和查看 KVM 的狀態，同樣本章也介紹了怎麼使用 Zabbix 來監控 KVM。

Chapter

04

作業系統監控

作業系統（Operating System，OS）是電腦系統的核心系統軟體，是管理電腦硬體與軟體資源的電腦程式。其他軟體是建立在作業系統的基礎上的，並在作業系統的統一管理和支援下運行。

作業系統需要處理管理與設定記憶體、決定系統資源供需優先次序、控制輸入與輸出裝置、操作網路與管理檔案系統等基本事務，並提供使用者與系統互動的操作介面。作業系統與電腦系統軟 / 硬體的關係如圖 4-1 所示。

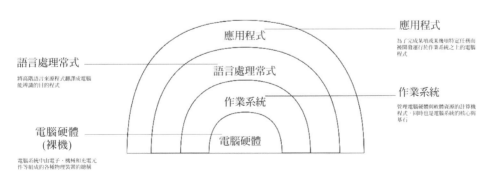

▲ 圖 4-1 作業系統與電腦系統軟 / 硬體的關係

▍ 4.1 作業系統的種類

作業系統按照功能不同，常劃分為：單使用者作業系統和批次處理作業系統、分時作業系統和即時操作系統、網路作業系統和分散式作業系統，以及嵌入式作業系統等。本節介紹常見資料中心伺服器作業系統，不涉及行動終端、網路裝置、嵌入式裝置等，按照系統核心可劃分為：類 UNIX 系統和 Windows 系統。

4.1.1 類 UNIX 系統

1969 年，美國貝爾實驗室發佈了一種多使用者、多工的分時作業系統 ──UNICS。UNICS 被認為是 UNIX 系統的始祖，隨著作業系統的商業化，各廠商整合各自的硬體產品，出現了許多具有代表性的作業系統，如 IBM 公司的 AIX、SUN 公司的 Solaris（後被 Oracle 公司收購）、HP 公司的 HP-UX 等，現已廣泛運行於小型主機環境。

1991 年，芬蘭赫爾辛基大學的學生 Linus Torvalds 在新聞群組（comp.os.minix）發佈了基於 386 撰寫的約一萬行程式的 Linux v0.01 版本，開啟了 UNIX 走向開放原始碼的新篇章。1997 年，好萊塢史上「首部大製作」的影片《鐵達尼號》在特效製作中使用了 160 台 Alpha 圖形工作站，其中的 105 台採用了 Linux 作業系統。後期產生了 Red Hat Linux（包括 RHEL、CentOS、Fedora）、SUSE、Debian、Mandrake 等。

iOS 是由蘋果公司開發的行動作業系統，iOS 與蘋果的 Mac OS X 作業系統一樣，都屬於類 UNIX 商業作業系統。原本這個系統名為 iPhone OS，因為 iPad、iPhone、iPod touch 都使用 iPhone OS，所以在 2010 WWDC 大會上蘋果公司宣佈將其改名為 iOS。

圖 4-2 所示為類 UNIX 作業系統分支簡樹。

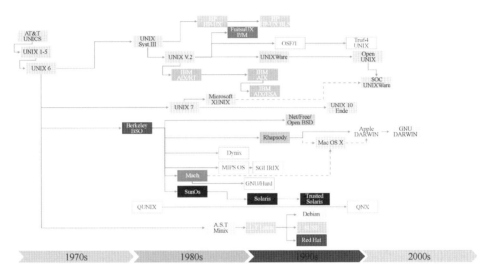

▲ 圖 4-2　類 UNIX 作業系統分支簡樹

4.1.2 Windows 系統

　　微軟（Microsoft Corporation）在 1983 年 11 月宣佈開發 Windows 系統，並於 1985 年發行。1990 年，運行在 DOS 下的 Windows 3.0 奠定了其在家用和辦公市場的地位，陸續發佈的各 Windows 版本均有較大提升，Windows 2000 由 NT 發展而來，在其基礎上的 Windows XP 幾乎統治了 21 世紀最初十年絕大多數個人電腦。2015 年 7 月 29 日，微軟發佈了 Windows 10，並為早期發佈的 Windows 7、Windows 8.1 使用者提供升級到 Windows 10 的服務。Windows 系統仍然佔桌面作業系統使用量的首位，據 Net Market Share 提供的統計資料，2017 年 Windows 作業系統使用者佔 88.87%，仍然是桌面使用者的首選，Windows 科技簡樹如圖 4-3 所示。

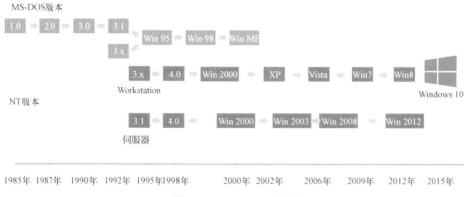

▲ 圖 4-3 Windows 科技簡樹

　　Windows 的第一個伺服器版本是 Windows NT 3.1 Advanced Server，繼而是 3.5、3.5.1、4.0。之後的 Windows 2000 Server 曾經一度被認為是當時最穩定的作業系統，它包含了 Active Directory、DNS Server、DHCP Server 等新增服務。Windows Server 是微軟 2003 年發佈的一組伺服器作業系統的品牌名稱，後續又陸續發佈了以下伺服器版本。

- Windows Server 2003（2003 年 4 月）。
- Windows Server 2003 R2（2005 年 12 月）。
- Windows Server 2008（2008 年 2 月）。
- Windows Server 2008 R2（2009 年 10 月）。
- Windows Server 2012（2012 年 9 月）。
- Windows Server 2012 R2（2013 年 10 月）。
- Windows Server 2016（2016 年 9 月）。
- Windows Server 2019（2018 年 10 月）。
- Windows Server 2022（預覽版）。

4.2 作業系統功能模組

如圖 4-4 所示，作業系統須具備五大基礎管理功能：處理程式與資源管理、檔案管理、儲存管理、裝置管理和作業管理。任何基礎管理功能的異常都會對作業系統造成影響，進而影響作業系統上運行的業務系統。

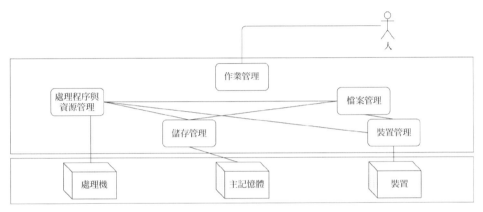

▲ 圖 4-4 作業系統的五大基礎管理功能

1. 處理程式與資源管理

處理程式管理是指對處理機執行「時間」管理，將 CPU 真正合理地分配給每個任務。處理程式管理的主要物件是 CPU，可有效控制系統中所有處理程式從建立到消毀的全過程。在日常監控中，處理程式的狀態是特別要特別注意的。

如圖 4-5 所示，處理程式的狀態模型主要有三態模型和五態模型兩種。就緒、運行和阻塞是模型的三種基本狀態。一個實際系統的處理程式的狀態轉換更為複雜，引入新建態和終止態後組成了處理程式的五態模型。

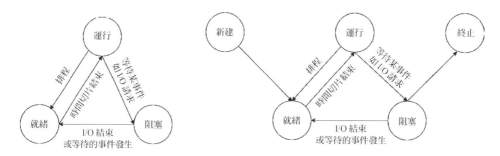

▲ 圖 4-5 處理程式的三態模型與五態模型

2. 儲存管理

　　儲存管理是指對作業系統儲存「空間」的管理，儲存管理的主要物件是主記憶體，即記憶體。儲存管理就是在儲存技術和 CPU 定址技術許可的範圍內組織合理的儲存結構，使得各層次的記憶體處於均衡的繁忙狀態，其依據是存取速度匹配、容量要求和價格等。

3. 檔案管理

　　檔案管理又稱資訊管理，是作業系統中對檔案進行統一管理的一組軟體和相關資料（被管理的檔案）的集合。檔案（File）是指具有號名稱，在邏輯上具有完整意義的一組相關資訊的集合，不同作業系統對檔案名稱的長短定義不同。

　　檔案系統的功能是：按名稱存取、統一使用者介面、併發存取和控制、安全性控制、最佳化性能及差錯恢復。

4. 裝置管理

　　對硬體裝置的管理，包括對輸入 / 輸出裝置的分配、啟動、完成和回收。

電腦可分為軟體系統和硬體系統，硬體系統包括主機和外部設備，簡稱外接裝置。主機包括 CPU 和記憶體，其中，CPU 主要包括運算器和控制器，記憶體包括內記憶體和外記憶體。除電腦主機外的硬體裝置都稱為外接裝置，外接裝置按照功能特性常被分為輸入 / 輸出裝置、顯示裝置、列印裝置、外記憶體和網路裝置五大類。

裝置管理的任務是保證在多道程序環境下，當多個處理程式競爭使用裝置時，按照一定策略分配和管理裝置、控制裝置的操作、完成輸入 / 輸出裝置與主記憶體之間的資料交換。

5. 作業管理

從使用者角度看，作業管理是作業系統完成一個使用者的計算任務或一次交易處理所做的工作總和。從作業系統角度看，作業管理由程式、資料和作業說明書組成。作業系統透過作業說明書控制檔案形式的程式和資料。如圖 4-6 所示，作業的狀態有：提交、後備、執行、完成。

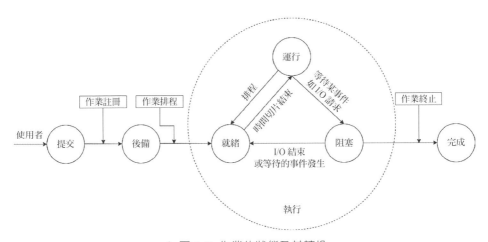

▲ 圖 4-6 作業的狀態及其轉換

4.3 CPU 監控

4.3.1 CPU 相關概念

CPU（Central Processing Unit，中央處理器），是電腦最核心的元件。一般由邏輯運算單元、控制單元、儲存單元組成。無論是 RISC（Reduced Instruction Set Computers，簡單指令集計算集，如 Intel、AMD 的 x86 架構 CPU）還是 CISC（Complex Instruction Set Computers，複雜指令集計算集，如 ARM、IBM Power），在作業系統監控層面都需要明確以下幾個概念。

1. 物理 CPU

物理 CPU 就是電腦上實際設定的 CPU 物理個數。個人 PC 通常為單物理 CPU；常見的 2U PC Server 大多有 2 顆物理 CPU，如 HP ProLiant DL380；4U PC Server 高規電腦可擁有 4 顆物理 CPU，如 Dell PowerEdge R940。以 Intel(R) Xeon(R) CPU 為例，在 Linux 作業系統中可以透過 /proc/cpuinfo 查看，命令如下。

```
# cat /proc/cpuinfo | grep 'model name' |sort -u
model name      : Intel(R) Xeon(R) CPU        X5650   @ 2.67GHz #CPU 型號
# cat /proc/cpuinfo | grep 'physical id' | sort -u | wc -l
2 #該伺服器的物理 CPU 數量為 2 顆
```

2. CPU 核心數

核心數是指 CPU 上集中的處理資料的 CPU 核心個數。我們知道，一個 CPU 核心理論上只能同時幹一件事，DOS 是單執行緒作業系統，在 DOS 下，無論 CPU 核心數有多少，都需要處理完一個任務後才能繼續下一個任務。當下的絕大多數作業系統都是多執行緒作業系統，可同時處理多個任務佇列，為了提高 CPU 處理能力，CPU 廠商在提高 CPU 單核心頻率的同時也不斷提高 CPU 的核心數。

如 Intel Xeon E5-2690 v3 核心數量為 12 核心，IBM Power7 核心數量為 8 核心等。在 Linux 查看單一物理 CPU 核心數命令如下。

```
# cat /proc/cpuinfo | grep 'cpu cores'| uniq
cpu cores       : 6 #該伺服器的單顆物理 CPU 核心數為 6
```

3. 邏輯 CPU

作業系統可以使用 CPU 核心模擬多個真實 CPU 的效果。當電腦沒有開啟超執行緒時，邏輯 CPU 的個數就是電腦的核心數。當開啟超執行緒時，邏輯 CPU 的個數通常是核心數的 2 倍。

如圖 4-7 所示，Intel 酷睿 i9 12900 核心數量為 16 核心，打開超執行緒後可看到有 24 顆處理器（邏輯 CPU，即執行緒）。

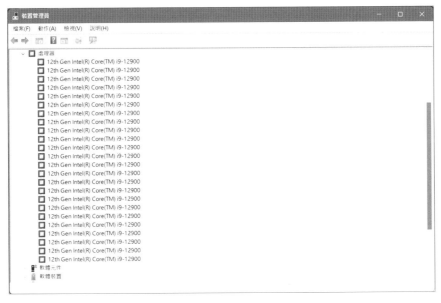

▲ 圖 4-7　查看邏輯 CPU 個數

在 Linux 中查看 CPU 邏輯 CPU 核心數的命令如下。

```
# cat /proc/cpuinfo | grep 'processor' | wc -l
24 #該伺服器的邏輯 CPU 核心數為 24
```

4.3.2 CPU 狀態

在類 UNIX 作業系統中，top 是最常用的查看作業系統性能容量的分析工具，能夠即時顯示系統多數常關注資源的佔用情況，類似於 Windows 下的工作管理員。在 AIX 作業系統中，topas 類似於 top 命令。top 命令資料取自 /proc/loadavg，如圖 4-8 所示，統計資訊可分為 5 個區域。

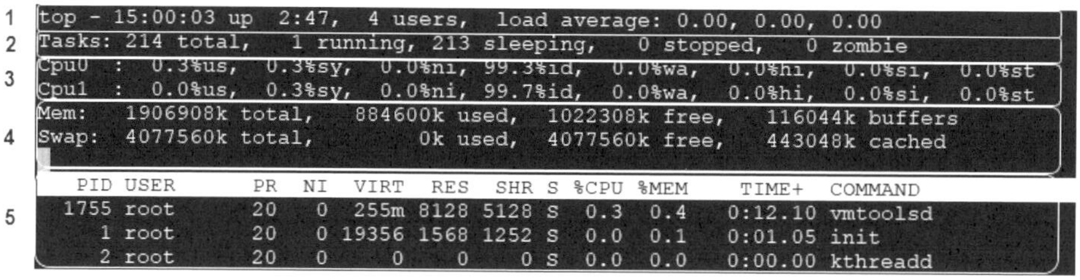

```
1  top - 15:00:03 up  2:47,  4 users,  load average: 0.00, 0.00, 0.00
2  Tasks: 214 total,    1 running, 213 sleeping,   0 stopped,   0 zombie
3  Cpu0 :  0.3%us,  0.3%sy,  0.0%ni, 99.3%id,  0.0%wa,  0.0%hi,  0.0%si,  0.0%st
   Cpu1 :  0.0%us,  0.3%sy,  0.0%ni, 99.7%id,  0.0%wa,  0.0%hi,  0.0%si,  0.0%st
   Mem:   1906908k total,   884600k used,  1022308k free,   116044k buffers
4  Swap:  4077560k total,        0k used,  4077560k free,   443048k cached

     PID USER      PR  NI  VIRT  RES  SHR S %CPU %MEM    TIME+  COMMAND
5   1755 root      20   0  255m 8128 5128 S  0.3  0.4  0:12.10 vmtoolsd
       1 root      20   0 19356 1568 1252 S  0.0  0.1  0:01.05 init
       2 root      20   0     0    0    0 S  0.0  0.0  0:00.00 kthreadd
```

▲ 圖 4-8 用 top 命令查看 CPU 狀態

1. 區域 1

該區域的資訊與 uptime 命令執行結果相同，分別為：當前時間、系統執行時間、當前登入使用者數、系統負載（任務佇列的平均長度。三個數值分別為 1 分鐘、5 分鐘、15 分鐘前到現在的平均值）。

2. 區域 2

該區域顯示了作業系統上即時處理程式狀態資訊。表 4-1 所示為 top 命令區域 2 參數釋義。

表 4-1 top 命令區域 2 參數釋義

參　數	說明
total	即時處理程式總數
running	即時正在運行的處理程式數
sleeping	即時睡眠的處理程式數
stopped	即時停止的處理程式數
zombie	即時僵屍處理程式數

　　在日常監控中，常常需要關注 total（即時處理程式總數）和 zombie（即時僵屍處理程式數）。業務一旦部署完畢，伺服器上的 total 一般會處於一個穩定值，一旦超過上限可能會遇到問題，進而觸發各類業務問題，所以設定監控策略時常會設定一個即時處理程式總數的上限。如果子處理程式異常比父處理程式先結束，而父處理程式又無法回收子處理程式佔用的資源，那麼子處理程式就成了僵屍處理程式。僵屍處理程式直接導致資源佔用，大量僵屍處理程式產生會導致無法新建新處理程式。因此，有必要建立僵屍處理程式的數量監控策略。

3. 區域 3

　　該區域顯示作業系統上即時 CPU 資訊，具體如表 4-2 top 命令區域 3 參數釋義所示。

表 4-2 top 命令區域 3 參數釋義

參　數	說明
us	使用者空間佔用 CPU 百分比
sy	核心空間佔用 CPU 百分比
ni	使用者處理程式空間內改變過優先順序的處理程式佔用 CPU 百分比

參　數	說明
id	空閒 CPU 百分比
wa	等待輸入 / 輸出的 CPU 時間百分比
hi	硬體 CPU 中斷佔用百分比
si	軟體中斷佔用百分比
st	虛擬機器佔用百分比

　　執行 top 命令，按數字鍵 1 可以查看伺服器每顆邏輯 CPU 的資源使用情況，當前伺服器擁有兩顆邏輯 CPU。

4. 區域 4

　　該區域為記憶體資訊，類似於 free 命令輸出，詳見 4.4.2 節記憶體狀態。

5. 區域 5

　　該區域為各個處理程式的詳細資訊，類似於 ps 命令輸出，詳見 4.5 節處理程式監控部分。

　　另外，類 UNIX 作業系統還有類似的 CPU 性能查看命令，如 sar（system activity report）、mpstat（multiprocessor statistics）、vmstat（report virtual memory statistics）、pidstat（report statistics for Linux tasks）、cpustat 等。

4.4 記憶體監控

4.4.1 記憶體相關概念

日常系統記憶體監控中，需要明確以下幾個概念。

1. 記憶體

記憶體（Memory）又稱為主記憶體，是電腦最重要的基礎元件之一。一般記憶體的結構有：「暫存器（register）- 快取（cache）- 主記憶體（primary storage）- 外部儲存（secondary storage）」和「暫存器 - 主記憶體 - 外部儲存」兩種。越接近暫存器，儲存速度越快，價格越昂貴；越接近外部儲存，儲存速度越慢、價格越便宜。記憶體在 CPU 高速卻昂貴的 cache 和低速而廉價的外部儲存之間造成一個緩衝的作用。

2. buffer

buffer（緩衝區），用於在儲存速度不同步的裝置或優先順序不同的裝置之間傳輸資料；透過 buffer 可以減少處理程式間通訊需要等待的時間，當儲存速度快的裝置與儲存速度慢的裝置進行通訊時，儲存慢的資料先把資料存放到 buffer，達到一定程度後，儲存快的裝置再讀取 buffer 的資料，在此期間儲存快的裝置 CPU 可以做其他的事情。

3. cache

cache 是高速緩衝暫存器，處於 CPU 和主記憶體之間，容量較小，但是運行速度較快。它的存在就是為了解決 CPU 運算速度和主記憶體的讀取速度不匹配的問題。當 CPU 從記憶體中讀取資料時，要等待一定的時間週期，如果將一部分 CPU 最近使用較頻繁的資料儲存起來，將它們放到處理速度較快的 cache 裡，那麼就會減少 CPU 讀取資料的時間，從而提升系統效率。cache 並不是快取檔案的，而是快取區段的（區塊是 I/

O 讀寫最小的單元）；cache 一般會用在 I/O 請求上，如果多個處理程式要存取某個檔案，可以把此檔案讀取 cache 中，這樣下一個處理程式獲取 CPU 控制權並存取此檔案時可直接從 cache 讀取，提高系統性能。

4. 虛擬記憶體

簡單地說，虛擬記憶體是透過使用硬碟等外部存放裝置來擴充實體記憶體、儲存資料的技術，但基於硬碟的虛擬記憶體在各方面都無法與實體記憶體相提並論。Windows 系統可以設定在 Windows 任意磁碟代號下，和系統檔案放在同一分區裡。類 UNIX 系統需要使用獨立分區，稱之為 swap，即交換區。需要注意的是，Windows 系統即使實體記憶體沒有使用完也會使用虛擬記憶體，而類 UNIX 系統只有當實體記憶體用完的時候才會動用 swap 分區（虛擬記憶體）。所以，類 UNIX 系統虛擬記憶體長期被大量使用會加劇硬碟的損耗，縮短硬碟使用壽命。

讓我們把問題簡化，以具體的作業系統為例來介紹。

Linux 2.4 版本記憶體管理中有這樣一段表述：

```
A buffer is something that has yet to be "written" to disk.
A cache is something that has been "read" from the disk and stored for
later use.
```

意思就是，buffer 用來快取未「寫入」磁碟的資料，cache 用來快取從磁碟「讀取」出來的資料，可簡單表述 buffer 和 cache 的關係如圖 4-9 所示。

複習如下：

（1）處理程式從 cache 中讀取資料。

（2）如果第 1 步未命中，則從磁碟中讀取資料。

（3）將第 2 步讀取的資料快取到 cache 中。

（4）處理程式將資料寫入 buffer。

（5）後台執行緒將 buffer 中的資料回寫到磁碟中。

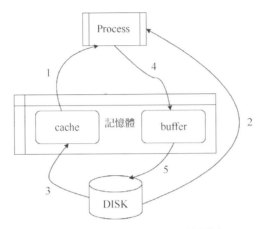

▲ 圖 4-9 buffer 和 cache 的關係

當然，在此必須要說明，不同的作業系統、不同的版本在 buffer 和 cache 的定義上是有區別的，本節僅以 Linux 2.4 版本為例幫助讀者理解相關概念。

4.4.2 記憶體狀態

在類 UNIX 作業系統中，查看 RAM 使用情況最簡單的方法是透過 /proc/ meminfo。free、ps、top 等命令記憶體使用資料均來自該檔案。

free 是最常用的查看記憶體使用情況的命令，如圖 4-10 所示。

```
[root@localhost tmp]# free -m
                total       used       free     shared    buffers     cached
1  Mem:          1862        863        999          0        113        432
   -/+ buffers/cache:        317       1545
2  Swap:         3981          0       3981
```

▲ 圖 4-10 free 查看記憶體狀態

free 命令輸出分為實體記憶體（Mem）和虛擬記憶體（Swap）兩部分。其中，資料滿足以下公式。

```
Mem(total)=Mem(used) + Mem(free)
buffers/cache(used) = Mem(used) - Mem(buffers) - mem(cached)
buffers/cache (free)= Mem(free) + Mem(buffers) + Mem(cached)
Net-Memory%（淨記憶體使用率）=[ Mem(used) - Mem(buffers) - mem(cached)]/
Mem(total)
```

在類 UNIX 作業系統的記憶體使用機制中，buffers 和 cache 的使用極大地提高了作業系統的運行效率。如圖 4-10 所示，該伺服器此時未運行任何業務處理程式，記憶體使用率為 used（863）/total(1862) = 46.29%。但是，used 中包含 buffers（113）和 cached（432），該伺服器此時的淨記憶體使用率為 [used（863） buffers（113） cached（432）]/total(1862)=17.07%。在日常類 UNIX 監控中，常以淨記憶體健康狀態作為監控的指標。如果淨記憶體使用率長期維持在較高狀態，就需要進一步排除具體是哪個處理程式在什麼樣的情況下佔用了過多資源，如果是資源正常消耗，則需要考慮伺服器擴充；如果是處理程式異常，如記憶體洩漏，則需要解決處理程式存在的問題。

4.5 處理程式監控

4.5.1 處理程式相關概念

在進一步討論處理程式管理前，我們需要明確幾個概念：處理程式、執行緒、鎖死。

它們的概念比較抽象，不容易掌握，借用阮一峰的《處理程式與執行緒的簡單解釋》這篇文章來理順各個概念及它們之間的關係，如圖 4-11 所示。

房間 (區塊)

鑰匙 (訊號量)

工廠 (CPU)

廠房 (處理程序)

工人 (執行緒)

鎖 (鎖死)

▲ 圖 4-11 CPU、處理程式、區塊、鎖死、訊號量、執行緒的關係

電腦的核心是 CPU，它承擔了所有的計算任務。它就像一座工廠，時刻在運行。

（1）假設工廠的電力有限，一次只能供一個廠房使用。也就是說，當一個廠房開工的時候，其他廠房都必須停工。其背後的含義就是，單一 CPU 一次只能運行一個任務。

（2）處理程式就好比工廠的廠房，它代表 CPU 所能處理的單一任務。任何一個時刻，CPU 總是在運行一個處理程式，其他處理程式處於非運行狀態。

（3）在一個廠房裡，可以有很多工人，他們協作完成一個任務。

（4）執行緒就好比廠房裡的工人，一個處理程式可以包括多個執行緒。

（5）廠房的空間是工人們共用的，如許多房間是每個工人都可以進出的。這代表一個處理程式的記憶體空間是共用的，每個執行緒都可以使用這些共用記憶體。

（6）可是，每間房間的大小不同，有些房間最多只能容納一個人，如廁所，當裡面有人的時候，其他人就不能進去了。這代表當一個執行緒使用某些共用記憶體時，其他執行緒必須等它結束，才能使用這塊記憶體。

（7）一個防止他人進入的簡單方法就是在門口加一把鎖。先到的人鎖上門，後到的人看到上鎖，就在門口排隊，等鎖打開再進去。這就叫「互斥鎖」（mutual exclusion，通常簡寫為 mutex），防止多個執行緒同時讀寫某區塊記憶體區域。

（8）還有些房間可以同時容納 n 個人，如廚房。也就是説，如果人數大於 n，多出來的人只能在外面等著。這就好比某些記憶體區域，只能供給固定數目的執行緒使用。

（9）這時的解決方法，就是在門口掛 n 把鑰匙，進去的人各取一把鑰匙，出來時再把鑰匙掛回原處。後到的人發現鑰匙架空了，就知道必須在門口排隊等著了。這種做法叫作「訊號量」（semaphore），用來保證多個執行緒不會互相衝突。

不難看出，mutex 是 semaphore 的一種特殊情況（當 $n=1$ 時）。也就是説，完全可以用後者替代前者。但是，因為 mutex 較為簡單且效率高，所以在必須保證資源獨佔的情況下，還是採用這種設計。

（10）作業系統的設計，可以歸結為三點。

①　以多處理程式形式，允許多個任務同時運行。
②　以多執行緒形式，允許單一任務分成不同的部分運行。
③　提供協調機制，一方面防止處理程式之間和執行緒之間產生衝突，另一方面允許處理程式之間和執行緒之間共用資源。

4.5.2 處理程式狀態監控

我們通常使用 ps 命令查看處理程式的狀態資訊，ps 命令可以搭配許多參數從各方面對處理程式進行監控。監控系統通常會呼叫 ps 命令來獲取處理程式的各類裝填狀態，常用命令說明如下。

ps aux：查看目前所有的正在記憶體當中的處理程式，如下所示。

```
# ps aux
USER        PID %CPU %MEM    VSZ    RSS TTY      STAT START
TIME COMMAND
root          1  0.0  0.0  19348   1408 ?        Ss   Mar09
0:01 /sbin/init
root          2  0.0  0.0      0      0 ?        S    Mar09
0:00 [kthreadd]
```

ps aux 相關參數的釋義如表 4-3 所示。

表 4-3 ps aux 相關參數的釋義

參　數	說明
USER	該 process 屬於使用者的帳號
PID	該 process 的號碼
%CPU	該 process 用掉的 CPU 資源百分比
%MEM	該 process 所佔用的實體記憶體百分比
VSZ	該 process 用掉的虛擬記憶體量（kbytes）
RSS	該 process 佔用的固定的記憶體量（kbytes）
TTY	該 process 是在哪個終端機上運行的，若與終端機無關，則顯示 "?"。另外，tty1-tty6 是本機上面的登入者程式，若為 pts/0 等，則表示為由網路連接進主機的程式

參　數	說明
STAT	該程式目前的狀態，主要的狀態有 5 種。 • 運行（R，runnable）：正在運行或在運行佇列中等待。 • 中斷（S，sleeping）：休眠中，受阻，在等待某個條件的形成或接收到訊號。 • 不可中斷（D，uninterruptible sleep）：收到訊號不喚醒和不可運行，處理程式必須等待直到有中斷發生。 • 僵死（Z，a defunct zombie process）：處理程式已終止，但處理程式描述符號存在，直到父處理程式呼叫 wait4() 系統呼叫後釋放。 • 停止（T，traced or stopped）：處理程式收到 SIGSTOP、SIGSTP、SIGTIN、SIGTOU 訊號後停止運行
START	該 process 被觸發啟動的時間
TIME	該 process 實際使用 CPU 運行的時間
COMMAND	該程式的實際指令

透過 ps -o 查看處理程式指定的欄位，通常在訂製監控需要列印處理程式的具體某幾項參數時用到，如下所示。

```
# ps -u root -o pid,tty,stat,pmem,pcpu,cmd
   PID TT       STAT %MEM  %CPU CMD
     1 ?        Ss    0.0   0.0 /sbin/init
     2 ?        S     0.0   0.0 [kthreadd]
```

pstree 以樹狀圖的方式展現處理程式之間的衍生關係。加上參數 -a 顯示每個程式的完整指令，包含路徑、參數或常駐服務的標示，如下所示。

```
# pstree -a
init
  ├── ManagementAgent
  │     ├── {ManagementAgen}
  │     └── {ManagementAgen}
```

```
├─NetworkManager --pid-file=/var/run/NetworkManager/NetworkManager.pid
│   ├─dhclient -d -4 -sf /usr/libexec/nm-dhcp-client.action -pf /var/
│   │   run/dhclient-eth0.pid -lf...
│   └─{NetworkManager}
├─VGAuthService -s
├─abrt-dump-oops -d /var/spool/abrt -rwx /var/log/messages
......
```

▌ 4.6 檔案屬性監控

檔案屬性可以從多個方面劃分，從檔案性質上可劃分為：系統檔案、使用者檔案；從檔案組織形式上可劃分為：普通檔案、目錄檔案、裝置檔案等。

4.6.1 Windows 中的檔案屬性

在 Windows 系統中，可以透過 DOS 命令 attrib 查看和修改檔案屬性，Windows 系統檔案屬性釋義如表 4-4 所示。

表 4-4　Windows 系統檔案屬性釋義

參　數	說明
唯讀（R）	表示檔案不能被修改
隱藏（H）	表示檔案在系統中是隱藏的，在預設情況下不能被看見，需要打開選項 /c 查看隱藏檔案和資料夾屬性
系統（S）	表示該檔案是作業系統的一部分
存檔（A）	表示該檔案在上次備份前已修改過，一些備份軟體在備份系統後會把這些檔案預設設為存檔屬性

4.6.2 類 UNIX 中的檔案屬性

在類 UNIX 系統中，可以透過 ls 及相關的參數查看檔案屬性。ls-ila 查看的檔案屬性如圖 4-12 所示。

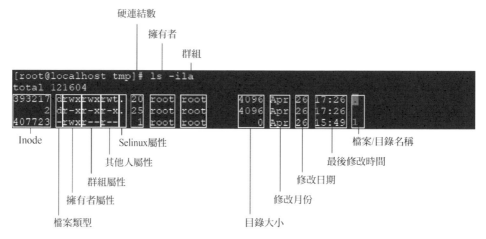

▲ 圖 4-12 ls-ila 查看的檔案屬性

1. Inode

Inode 是日常檔案屬性中常被忽略的屬性，但在很多時候卻是致命的。硬碟的最小儲存單位叫作「磁區」（sector）。每個「磁區」的大小為 512 位元組（byte），為保證讀取速度，作業系統在讀取硬碟時一次讀取一個區塊（block，一個 block 由連續的 8 個 sector 組成）。每個 block 擁有一個索引，啟動系統快速查詢 block 中的資料。這些索引節點稱為 Inode。Inode 包含除檔案 / 目錄名稱外的所有資訊，即檔案類型、擁有者屬性、群組屬性、其他人屬性、Selinux 屬性、硬連結數、擁有者、群組、檔案大小、修改時間等，如圖 4-13 所示。

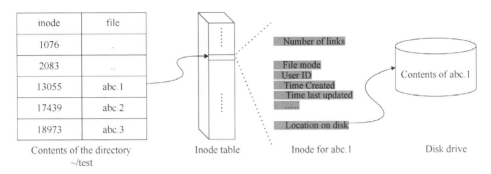

▲ 圖 4-13 Inode 包含的資訊

2. 檔案類型

檔案類型包括：- 普通檔案、d 目錄、l 軟連結、b 區塊裝置和其他週邊設備。

普通檔案又可分為：純文字檔案（ASCII）、二進位檔案（binary）、資料格式檔案（data），需要注意的是，類 UNIX 系統與 Windows 系統不同，不是透過檔案的副檔名來辨識檔案類型的。

3. 檔案許可權

在類 UNIX 系統中，常規的檔案許可權包括 r（read，讀取，數字代號為 4）、w（write，寫入，數字代號為 2）、x（execute，可執行，數字代號為 1）。

註：read 的數字代號為 4、write 的數字代號為 2、execute 的數字代號為 1 是由類 UNIX 系統決定的，每組許可權 rwx 在電腦中實際佔用了 3 個二進位，而每個二進位為 1（有此許可權）或 0（無此許可權）。假設某檔案許可權為 rwx，那麼該二進位表示為 111，那麼 r 位元：$2^2=4$；w 位元：$2^1=2$；x 位元：$2^0=1$。

檔案的許可權由三組 rwx 的組合組成，分別為擁有者（u）：檔案所有者的許可權；群組（g）：檔案所有組的許可權；其他人（o）：其他非本使用者群組的許可權。可以透過 chmod 命令設定檔案 / 目錄許可權。常見的設定方法有號設定和數字設定兩種，如下所示。

符號設定：使用 chmod 命令為 u、g、o 增加（+）或減少（-）r、w、x 許可權，如為 user 增加執行許可權（x），命令如下。

```
# ls -l 1
-rw-r--r-- 1 root root 0 Apr 26 15:44 1
# chmod u+x 1
# ls -l 1
-rwxr--r-- 1 root root 0 Apr 26 15:44 1
```

數字設定：使用 chmod 命令需要計算 u、g、o 屬性組的數字代號累加值。如 user=rwx=4+2+1=7、group=r--=4+0+0=4、others=r--=4+0+0=4，則命令如下。

```
# ls -l 1
-rw-r--r-- 1 root root 0 Apr 26 15:47 1
# chmod 744 1
# ls -l 1
-rwxr--r-- 1 root root 0 Apr 26 15:47 1
```

特殊許可權如下。

（1）SUID：set uid（數字代號為 4），作用在擁有者（u）的 s 許可權，任何使用者在執行此程式時，都是使用擁有者的身份來執行的。需注意的是，當擁有者（u）本身有 x 許可權時，加上 s 許可權後，x 許可權位元上顯示的是 s（小寫）；當擁有者（u）本身無 x 許可權時，x 許可權位元顯示的是 S（大寫）。使用該方法最典型的例子就是 passwd 命令。

```
# ls -l /usr/bin/passwd
-rwsr-xr-x. 1 root root 30768 Feb 17  2012 /usr/bin/passwd
```

（2）GUID：set gid（數字代號為 2），作用在群組（g）的 s 許可權，任何使用者在執行此程式時，都是使用檔案的群組身份來執行的。給目錄設定 set gid 許可權，任何使用者在該目錄下建立的檔案，檔案的群組都和目錄的群組一致。當群組（g）本身有 x 許可權時，加上 s 許可權後，x 許可權位元上顯示的是 s（小寫）；當群組（g）本身無 x 許可權時，x 許可權位元顯示的是 S（大寫）。

（3）t 許可權：sticky（數字代號為 1），中文稱之為固著位元。最常見的用法是在目錄上設定固著位元，如此一來，只有目錄內檔案的所有者或 root 才可以刪除或移動該檔案。如果不為目錄設定固著位元，任何具有該目錄寫入和執行許可權的使用者都可以刪除和移動其中的檔案。在實際應用中，固著位元一般用於 /tmp 目錄，以防普通使用者刪除或移動其他使用者的檔案。

（4）umask：在介紹完常規檔案許可權和特殊檔案許可權後，有必要再介紹下 umask。umask 命令的作用是設定建立檔案的預設許可權。

建立的是目錄，則預設所有權限都開放，為 777，即 drwxrwxrwx。

建立的是檔案，則預設沒有 x 許可權，那麼就只有 r、w 兩項許可權，最大值為 666，即 -rw-rw-rw-，umask 與建立目錄和檔案的預設許可權公式如下。

```
目錄：預設許可權 =777-umask
檔案：預設許可權 =666-umask
```

範例如下。

```
# umask 022
# touch 1
# mkdir 2
# ls -ld 1 2
```

```
-rwxr--r-- 1 root root    0 Apr 26 15:49 1
drwxr-xr-x 2 root root 4096 Apr 26 15:49 2
```

當 umask 為 022 時，按照如上公式：

目錄預設許可權 =777-022=755（rwxr-xr-x）；

檔案預設許可權 =666-022=644（rw-r-- r--）。

（5）acl：檔案還可以透過設定 acl 來控制存取權限，命令為 getfacl（查看檔案存取權限清單）、setfacl（設定檔案存取權限清單）。

4. Selinux 屬性

Selinux 是強制存取控制的一種策略，在傳統類 UNIX 系統中，檔案基於使用者、群組和許可權來控制存取。在 Selinux 中，一切皆物件，由存放在擴充屬性域的安全元素控制存取，所有檔案、通訊埠、處理程式都具備安全上下文，安全上下文主要分為五個安全元素，Selinux 屬性釋義如表 4-5 所示。

表 4-5 Selinux 屬性釋義

參　　數	說明
User	登入系統的使用者類型
Role	定義檔案、處理程式和使用者的用途
Type	資料型態，在規則中，何種處理程式類型存取何種檔案都是基於 Type 來實現的
Sensitivity	限制存取的需要，由組織定義的分層
Category	對於規定組織劃分不分層的分類

5. 硬連結數

建立硬連結 / 軟連結的好處在於可以解決 Linux 的檔案共用問題，

還可以設定隱藏檔案路徑，達到增加許可權安全性及節省儲存空間等效果。兩者的本質區別在於連結對應的 Inode 值，對應原始檔案，Inode 值不變的稱作硬連結，會發生變化的稱為軟連結（也稱符號連結）。

硬連結檔案有相同的 Inode 值及 data block，只能對已存在的檔案進行建立，不能對交叉檔案系統進行硬連結的建立，不能對目錄進行建立，刪除一個硬連結檔案，並不會影響其他擁有相同 Inode 值的檔案。

硬連結建立命令如下：

```
ln <source> <target>
```

軟連結有自己的檔案屬性及許可權等，可對不存在的檔案或目錄建立軟連結。軟連結可以交叉檔案系統，軟連結可以對檔案或目錄進行建立。在建立軟連結的時候，連結計數 i_nlink 不會增加，刪除軟連結並不影響被指向檔案，但若被指向的原文件被刪除，則相關連結被稱為「死連結」（dangling link）。此時，若被指向檔案被重新建立，死連結便恢復為軟連結。

軟連結建立命令如下：

```
ln -s <source> <target>
```

6. 擁有者 / 群組

擁有者 / 群組即檔案屬於的系統使用者或檔案屬於的系統使用者群組，可以透過 chown、chgrp 命令修改檔案的使用者和群組。

7. 檔案 / 目錄大小

該項以位元組為單位，表示檔案的大小；如果是目錄，則表示的是資料夾的大小，所以是 4096 位元組。

8. 修改月份、日期、時間

需要注意的是，在 Linux 中，檔案有三個時間：修改時間、存取時間、狀態時間。

- 修改時間（mtime）：檔案的內容被最後一次修改的時間，我們經常用的 ls-l 命令顯示的檔案時間就是這個時間，當用 vim 對檔案進行編輯之後儲存，mtime 就會改變。
- 存取時間（atime）：對檔案進行一次讀取操作，它的存取時間就會改變，如 cat、more 等操作，但是像之前的 state 還有 ls 命令對 atime 是不會有影響的。
- 狀態時間（ctime）：當檔案的狀態被改變時，狀態時間就會隨之改變，如當使用 chmod、chown 等改變檔案屬性的操作時，是會改變檔案的 ctime 的。

9. 檔案 / 目錄名稱

檔案 / 目錄的名稱。

4.7 檔案系統監控

4.7.1 檔案系統概念

在作業系統中，檔案系統（File System）是命名檔案及放置檔案的邏輯儲存和恢復的系統。DOS、Windows、OS/2、Macintosh 和 UNIX-based 作業系統都有檔案系統，在此系統中，檔案被放置在分等級的（樹狀）結構中的某處。

在 Windows 系統中，檔案系統類型主要有 FAT16、FAT32、NTFS 三種。Windows 系統的磁碟管理相對簡單，被系統找到的硬碟可按照需求劃分為一個或多個分區。

在類 UNIX 系統中，各大作業系統廠商均擁有各自的檔案系統類型，如 AIX 檔案系統類型有 JFS（Journaled File System）、JFS2（Enhanced Journaled File System）；Solaris 檔案系統類型有 UFS（UNIX File System）、ZFS（Zettabyte File System）；Linux 檔案系統類型有 EXT（Extended File System）1/2/3/4、XFS 等。不同的檔案系統在其他的系統上也可能被辨識，如 Linux 下載 NTFS-3G 外掛程式可辨識 NTFS 檔案系統，Linux 可辨識 ZFS 等。

AIX 和 Linux 檔案系統均有邏輯卷冊（LV）、物理卷冊（PV）、卷冊群組（VG）的概念，如圖 4-14 所示，將若干個磁碟分割連接為一個整塊的卷冊群組（Volume Group），形成一個儲存池。管理員可以在卷冊群組上隨意建立邏輯卷冊群組（Logical Volumes），並進一步在邏輯卷冊群組上建立檔案系統。管理員透過 LVM（Logical Volume Manager）

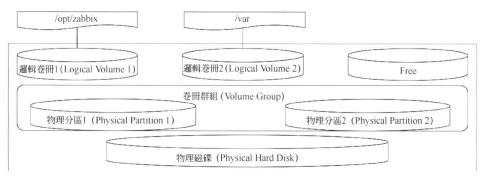

▲ 圖 4-14 一個整塊的卷冊群組

可以方便地調整儲存卷冊群組的大小，並且可以對磁碟儲存按照群組的方式進行命名、管理和分配。最終使用 LV 建立檔案系統並掛載到系統目錄樹節點上。

4.7.2 檔案系統狀態

在類 UNIX 系統中，可以透過 df 及相關的參數查看檔案系統使用率。以下為 df -kT 列印的檔案系統相關資訊。其中，k 為 kilobytes-blocks，表示以 k 為單位顯示檔案系統相關資料；T 為顯示檔案系統的形式，即顯示以下命令輸出的 Type 欄位。

```
# df -kT
Filesystem     Type    1K-blocks     Used  Available  Use% Mounted on
/dev/sda2      ext4     30963708  4295936   25094908   15% /
tmpfs          tmpfs      953452      276     953176    1% /dev/shm
/dev/sda1      ext4       198337    32657     155440   18% /boot
```

上述命令輸出欄位釋義如表 4-6 所示。

表 4-6 df -kT 輸出釋義

參　數	說明
Filesystem	檔案系統名稱
Type	檔案系統的類型，如 ext4/ZFS/NTFS 等
Size(1K-blocks)	檔案系統的容量，參數 k（單位 kilobytes）、m（單位 megabytes）、h（human-readable，單位系統自我調整使用 GB、MB 等單位，但不是所有類 UNIX 系統都有該參數）
Used	檔案系統已使用的大小
Available	檔案系統剩餘的大小
Use%	檔案系統使用的百分比
Mounted on	檔案系統掛載目錄

我們還可以使用參數 -i 查看目前檔案系統 Inode 的使用情形。當沒有足夠的 Inode 存放檔案資訊時，即使檔案系統仍有空間，也不能新建檔案。

```
# df -i
Filesystem          Inodes    IUsed    IFree IUse% Mounted on
/dev/sda2         1966080   165790  1800290    9% /
tmpfs              238363        6   238357    1% /dev/shm
/dev/sda1           51200       39    51161    1% /boot
```

上述命令輸出欄位釋義如表 4-7 所示。

表 4-7 df -i 輸出釋義

參　　數	說明
Inodes	檔案系統 Inode 容量
IUsed	檔案系統已使用的 Inode
IFree	檔案系統剩餘的 Inode
IUse%	檔案系統使用 Inode 的百分比

4.8 網路模組監控

在日常工作中，我們需要查看網路卡的即時流量。在 Linux 系統中，/proc/net/dev 儲存了網路介面卡及統計資訊。通常監控系統可以使用 sar 命令獲取網路流量使用資訊，sar 命令和網路流量有關命令說明如表 4-8 所示。

表 4-8 sar 命令和網路流量有關命令說明

參　　數	說明
DEV	顯示網路介面資訊
EDEV	顯示關於網路錯誤的統計資訊
NFS	統計活動的 NFS 用戶端的資訊

參　數	說明
NFSD	統計 NFS 伺服器的資訊
SOCK	顯示通訊端資訊
ALL	顯示所有 5 個參數資訊

運行舉例說明如下。

```
# sar -n DEV 1 2 #1 和 2 分別代表每秒對即時資訊採樣 1 次，總共採樣 2 次。
Linux 2.6.32-279.el6.x86_64 (localhost.localdomain)  04/26/2021  _x86_64_
(2 CPU)

03:50:32 PM     IFACE   rxpck/s   txpck/s   rxkB/s    txkB/s
rxcmp/s   txcmp/s   rxmcst/s
03:50:33 PM        lo     0.00      0.00      0.00      0.00
0.00      0.00      0.00
03:50:33 PM      eth0     0.00      0.00      0.00      0.00
0.00      0.00      0.00
03:50:33 PM      pan0     0.00      0.00      0.00      0.00
0.00      0.00      0.00

03:50:33 PM     IFACE   rxpck/s   txpck/s   rxkB/s    txkB/s
rxcmp/s   txcmp/s   rxmcst/s
03:50:34 PM        lo     0.00      0.00      0.00      0.00
0.00      0.00      0.00
03:50:34 PM      eth0     1.01      1.01      0.06      0.47
0.00      0.00      0.00
03:50:34 PM      pan0     0.00      0.00      0.00      0.00
0.00      0.00      0.00

Average:        IFACE   rxpck/s   txpck/s   rxkB/s    txkB/s
rxcmp/s   txcmp/s   rxmcst/s
Average:           lo     0.00      0.00      0.00      0.00
0.00      0.00      0.00
Average:         eth0     0.50      0.50      0.03      0.23
0.00      0.00      0.00
```

```
Average:          pan0        0.00        0.00        0.00        0.00
0.00        0.00        0.00
```

列印資料參數釋義如表 4-9 所示。

表 4-9 sar -n DEV 1 2 命令的參數釋義

參　數	說明
IFACE	LAN 介面
rxpck/s	每秒接收的資料封包
txpck/s	每秒發送的資料封包
rxbyt/s	每秒接收的位元組數
txbyt/s	每秒發送的位元組數
rxcmp/s	每秒接收的壓縮資料封包
txcmp/s	每秒發送的壓縮資料封包
rxmcst/s	每秒接收的多播資料封包
rxerr/s	每秒接收的壞資料封包
txerr/s	每秒發送的壞資料封包
coll/s	每秒衝突數
rxdrop/s	因為緩衝充滿，每秒捨棄的已接收資料封包數
txdrop/s	因為緩衝充滿，每秒捨棄的已發送資料封包數
txcarr/s	在發送資料封包時，每秒載波錯誤數
rxfram/s	每秒接收資料封包的幀對齊錯誤數
rxfifo/s	接收的資料封包每秒 FIFO 過速的錯誤數
txfifo/s	發送的資料封包每秒 FIFO 過速的錯誤數

▎4.9 監控系統如何監控作業系統

4.9.1 Windows

1. Windows 透過 WMI 監控

監控系統在不使用監控代理時，常透過 Windows WMI 介面獲取 Windows 狀態參數。

1）獲取 WMI 類別

一般來說每個硬體都有自己的 WMI 代理類別。打開 PowerShell，透過 Get-WmiObject 查看 Windows 系統 WMI 類別，如圖 4-15 所示。

```
PS：C:\> Get-WmiObject -Class Win32_OperatingSystem
```

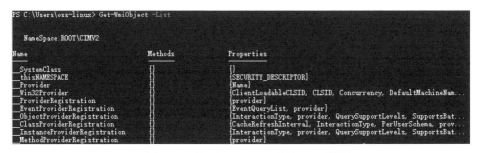

▲ 圖 4-15 查看 Windows 系統 WMI 類別

Get-WmiObject 也支援區域網存取遠端電腦獲取 Windows 系統資訊，遠端電腦列舉的內容隨機器環境的不同而不同，必須擁有遠端電腦的管理員帳號，遠端機器可以不安裝 PowerShell 元件，但必須有 WMI，並且已運行。遠端列舉 WMI 物件的詳細資訊命令如下：

```
PS：C:\> Get-WmiObject -Class Win32_OperatingSystem -Namespace <user>/
<passwd> -ComputerName <IP>
```

2）顯示 WMI 類別資訊

以 Win32_OperatingSystem 類別為例，顯示 WMI 類別資訊如圖 4-16 所示。

```
PS：C:\> Get-WmiObject -Class Win32_OperatingSystem -Namespace <user>/
<passwd> -ComputerName <IP>
```

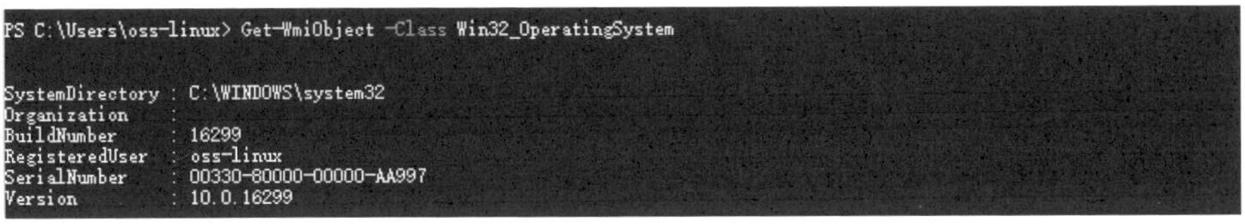

```
PS C:\Users\oss-linux> Get-WmiObject -Class Win32_OperatingSystem

SystemDirectory : C:\WINDOWS\system32
Organization    :
BuildNumber     : 16299
RegisteredUser  : oss-linux
SerialNumber    : 00330-80000-00000-AA997
Version         : 10.0.16299
```

▲ 圖 4-16 顯示 WMI 類別資訊

這裡輸出的只是概要，如果需要查看 Win32_OperatingSystem 支援的詳細屬性，則需要使用管道定向到 Get-Member 命令，如圖 4-17 所示。

```
~ PS：C:\> Get-WmiObject Win32_OperatingSystem | Get-Member -MemberType
Property
```

```
PS C:\Users\oss-linux> Get-WmiObject Win32_OperatingSystem | Get-Member -MemberType Property

    TypeName:System.Management.ManagementObject#root\cimv2\Win32_OperatingSystem

Name                    MemberType Definition
BootDevice              Property   string BootDevice {get;set;}
BuildNumber             Property   string BuildNumber {get;set;}
BuildType               Property   string BuildType {get;set;}
Caption                 Property   string Caption {get;set;}
CodeSet                 Property   string CodeSet {get;set;}
CountryCode             Property   string CountryCode {get;set;}
CreationClassName       Property   string CreationClassName {get;set;}
```

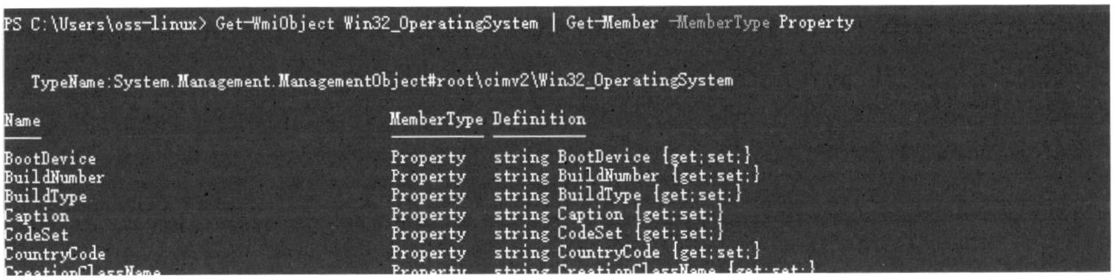

▲ 圖 4-17 查看 Win32_OperatingSystem 支援的詳細屬性

命令列出了類別所支援的所有屬性，假如我們需要獲取 Boot Device、BuildNumber、BuildType、Caption 四組屬性，可以透過 Format-Table（表格形式）或 Format-List（清單形式）來協助格式化輸出。

表格形式顯示 Win32_OperatingSystem 四組屬性，如圖 4-18 所示。

```
PS C:\Users\oss-linux> Get-WmiObject Win32_OperatingSystem | Format-Table -Property BootDevice,BuildNumber,BuildType,Cap
tion

BootDevice          BuildNumber BuildType           Caption

\Device\HarddiskVolume1 16299    Multiprocessor Free Microsoft Windows 10 专业版
```

▲ 圖 4-18 表格形式顯示 Win32_OperatingSystem 四組屬性

清單形式顯示 Win32_OperatingSystem 四組屬性，如圖 4-19 所示。

```
PS C:\Users\oss-linux> Get-WmiObject Win32_OperatingSystem | Format-List -Property BootDevice,BuildNumber,BuildType,Capt
ion

BootDevice   : \Device\HarddiskVolume1
BuildNumber  : 16299
BuildType    : Multiprocessor Free
Caption      : Microsoft Windows 10 专业版
```

▲ 圖 4-19 清單形式顯示 Win32_OperatingSystem 四組屬性

2. Windows 透過 SNMP 監控

被納管的 Windows 作業系統，需要透過安裝啟用 SNMP Service 服務。在 Windows 10 上的部署方法為：打開控制台 / 程式和功能 / 啟用或關閉 Windows 功能，選取 WMI SNMP 提供程式，如圖 4-20 所示。

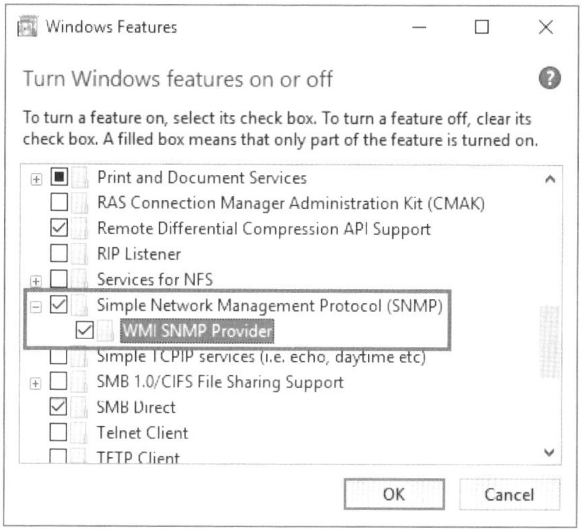

▲ 圖 4-20 啟用 WMI SNMP 提供程式服務

點擊確定重新啟動作業系統後，可在服務中看到 SNMP Service 服務狀態，如圖 4-21 所示。

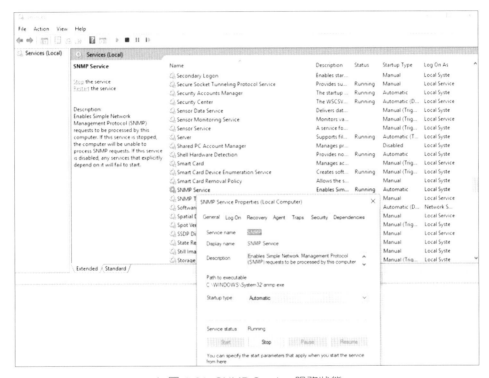

▲ 圖 4-21 SNMP Service 服務狀態

在遠端系統管理伺服器上即可執行 snmpwalk 命令獲取部分資訊。我們也可以安裝 Hili Soft SNMP MIB Browser 軟體，來載入和解析 SNMP MIB 檔案。使用者可以輕鬆地透過 SNMP v1/v2/v3 協定瀏覽和修改 SNMP 代理上的變數。軟體內建有 Trap Receiver，可靠手機 SNMP 代理發送 trap，HiliSoft MIB Browser 介面如圖 4-22 所示。

▲ 圖 4-22　HiliSoft MIB Browser 介面

4.9.2 Linux

1. Linux 透過 SSH 監控

　　遠端監控 / 管理系統常採用 SSH 的形式遠端登入納管伺服器，執行命令和獲取資訊。目前，市面上最流行的 Ansible 就同時支持 SSH 的使用者 / 密碼登入和基於金鑰登入兩種模式。筆者在日常運行維護中常需要撰寫小型的監控工具，如為了監控監控系統的工具（監控自監控工具），就使用 SSH 遠端登入監控系統各伺服器，執行命令獲取聯集中展示各模組運行狀態。

　　指令稿採用 shell 的顏色標識伺服器工作模組的健康狀況，紅色為異常、綠色為正常，如下：

```
echo -e "\033[31m 紅色字 \033[0m"
echo -e "\033[34m 黃色字 \033[0m"
echo -e "\033[41;33m 紅底黃字 \033[0m"
echo -e "\033[41;37m 紅底白字 \033[0m"
```

　　圖 4-23 所示為集中監控平臺伺服器的架構圖介面。"ITM AGENT" 框內為當前 Agent 的狀態，"AGENT OFFLINE" 為監控代理掉線的數量。

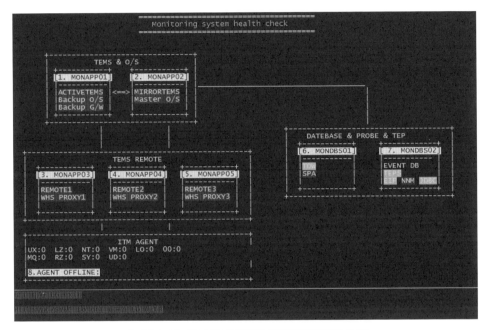

▲ 圖 4-23　集中監控平臺伺服器的架構圖介面

　　在輸入 sync/SYNC 後，指令稿將向後台發送請求，獲取各模組當前狀態。

　　輸入標籤 1-8，可以查看下級目錄，即模組運行的詳細資訊，如處理程式號、工作狀態、顯示出錯資訊等。

2. Linux 透過 SNMP 監控

　　在一般情況下，Linux 監控都依賴 SSH，早期也有依賴 Telnet 協定的。由於各企業的安全要求，常會封禁 SSH。此時，也有透過 SNMP 方式監控的，透過指定 IP 來發送資料封包，監控項和通訊埠也可以靈活設定。

Linux 需要安裝和設定 SNMP 服務，包括 net-snmp、net-snmp-utils 安裝套件，並啟用 snmpd 服務，且保證 Linux 的防火牆 udp161 通訊埠的存取權限。後續可透過監控工具（Zabbix）或 snmpwalk 獲取 SNMP 的監控資料，如圖 4-24 所示。

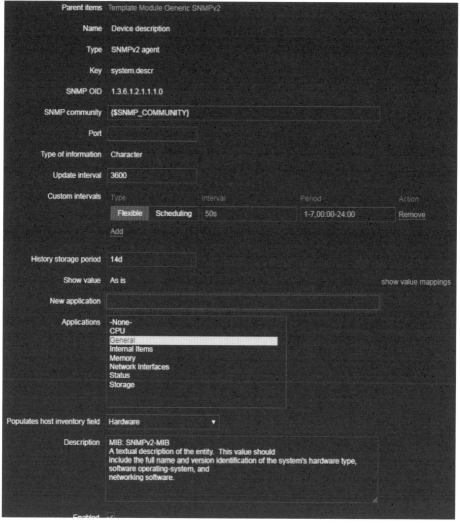

▲ 圖 4-24 透過監控工具（Zabbix）或 snmpwalk 獲取 SNMP 的監控資料

▍4.10　本章小結

　　本章首先介紹了作業系統的定義；其次介紹了資料中心使用的類 UNIX 和 Windows 兩大類作業系統及作業系統的五大功能模組；再次介紹了 CPU、記憶體、處理程式、檔案屬性、檔案系統、網路模組的監控常見的概念、命令、指標等；最後介紹了透過 WMI 和 SNMP 監控 Window 的方法及透過 SSH 和 SNMP 監控 Linux 的方法。

資料庫監控

　　資料庫是資料管理的產物，是按照資料結構來組織、儲存和管理資料的建立在電腦存放裝置上的倉庫。在當代一些金融或網際網路企業中，資料庫是其整個業務系統中最重要的部分，一旦資料庫損壞、資訊洩露或遺失，小則業務受損，大則背負巨額經濟損失，甚至帶來倒閉的風險，所以日常的資料庫備份維護極其重要。要想在資料庫備份失敗、發生錯誤、或遭受攻擊時提前預知或第一時間發現，則離不開監控。

　　本章主要介紹各類常見資料庫（Mysql、Oracle、Redis、MongoDB等）的幾種常用的指標及獲取指標的方法，如性能監控、狀態監控等指標。首先會介紹「當前連接數使用百分比」「每秒處理的請求數」「每秒處理的事務數」「運行比較慢的 SQL 敘述監控（慢查詢）」「快取的使用率」「表空間的使用率」「磁碟讀寫狀況」等性能監控指標，這些監控指標的異常，往往表示資料庫存在性能不足或空間不足等問題，很可能會對應用系統產生重大影響。同時，為了確保業務的連續性，生產環境的資料庫很少只會部署在一個節點上，無論資料庫架構是採取多個節點處理服務請求的分散式架構，還是單一節點處理所有服務請求的單節點架構，往往在生產環境中都會為每個主服務節點設定備份節點，當資料庫某個主節點異常時，備份節點可以承擔起主節點的責任，繼續保障應用系統對外提供正常服務，有些備份節點甚至是跨資料中心的，所以對資料庫各個主節點和備份節點之間資料同步狀況、備份節點的健康狀況進行監控也顯得尤為重要，本章也會對此部分內容介紹。本章涉及的軟體及對應版本主要包括：Mysql 5.5.73、Oracle 11G、Redis 4.0.14、MongoDB 4.0.5，sysstat 10.1.5 等。

5.1 資料庫分類

資料庫按關係模型可分為關聯式資料庫和非關聯式資料庫。

5.1.1 關聯式資料庫

關聯式資料庫是建立在關係模型基礎上的資料庫，借助集合、代數等數學概念和方法來處理資料庫中的資料。通常關聯式資料庫的資料都儲存在資料表的行列中，對於一些需要非常複雜的資料查詢及高事務性的資料操作，建議使用關聯式資料庫。當前主流的關聯式資料庫有：Oracle、Mysql、Microsoft SQL Server、PostgreSQL、IBM DB2、InfluxDB、SQLite 等。

5.1.2 非關聯式資料庫

非關聯式資料庫是一種相對鬆散且可以不按照嚴格的結構規範進行儲存的資料庫。它沒有關聯式資料庫那樣嚴格的資料結構約束，在儲存的形式上和使用都有別於關聯式資料庫，儲存的資料集中，一般大區塊地組合在一起，類似檔案、key/value、圖結構。它的特點是支援橫向擴充，常用於處理巨量資料、高性能但非常簡單的 key/value 資料的存取。當前主流的非關聯式資料庫有：MongoDB、Redis、Elasticsearch、HBase 等。

5.2 資料庫狀態指標分類

將資料庫的狀態指標按通用性可分為三大類。

第一類：基礎通用的監控指標，任意資料庫一般都會涉及。舉例來說，連接數、QPS/TPS、慢查詢、CPU 使用率、記憶體使用率、磁碟空間、磁碟 I/O。

第二類：針對具體的資料庫類型，對應自身的監控指標。舉例來說，Mysql 的主從同步狀態、延遲，MHA 叢集的狀態；Oracle 的 DG、OGG、RAC、MAA 模式中各節點的狀態，實例狀態，表空間使用率等。

第三類：針對具體的業務指標項進行自訂監控。舉例來說，要監控某業務每分鐘的成交量，需要使用自訂的 SQL 敘述對資料庫每分鐘做一次查詢，當結果超過某設定值時則警告。同樣地，如果需要監控某網站的 PV/UV 量，被查詢的資料庫可以是任意關聯式資料庫，也可以是非關聯式的如 Redis 中某 key 的值。

以上三大類覆蓋了資料庫的常見的監控，本節主要分享第一類最通用的監控指標，以及第二類針對性的指標。第三類需要根據實際業務需求訂製監控，其主要是使用包括附帶的、協力廠商的各種工具或自行開發的工具指令稿，對資料庫中相關的一些業務性指標進行查詢和獲取，並將結果連線監控系統，與預設的設定值進行比對警告，做趨勢分析、業務分析等。

▍5.3 當前連接數與最大允許連接數

5.3.1 連接數的相關概念

當前連接數：表示當前時間所有用戶端與資料庫成功建立的連接數量。

最大允許連接數：表示允許所有用戶端可以最大併發多少個連接資料庫服務，大部分資料庫系統是可以設定最大允許的連接數的，當資料庫服務超出最大併發連接數時，超出的部分連接將無法正常使用資料庫服務。

監控在當前連接數指標超過預先設定的設定值時，如最大允許連接數的 85% 時，會產生警告。在接到警告後，需要根據實際情況進行分析，是因為業務真實增長了，還是被攻擊，或是程式 BUG 導致了警告。如果是業務增長了，則要考慮對資料庫進行擴充；如果是被攻擊了，則需要對應用安全進行加固，有時還會因程式設計師開發時忘了寫斷開資料庫連接，大量資料庫連接累積無法釋放。

最大允許連接數的值設定，可參照當前連接數的歷史監控資料，再結合實際業務增長情況，以及伺服器性能設定。有些人為了方便將其設定得非常大，這樣的做法是錯誤的，最大連接數是不能無限增大的，因為連接數越多，資料庫會為每個連接提供連接緩衝區，就會有更多的記憶體銷耗。當使用者連接超過一定的數量時，可能會觸發記憶體溢位，引起作業系統 OOM。要設定一個適當的最大允許連接數，在必要時保證部分使用者能正常使用，達到限流的作用。在必要時要考慮進行資源橫向 / 縱向擴充或調整架構來緩解資料庫連接數過多引發的問題。

5.3.2 連接數指標實例

表 5-1 是幾種常見資料庫的連接數指標。連接數一般都是透過撰寫指令稿程式連接至資料庫的,執行對應的 SQL 敘述來獲取當前的指標值,然後進行計算、判斷。下文將逐一介紹各資料庫對應的指標獲取方法。

表 5-1　幾種常見資料庫的連接數指標

資料庫	最大允許連接數	當前連接數	監控指標
Oracle	Parameter processes 與 Parameter sessions	Processes 與 sessions	processes/Parameter processes>=85% 與 session/Parameter session>=85%
Mysql	max_connections	Threads_connected（max_used_connections）	max_used_connections/ max_connections>=85%
Redis	maxclients	connected_clients	connected_clients/ maxclients>=85%
MongoDB	current+available	current	current/(current+available)>=85%

1. Oracle 中的連接數指標獲取

在 Oracle 中有兩個連接數指標:process 連接數與 session 連接數。process 表示資料庫用於用戶端與資料庫端建立連接的處理程式數。session 表示在處理程式連接建立成功後建立的階段。在專用伺服器連接模式中,一個 session 對應一個 process,在共用伺服器連接模式中,一個 process 可以承載 0 至多個 session。在 Oracle 中,process 與 session 都可設定最大允許階段數,使用 sqlplus 連接資料庫操作如下:

```
# 登入 Oracle
[oracle@test ~]$ sqlplus / as sysdba
```

```
SQL*Plus: Release 11.2.0.4.0 Production on Mon May 6 14:40:08 2019
Copyright (c) 1982, 2013, Oracle.  All rights reserved.
Connected to:
Oracle Database 11g Enterprise Edition Release 11.2.0.4.0 - 64bit
Production
With the Partitioning, Real Application Clusters, Automatic Storage
Management, OLAP,
Data Mining and Real Application Testing options
SQL>
```

查看 Oracle 中最大允許處理程式數
```
SQL> select value from v$parameter where name ='processes';

VALUE
----------------------------------------------------------------
1000
```

查看 Oracle 中最大允許的階段數
```
SQL> select value from v$parameter where name ='sessions';

VALUE
----------------------------------------------------------------
1560
```

查看 Oracle 中當前運行的處理程式數
```
SQL> select count(*) from v$process;

  COUNT(*)
----------
        51
```

查看 Oracle 中當前建立的階段數
```
SQL>  select count(*) from v$session ;

  COUNT(*)
----------
        51
```

2. Mysql 中的連接數指標獲取

Mysql 中除當前連接數 Threads_connected 外，max_used_connections 是記錄歷史中某個時間點連接至資料庫的用戶端併發最高時的數量，該指標可以更進一步地發現高併發的情況，因為監控是有頻率的。當監控的兩個時間點之間出現高併發時，僅使用 Threads_connected 是發現不了的，可設定 max_used_connections 進行監控。

以下是使用 Mysql 用戶端連接至 Mysql 服務獲取監控值的過程。同樣地，如果使用 mysqladmin 也可獲取監控值。

```
# 登入 Mysql
[root@test ~]# mysql -u root  -p<password>
Welcome to the MariaDB monitor.  Commands end with ; or \g.
Your MariaDB connection id is 92073
Server version: 5.5.56-MariaDB MariaDB Server

Copyright (c) 2000, 2017, Oracle, MariaDB Corporation Ab and others.

Type 'help;' or '\h' for help. Type '\c' to clear the current input
statement.

# Mysql 中獲取最大允許連接數
 mysql > show variables like 'max_connections';
 +-----------------+-------+
 | Variable_name   | Value |
 +-----------------+-------+
 | max_connections | 256   |
 +-----------------+-------+

# Mysql 中獲取當前連接數
MariaDB [(none)]> show status like 'Threads_connected';
+-------------------+-------+
| Variable_name     | Value |
+-------------------+-------+
| Threads_connected | 5     |
```

```
+-------------------+-------+
1 row in set (0.00 sec)


# Mysql 中獲取歷史中併發最高時的連接數
 mysql > show status like 'max_used_connections';
 +---------------------+-------+
 | Variable_name       | Value |
 +---------------------+-------+
 | Max_used_connections | 131  |
 +---------------------+-------+
```

3. Redis 中的連接數指標獲取

Redis 中最大連接數指標為 maxclients，預設值為 10000。使用 Redis 本地命令列用戶端獲取 maxclients 與當前連接數 connectd_clients 操作如下：

```
# 已連接用戶端的數量（不包括透過從屬伺服器連接的用戶端）
[root@test ~]# redis-cli -h 127.0.0.1 -n 1 -a <password> -p 6379
info |grep connected_clients
connected_clients:1

# 獲取最大允許連接數
[root@test ~]# redis-cli -h 127.0.0.1 -n 1  -p 6379 config get maxclients
1) "maxclients"
2) "10000"
```

4. MongoDB 中的連接數指標獲取

在 MongoDB 中執行 db.serverStatus().connections 命令可獲取 current 與 available 的值，即當前連接數與可用連接數，兩者累加則為總的允許大小，具體命令執行如下：

```
# 登入 MongoDB
[root@Linux bin]# mongo admin -u root -p <password> MongoDB shell version
v4.0.5
```

```
connecting to: mongodb://127.0.0.1:27017/?gssapiServiceName=mongodb
Implicit session: session { "id" : UUID("8744a06e-0149-49f7-a622-
ae910acd0af9") }
MongoDB server version: 4.0.5

# 獲取當前連接數、可用連接數、已建立的連接數總和、當前活動的連接數
> db.serverStatus().connections
{ "current" : 1, "available" : 799998, "totalCreated" : 1, "active" : 1 }
```

5. 監控參考指標

「當前連接數 / 最大允許連接數 >= 85%」。

5.4 QPS/TPS

5.4.1 QPS/TPS 的相關概念

QPS：Queries Per Second，表示資料庫每秒處理完成的請求次數。

TPS：Transactions Per Second，表示資料庫每秒處理完成的事務數。

QPS 與單一請求對 CPU、記憶體、磁碟 I/O、外部介面等的消耗息息相關。如果每秒請求不斷遞增，QPS 的數值會呈現一個拋物線的狀態，也就是說，當請求達到一定數量級時，系統的整體性能會降低。TPS 是反映整個業務系統的性能指標，一個 TPS 請求可能會產生多個 QPS，所以 QPS 是最「原子」的性能指標，最能反映單一系統的性能。

在正常情況下，一個業務系統在新上線前，都會進行相關的資料庫壓力測試。查詢敘述的複雜度及查詢結果數量的多少決定了查詢需要的時間。敘述不同，QPS 的值相差也是非常大的。所以日常中都是模擬真實使用者請求所觸發的一系列動作去進行壓力測試的，這樣將得到該系

統對於當前業務的 QPS/TPS 的上限，然後根據該上限綜合判斷是否需要對程式、資料庫、架構、業務邏輯做最佳化，以提高系統的 QPS/TPS，支援更大的使用者量。

5.4.2 QPS/TPS 指標實例

TPS 的值可以透過對應的業務敘述進行查詢。舉例來說，查詢每分鐘有多少訂單完成成交，敘述需要根據具體業務去訂製。

QPS 的值在具體的資料庫系統中，獲取的方式一般是固定的。表 5-2 中是幾種常見資料庫的 QPS 指標，在日常監控中，可透過執行對應的 SQL 指令稿獲取其值，然後進行相關計算，判定是否觸發設定值。

表 5-2　幾種常見資料庫的 QPS 指標

資料庫	QPS 的關鍵字	監控指標
Oracle	I/O Requests per Second	"QPS >= QPS 壓測峰值 * 80%"
mysql	Questions	
Redis	total_commands_processe	
MongoDB	command	

1. Oracle 中 QPS 的獲取

在 Oracle 中可以從 V$SYSMETRIC 表中獲取 QPS，查詢的結果為統計最後 1 分鐘平均的 QPS。

```
# 查詢 Oracle 最後一分鐘的平均 QPS
SQL> select * from V$SYSMETRIC where metric_name = 'I/O Requests per
Second';
BEGIN_TIM  END_TIME INTSIZE_CSEC  GROUP_ID  METRIC_ID
---------  --------- ------------  ---------- ----------
```

```
METRIC_NAME                                                      VALUE
------------------------------------------------------- --------------
METRIC_UNIT
------------------------------------------------------- --------------
21-MAY-19 21-MAY-19          6005          2      2146
I/O Requests per Second                                     3.09741882
Requests per Second
```

2. Mysql 中 QPS 的獲取

在 Mysql 中獲取 QPS 與在 Oracle 中有點不一樣，因為 Mysql 中只能用的命令方法如下，其中第一次獲取的值為初值，第二次及之後每次獲取的值都會與前一次做差值，從而得到每秒內的所有請求數。

```
# 在 Mysql 中每隔 1 秒獲取一次 QPS 值
[root@test ~]# mysqladmin -hlocalhost -uroot -p  extended-status
--relative  --sleep=1|grep -w Questions
Enter password:
| Questions                        | 5315976    |
| Questions                        | 88         |
| Questions                        | 49         |
| Questions                        | 59         |
```

3. Redis 中 QPS 的獲取

在 Redis 中，使用 redis-cli 執行 info 命令得到 total_commands_processed 的值，然後透過多次獲取的值做差值，再除以兩次獲取的時間間隔（精確到秒），此值就為 Redis 當前的 QPS 值。通常我們每 60 秒執行一次，然後將前後兩次的差值除以 60，得到 QPS。

```
# 在 Redis 中第一次獲取總執行命令數
[root@test ~]# redis-cli info|grep total_commands_processe
total_commands_processed:57

# 1 分鐘後再次獲取
```

```
[root@test ~]# redis-cli info|grep total_commands_processe
total_commands_processed:258

# 計算 QPS
QPS 值為：(258-57)/60 = 3.35
```

4. MongoDB 中 QPS 的獲取

MongoDB 中的 QPS 對應的就是 mongostat 命令傳回的 command 值，其值表示每秒執行命令數，涵蓋了「增刪改查」等操作。因為 MongoDB 一般是以叢集存在的，所以在執行 mongostat 命令時可加上 --discover 參數，用於獲取叢集中所有節點的壓力分佈。

```
# 獲取 MongoDB 每秒執行的命令數 command 值
[root@test bin]# ./mongostat
insert query update delete getmore command dirty used flushes vsize  res qrw
arw net_in net_out conn               time
   *0    *0     *0     *0       0    2|0  0.0% 0.0%     0 1.08G 47.0M 0|0
1|0   158b   62.4k    1 May  7 10:54:53.132
   *0    *0     *0     *0       0    1|0  0.0% 0.0%     0 1.08G 47.0M 0|0
1|0   157b   62.1k    1 May  7 10:54:54.136
   *0    *0     *0     *0       0    1|0  0.0% 0.0%     0 1.08G 47.0M 0|0
1|0   154b   60.8k    1 May  7 10:54:55.162
   *0    *0     *0     *0       0    2|0  0.0% 0.0%     0 1.08G 47.0M 0|0
1|0   160b   63.5k    1 May  7 10:54:56.144
   *0    *0     *0     *0       0    1|0  0.0% 0.0%     0 1.08G 47.0M 0|0
1|0   155b   61.5k    1 May  7 10:54:57.158
   *0    *0     *0     *0       0    2|0  0.0% 0.0%     0 1.08G 47.0M 0|0
```

5. 監控參考指標

- "TPS >= TPS 壓力峰值 * 80%"。
- "QPS >= QPS 壓測峰值 * 80%"。

5.5 慢查詢

5.5.1 慢查詢的相關概念

資料庫查詢敘述執行超過指定的時間還沒有傳回結果的時候，就認為是慢查詢。

系統中的慢查詢過多會影響系統的性能，進而影響其他正常 SQL 的執行效率，最終整個業務都會受到影響。慢查詢出現的原因有很多種，一種是在程式開發時寫出了複雜的或影響效率的 SQL 敘述，如對索引欄位進行計算或類型轉換、做了全表查詢、資料庫表結構設計不合理、未建立索引等。在定位出慢查詢敘述後，需要參照業務架構對其進行最佳化。

5.5.2 慢查詢指標實例

表 5-3 中是幾種常見資料庫的慢查詢指標，其值的獲取同樣是透過指令稿程式執行對應的 SQL 敘述，然後進行相關計算，判定是否觸發設定值的。下文將逐一介紹各資料庫對應的指標查詢方法。

表 5-3 幾種常見資料庫的慢查詢指標

資料庫	慢查詢相關表或命令	監控指標（滿足條件則警告）
Oracle	v$sqlarea	查詢命令的執行時間大於指定時間時則警告
Mysql	information_schema.PROCESSLIST	
Redis	total_commands_processe	
MongoDB	command	

1. Oracle 中慢查詢的獲取

在 Oracle 中可以從 V$sqlarea 表中獲取 SQL 平均執行時間，首先獲取 ELAPSED_TIME 欄位每個 SQL 總的執行時間，再除以該 SQL 執行的次數 EXECUTIONS，得到平均執行時間，然後做排序，得到執行時間最長的 SQL。

```
# 在 Oracle 中查詢執行時間最長的敘述，並顯示其執行總時間、總次數,平均時間
SQL> select * from (
  2   select sa.SQL_TEXT,
  3   sa.SQL_FULLTEXT,
  4   sa.EXECUTIONS "exec_count",
  5   round(sa.ELAPSED_TIME / 1000000, 2) "total_exec_time",
  6   round(sa.ELAPSED_TIME / 1000000 / sa.EXECUTIONS, 2) "average_exec_
time",
  7   sa.COMMAND_TYPE
  8   from v$sqlarea sa
  9   where sa.EXECUTIONS > 0
 10   order by (sa.ELAPSED_TIME / sa.EXECUTIONS) desc )
 11   where rownum <= 1 ;

SQL_TEXT
----------------------------------------------------------------
SQL_FULLTEXT
----------------------------------------------------------------
exec_count total_exec_time average_exec_time COMMAND_TYPE
---------- --------------- ----------------- ------------
with interesting_opr as       (select id, target, start_time, operation
from wri$_optstat_opr o       where dbms_stats_advisor.skip_operation
(:rule_id, :task_id, 'EXECUTE',              o.operation, o.target,
o.notes, :username, :privilege) = 'F') select distinct o1.id id1, o2.id
id2, 'A' seq from interesting_opr o1, interesting_opr o2,
wri$_optstat_opr_tasks
t1, wri$_optstat_opr_tasks t2 where o1.id = t1.op_id(+) and o2.id =
t2.op_id(+)    and ((o1.target = o2.target and o1.start_time < o2.start_
time and         o2.start_time - o1.start_time
```

```
SQL_TEXT
--------------------------------------------------------------
SQL_FULLTEXT
--------------------------------------------------------------
exec_count total_exec_time average_exec_time COMMAND_TYPE
---------- --------------- ----------------- ------------
< numtodsinterval(5, 'MINUTE')) or        (o1.target = t2.target and
o1.start_time < t2.start_time and          t2.start_time - o1.start_
time < numtodsinterval(5, 'MINUTE')) or      (t1.target = o2.target
and t1.start_time < o2.start_time and       o2.start_time - t1.start_
time < numtodsinterval(5, 'MINUTE')) or    (t1.target = t2.target and
t1.start_time < t2.start_time and          t2.start_time - t1.start_time <
numtodsintervawith interesting_opr as       (select id, target, start_
time, operation          fr


SQL_TEXT
--------------------------------------------------------------
SQL_FULLTEXT
--------------------------------------------------------------
exec_count total_exec_time average_exec_time COMMAND_TYPE
---------- --------------- ----------------- ------------
         1             47.33             47.33            3
```

2. Mysql 中慢查詢的獲取

在 Mysql 中可以從 information_schema.PROCESSLIST 表中找到慢查詢的 SQL 敘述。該表中記錄了所有 Mysql 正在處理的命令清單，其中 time 欄位表示該敘述執行持續的時間，單位為秒，可以用該欄位來篩選執行時間較長的 SQL，命令如下：

```
# 在 Mysql 中查詢執行時間大於或等於 3 秒的 SQL
mysql [(none)]> SELECT * FROM information_schema.PROCESSLIST WHERE
TIME>=3;
+-------+------+-----------+------+---------+------+--------------------
-+----------------------------------------------------+---------
+-------+----------+---------+
| ID    | USER | HOST      | DB   | COMMAND | TIME | STATE
```

```
| INFO                             | TIME_MS | STAGE |
MAX_STAGE | PROGRESS |
+-------+------+-----------+------+--------+------+--------------------
-+--------------------------------------------------------+--------
+-------+-----------+----------+
| 95085 | root | localhost | NULL | Query  |    0 | Filling schema table
| SELECT * FROM test.table1 |  3.565 |    0 |    0 |   0.000 |
+-------+------+-----------+------+--------+------+--------------------
-+--------------------------------------------------------+--------
+-------+-----------+----------+
1 row in set (0.00 sec)
```

3. Redis 中慢查詢的獲取

在 Redis 中與慢查詢的辨識與記錄相關的設定參數有兩個，可使用 "slowlog get" 命令來顯示被捕捉到的慢查詢。

（1）slowlog-log-slower-than，當命令執行的時間超過 slowlog-log-slower-than 設定的值時，就會被當成慢查詢並記錄。〔單位：微秒（μs），預設為 10 毫秒（ms）〕

（2）slowlog-max-len，該參數指定服務最多儲存多少筆慢查詢記錄檔。（預設為 128 筆）

```
# 獲取 slowlog-log-slower-than 當前的值
127.0.0.1:6379[1]> config get slowlog-log-slower-than
1) "slowlog-log-slower-than"
2) "10000"

# 獲取 slowlog-max-len 當前的值
127.0.0.1:6379[1]> config get slowlog-max-len
1) "slowlog-max-len"
2) "128"

# 重新設定 slowlog-log-slower-than 的值為 0，表示會記錄所有執行的命令，這裡是
為了做測試，實際運用中一般可設定為 1ms
```

```
127.0.0.1:6379[1]> config set slowlog-log-slower-than 0
OK

# 獲取所有被記錄的慢查詢命令
127.0.0.1:6379[1]> slowlog get
1) 1) (integer) 8                          # 記錄檔的唯一識別碼 id 號
   2) (integer) 1557412657                 # 命令執行時的 UNIX 時間戳記
   3) (integer) 6                          # 命令執行的時長，以微秒計算
   4) 1) "config"                          # 被記錄的命令
      2) "set"                             # 被記錄命令的參數
      3) "slowlog-log-slower-than"         # 被記錄命令的參數
      4) "0"                               # 被記錄命令的參數
2) 1) (integer) 7
   2) (integer) 1557412066
   3) (integer) 42
   4) 1) "SLOWLOG"
      2) "get"

# 清空 slowlog 記錄
127.0.0.1:6379[1]> slowlog reset
OK
127.0.0.1:6379[1]> SLOWLOG get
1) 1) (integer) 16
   2) (integer) 1557413711
   3) (integer) 4
   4) 1) "slowlog"
      2) "reset"
```

4. MongoDB 中慢查詢的獲取

在 MongoDB 中可以使用 Profiling 來捕捉慢查詢，在 mongo shell 中執行 db.getProfilingStatus() 來獲取當前 profiling 開啟的狀態，用 db.setProfilingLevel 來設定等級及設定值時間，再用 db.system.profile.find() 來查看捕捉的慢查詢記錄。

```
# 查看當前 Profiling 狀態
> db.getProfilingStatus()
```

```
{ "was" : 0, "slowms" : 200, "sampleRate" : 1 }
# 傳回參數說明
was：等級設定
0：關閉，不收集任何慢查詢命令資料
1：收集慢查詢命令，預設為 100 毫秒
2：收集所有的查詢命令資料
Slowms：判斷時間，單位為毫秒，預設為 100 毫秒，超過該時間時將被記錄
sampleRate：抽樣率，預設為 1，表示全部被記錄，也可以為 0~1 之間的小數


# 設定捕捉等級為 2，表示收集所有查詢命令
> db.setProfilingLevel(2)
{ "was" : 0, "slowms" : 200, "sampleRate" : 1, "ok" : 1 } # 這裡傳回的是上
一次設定狀態


# 設定捕捉等級為 1，並設定 slowms 為 200 毫秒
> db.setProfilingLevel(1,100)
{ "was" : 2, "slowms" : 200, "sampleRate" : 1, "ok" : 1 }# 這裡傳回的是上一
次設定狀態


# 設定捕捉等級為 0，關閉捕捉
> db.setProfilingLevel(0)
{ "was" : 1, "slowms" : 100, "sampleRate" : 1, "ok" : 1 }# 這裡傳回的是上一
次設定狀態


# 刪除 system.profile 集合
> db.system.profile.drop()
True


# 建立一個新的 system.profile 集合，並設定大小為 10M
> db.createCollection( "system.profile", { capped: true, size: 10000000 } )
{ "ok" : 1 }


# 重新開啟 Profiling
> db.setProfilingLevel(1,100)
{ "was" : 0, "slowms" : 100, "sampleRate" : 1, "ok" : 1 }


# 查詢最近的 10 筆慢查詢記錄
db.system.profile.find().limit(10).sort({ts:-1}).pretty()
```

```
# 查詢執行大於 5 毫秒的慢操作
db.system.profile.find({millis:{$gt:5}}).pretty()

# 按特定時間，限制使用者，按照消耗時間排序
db.system.profile.find(
      {
        ts : {
                $gt : newISODate("2019-02-12T09:00:00Z") ,
                $lt : newISODate("2019-05-12T09:59:00Z")
              }
      },
      { user : 0 }
).sort( { millis : -1 } )
```

5. 監控參考指標

執行時間大於指定時間的命令數量 >0（具體參考指標需要根據實際情況訂製）。

5.6 磁碟 I/O 監控

5.6.1 磁碟 I/O 相關概念

資料庫系統在運行過程中，是會佔用作業系統的資源的，當作業系統中對應的資源被消耗完時，會影響資料庫系統的正常運行，如當 CPU 使用率過高時，就會影響主機上所有的服務，以及其他 SQL 的執行速度；當記憶體使用率過高時，可能引發作業系統核心的 OOM，導致機器上的一些處理程式或資料庫處理程式被強制 kill；在磁碟空間已滿後，資料庫中的新資料將不能正常寫入庫中，導致資料庫無法正常執行。當磁碟 I/O 使用率過高，達到瓶頸時，資料庫在讀取或寫入磁碟時會非常慢，從而觸發很多慢 SQL，影響系統的運行。

作業系統的 CPU、記憶體、磁碟空間的監控方法可參考作業系統篇，這裡主要講解磁碟 I/O 監控。

5.6.2 磁碟 I/O 的獲取

1. 在命令列中獲取監控磁碟 I/O

在命令列中獲取監控磁碟 I/O 可以使用 "iostat -x -m -t 1"。

iostat 命令參數如下：

- -x 用於獲取更多的統計資訊。
- -m 以百萬位元組每秒顯示統計資訊。
- -t 指定間隔多少時間獲取一次 I/O 狀態（單位：秒）

```
# 獲取磁碟 I/O
[root@Linux:/opt] # iostat -x -m -t 1
05/10/2019 03:44:15 PM
avg-cpu:  %user   %nice %system %iowait   %steal    %idle
          1.00    0.00    4.00    8.00    0.00   87.00

Device:    rrqm/s  wrqm/s     r/s     w/s  rMB/s  wMB/s
avgrq-sz avgqu-sz   await  r_await w_await  svctm  %util
vda          0.00    0.00    6.00    0.00   0.06   0.00
20.00     0.07   11.83   11.83    0.00   4.50   2.70
vdb          0.00    1.00   18.00    9.00   7.24   4.00
852.44    2.35   15.52    8.28   30.00   3.07   8.30

05/10/2019 03:44:16 PM
avg-cpu:  %user   %nice %system %iowait   %steal    %idle
          1.01    0.00    2.02   29.29    0.00   67.68

Device:        rrqm/s  wrqm/s     r/s     w/s   rMB/s   wMB/s
avgrq-sz avgqu-sz   await  r_await w_await  svctm  %util
vda          0.00    6.06   75.76    2.02    2.56   0.03
68.16     1.63   20.94   21.48    0.50   0.97   7.58
```

```
vdb               0.00      0.00    12.12    71.72      4.70     32.32
904.39     13.22   181.05   103.33   194.18     3.89   32.63
```

2. 輸出的各欄位的含義

表 5-4 所示為輸出的各欄位含義。

表 5-4　輸出的各欄位含義

欄位名稱	欄位含義
rrqm/s	每秒有多少相關的讀取請求被合併了。（當系統呼叫需要讀取資料時，VFS 會將請求先發到各個 FS，當 FS 發現不同的讀取請求讀取的是相同 Block 的資料時，FS 會將這些請求合併）
wrqm/s	每秒有多少相關的寫入請求被合併了
r/s	每秒完成的讀取 I/O 裝置次數（合併後）
w/s	每秒完成的寫入 I/O 裝置次數（合併後）
rMB/s	每秒讀取的 MB 數
wMB/s	每秒寫入的 MB 數
avgrq-sz	平均請求磁區的大小
avgqu-sz	平均請求佇列的長度，該值越小越好
await	每個 I/O 請求的處理平均時間〔包含讀和寫，單位為毫秒（ms）〕。這個時間包括佇列等待時間和 svctm 服務時間，該值一般低於 5ms，當大於 10ms 時，則說明讀寫量非常大了
r_await	意義同 await，只是 r_await 表示只對讀取操作的統計
w_await	意義同 await，只是 w_await 表示只對寫入操作的統計
svctm	表示平均每次裝置 I/O 操作的服務時間，不包括等待時間〔單位為毫秒（ms）〕。如果 svctm 的值與 await 很接近，表示幾乎沒有 I/O 等待時間，磁碟性能很好，如果 await 的值遠高於 svctm 的值，則表示 I/O 佇列等待時間較長，系統上運行的程式將變慢。（注意：由於該值是計算出來的，計算方法存在錯誤，所以該值不可信。iostat 在 Version 12.1.2 版本之後就將該參數移除了。）

欄位名稱	欄位含義
%util	在單位時間內處理 I/O 的工作時間佔總時間的百分比。該參數能顯示出裝置的繁忙程度。(注意:該值在一些情況下不準確,在 5.6.2 節中會詳細説明)

3. I/O 瓶頸判斷方法

在執行了 iostat 命令獲取了很多當前磁碟的性能參數後,可以獲取該記錄到監控系統中,其中最重要的一項用來判斷硬碟是否達到瓶頸的指標就是 avgqu-sz,該值越大,就表明磁碟中的請求佇列越長,磁碟已達到瓶頸了。

使用 %util 來判斷磁碟是否達到瓶頸是不準確的,因為當磁碟為固態硬碟 SSD 或 RAID 時,即使 %util 是 100%,但 SSD 和 RAID 磁碟是具有併發能力的,只有當所有的併發全部達到 100% 時,才是真正的 100%。在最新的 sysstat 官網檔案中也已經註明 "But for devices serving requests in parallel, such as RAID arrays and modern SSDs, this number does not reflect their performance limits"。

4. 監控參考指標

"avgqu-sz > 10"(持續 5 分鐘該值大於 10,表示磁碟持續 5 分鐘都是滿負荷運行的,需要關注)。

▍ 5.7 其他針對性指標

不同類型的資料庫設計原理也不太一樣,所以對於特定的資料庫都有其獨有的一些監控指標項。下文將介紹 Mysql 的 Binlog cache 和 Oracle 的表空間使用率監控以作參考。

5.7.1 Mysql Binlog cache 的相關概念

Mysql 的 Binlog cache 是指用於儲存事物生成 Binlog event 的一段記憶體空間，一般可關注與它相關的三個指標，它們之間相互連結影響，以下是三個指標的解釋。

- Binlog_cache_size：為每個 session 分配的記憶體，在事務過程中用來儲存二進位記錄檔的快取。
- Max_Binlog_cache_size：表示 Binlog 能夠使用的最大 cache 記憶體大小。
- Binlog_cache_disk_use：表示因為 Binlog_cache_size 設計的記憶體不足導致快取二進位記錄檔用到了暫存檔案的次數，一但該值大於 0，則表示記憶體曾經出現過不足的情況，需要增加 Max_Binlog_cache_size 值的大小。

當連接至資料庫的所有 session 使用的記憶體累加超過 Max_Binlog_cache_size 的值時，就會顯示出錯 "Multi-statement transaction required more than 'Max_Binlog_cache_size' bytes ofstorage"，SQL 敘述執行失敗。

當 Binlog_cache_disk_use 增加時，説明 Binlog_cache_size 設定得不夠大，已經在使用磁碟來儲存 Binlog event 了，因為磁碟的讀寫性能要遠遠低於記憶體，所以可根據實際情況將 Binlog_cache_size 適當調大一些，避免用到磁碟。

5.7.2 Mysql Binlog cache 指標實例

以下是使用 SQL 敘述來查詢 Binlog cache 相關的幾個指標的過程，可以看出 Binlog_cache_disk_use 的值為 0，表示還未使用磁碟來儲存 Binlog cache，如果該值大於 0，則可以適當調整 Binlog_cache_size 的大小。對於 Max_Binlog_cache_size，一般是根據實際情況來設定的，太小會導致 SQL 執行失敗，太大會佔用過多的系統記憶體而浪費。

```
# 查詢 Binlog_cache_disk_use 值的次數
Mysql > show status like '%binlog_cache_disk_use%';
+----------------------+-------+
| Variable_name        | Value |
+----------------------+-------+
| Binlog_cache_disk_use | 0    |
+----------------------+-------+
1 rows in set (0.00 sec)

# 查詢 Binlog_cache_size 和 Max_Binlog_cache_size 大小（單位：Byte）
Mysql > show variables like '%binlog_cache%';
+----------------------+---------------------+
| Variable_name        | Value               |
+----------------------+---------------------+
| Binlog_cache_size    | 32768               |
| Max_Binlog_cache_size | 18446744073709547520 |
+----------------------+---------------------+
2 rows in set (0.00 sec)
```

監控參考指標：

■ "Max_Binlog_cache_size < 4G"（根據實際業務以及主機性能設定設定值）。

■ "Binlog_cache_disk_use > 0"。

5.7.3 Oracle 表空間的概念

在 Oracle 資料庫中，用於儲存具體資料的是資料檔案，如圖 5-1 所示，一個表空間可以由多個資料檔案組成，一個資料檔案只能屬於一個表空間，一個 Oracle 資料庫可以由一個或多個表空間組成。不同檔案系統支持的最大單一資料檔案值有所不同。Oracle 是一套跨平臺的資料庫系統，為了保證其在各平臺間平滑遷移，設計了表空間，用來統一應對資料檔案在各作業系統不一致的問題。表空間若不設定自動擴充，一旦建立好其容量也就固定了，表空間使用率（Table Space Use Percent）的監控類似於作業系統中檔案系統的監控，其可作為 Oracle 運行維護的重要指標項。當使用率達到一定的百分比時，就可提前開始預警，告知運行維護人員即時對表空間進行擴充。

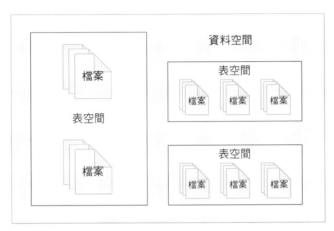

▲ 圖 5-1 一個 Oracle 資料空間、表空間、資料檔案

5.7.4 Oracle 表空間指標實例

表空間使用率計算方法為：表使用空間 / 表最大允許空間 ×100%。表空間可用率設定值應控制在 10% 以上，低於 10% 時則急需擴充 datafile 或 resizedatafile，設定表空間自動擴充可有效避免因表空間不足造成的業務異常。

```
# 表空間使用率查詢方法
select b.b1 表空間名稱 ,
c.c2 類型 ,
c.c3 區管理 ,
b.b2 / 1024 / 1024 表空間大小 MB,
(b.b2 - nvl(a.a2,0)) / 1024 / 1024 已使用 MB,
```

```
nvl(a.a2,0) / 1024 / 1024 空閒 MB,
Round((b.b2 - nvl(a.a2,0)) / b.b2 * 100, 2) 使用率
from (select tablespace_name a1, sum(nvl(bytes, 0)) a2
from dba_free_space
group by tablespace_name) a,
(select tablespace_name b1, sum(bytes) b2
from dba_data_files
group by tablespace_name) b,
(select tablespace_name c1, contents c2, extent_management c3
from dba_tablespaces) c
where a.a1(+) = b.b1
and c.c1(+) = b.b1
order by 7 ;
```

監控參考指標：

- "Table space use Percent >=85"。

5.7.5 Mysql MHA 高可用叢集的概念

在 Mysql 資料庫中，為了提高資料庫的高可用性，最常見的架構就是主從複製，又名主從同步架構，常見的有一主一從、一主多從，以及互為主從，其中，互為主從又被稱為主主模式。

在主從複製模式下，主資料庫寫入資料，副資料庫同步主資料庫中寫入的資料。當主資料庫主機當機時，副資料庫接管變為主資料庫，保證資料庫的高可用性。當有大量即時性要求不高的讀取操作時，還可將這些讀取請求分流至各副資料庫完成，從而實現資料庫的讀取負載平衡功能。在主從複製模式下，當主資料庫發生故障時，首先需要檢查 Binlog 的同步狀態，再將叢集中的一台副資料庫提升為主資料庫，並將其他副資料庫設定向升級的新主資料庫上同步資料，這些動作需要在主資料庫故障後短時間內完成。MHA（Master High Availability）自動切換軟體的誕生就是為了應對這種場景。MHA 能做到在 10 ～ 30 秒內自動完成資

料庫的故障切換操作，可在大幅上保證資料的一致性，它的軟體由 MHA Manager（管理節點）與 MHA Node（資料節點）兩部分組成。

MHA Manager 可部署在任意機器上，而 MHA Node 需要在每台 Mysql 伺服器上部署。

圖 5-2 所示為基於 MHA 的高可用叢集架構圖。

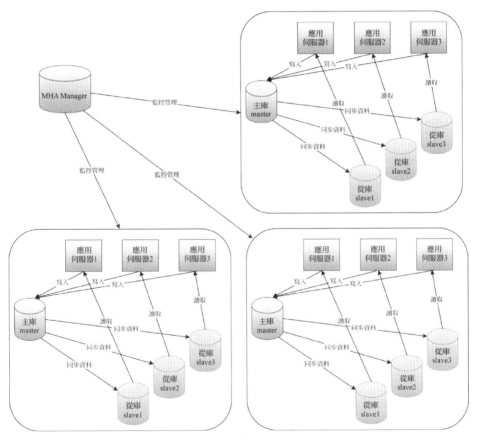

▲ 圖 5-2　基於 MHA 的高可用叢集架構圖

圖 5-3 所示為 Mysql 主從複製原理。Mysql 主從複製主要是將主要伺服器上的 Binlog 記錄檔複製到從伺服器上執行一遍，從而達到主從資料

庫中的資料一致的狀態,其過程如下:

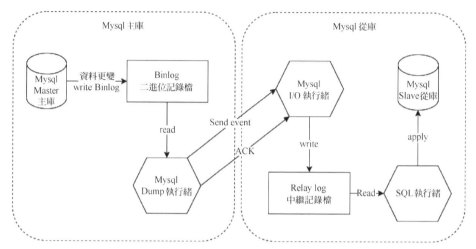

▲ 圖 5-3 Mysql 主從複製原理

(1)副資料庫啟動一個 I/O 執行緒,向主資料庫請求指定位置(或從最開始位置)的 Binlog 記錄檔。

(2)主資料庫啟動一個 Binlog dump 執行緒,根據副資料庫的請求將記錄檔發送給從節點。

(3)副資料庫 I/O 執行緒將接收到的資料儲存到中繼記錄檔(Relay log)中。

(4)副資料庫再啟動一個 SQL 執行緒,把 Relay log 中的操作在自身資料庫上執行一遍。

5.7.6 Mysql MHA 高可用叢集指標

在 5.7.5 節中,我們了解到 MHA 是由 MHA Manager 與 MHA Node 兩個元件組成的,以及 Mysql 在主從複製過程中,從節點 Slave 會啟用 I/O 執行緒及 SQL 執行緒來同步主資料庫中的資料,因此我們可以對這些關鍵性的元件及執行緒狀態進行監控,從而實現對整個 MHA 叢集狀態的監控。表 5-5 所示為 Mysql MHA 監控指標。

表 5-5 Mysql MHA 監控指標

監控物件	監控物件屬性	監控方法	監控指標
MHA Manager	在管理節點上檢查 MHA 的運行狀態	masterha_check_status --conf=/etc/mha/master.cnf	傳回非 0 狀態碼則警告,傳回內容中一般含有字串:"(0:PING_OK)"
	在管理節點上檢查主副資料庫的複製情況	masterha_check_repl --conf=/etc/mha/master.cnf	無 "MySQL Replication Health is OK." 字樣則警告
副資料庫 Slave	在副資料庫上檢查 I/O 執行緒狀態	Slave_IO_Running	非 "Yes" 狀態則警告
	在副資料庫上檢查 SQL 執行緒狀態	Slave_SQL_Running	非 "Yes" 狀態則警告
	在副資料庫上查看主副資料庫同步延遲秒數	Seconds_Behind_Master	超過指定設定值或為 NULL 則警告

1. 檢查 MHA 的運行狀態

可使用 MHA 工具套件中的 "masterha_master_monitor" 指令稿來查看叢集狀態,以下可看出傳回的內容為 "app1 (pid:8265) is running(0:PING_OK), master:host1",由此可判斷叢集狀態為正常。

```
# 查看當前 MHA 的運行狀態
$ masterha_check_status --conf=/etc/mha/master.cnf
app1 (pid:8265) is running(0:PING_OK), master:host1
$ echo $?
0
```

2. 檢查主副資料庫的複製情況

可使用 MHA 工具套件中的 "masterha_check_repl" 指令稿來查看主從複製的當前狀態，包含如副資料庫中的 I/O 執行緒和 SQL 執行緒的狀態是否正常，以及主從同步延遲的秒數（預設為 30 秒），如果狀態異常，則能顯示其具體異常資訊，如果狀態都正常，則只會在尾端顯示 "MySQL Replication Health is OK."，如需查詢明細資訊請參照 5.7.6 節的內容。

```
# 檢查主副資料庫的複製情況
[root@manager ~]# masterha_check_repl -conf=/etc/mha/master.cnf
Thu Jul 01 19:07:08 2021 - [warning] Global configuration file /
etc/masterha_default.cnf not found. Skipping.
Thu Jul 01 19:07:08 2021 - [info] Reading application default
configuration from /etc/mha/master.cnf..
Thu Jul 01 19:07:08 2021 - [info] Reading server configuration
from /etc/mha/master.cnf..
……
MySQL Replication Health is OK.
```

3. 檢查副資料庫 I/O、SQL 執行緒狀態、主從同步延遲

當需要查看各副資料庫具體的 I/O、SQL 執行緒狀態，以及主從同步延遲時，可在副資料庫上使用 "show slave status \G;" 命令。以下可看出，Slave_IO_Running 與 Slave_SQL_Running 都是 Yes 狀態，表示副資料庫 I/O、SQL 同步正常，當為 NO 狀態時，則為異常。在異常時，還可透過 Last_IO_Error 與 Last_SQL_Error 欄位看出具體的顯示出錯資訊，以便快速定位故障。

主從同步延遲可查看 Seconds_Behind_Master 欄位，其單位為秒。

```
# 檢查主副資料庫的複製情況
mysql> show slave status \G;
*************************** 1. row ***************************
               Slave_IO_State : Waiting for master to send event
```

```
                 Master_Host：192.168.33.52
                 Master_User：repl
                 Master_Port：3306
               Connect_Retry：60
             Master_Log_File：mysql-bin.003563
          Read_Master_Log_Pos：622630459
               Relay_Log_File：mysql-relay.000753
                Relay_Log_Pos：20717
      Relay_Master_Log_File：mysql-bin.003563
            Slave_IO_Running：Yes
           Slave_SQL_Running：Yes
                   Last_Error：
     Seconds_Behind_Master：0
               Last_IO_Errno：0
               Last_IO_Error：
              Last_SQL_Errno：0
              Last_SQL_Error：
......
```

5.7.7 Oracle 叢集的概念

Oracle 叢集最常見、最實用的大致有三種：RAC（Real Application Clusters）、DG（Data Guard） 和 MAA（Maximum Availability Architecture，被認為是 RAC 與 DG 的組合）。

RAC 是本地高可用叢集，它採用了 Cache Fusion（高快取合併）技術將各叢集節點的快取合併在一起，同時共用一套資料儲存，各節點可同時對外提供服務，沒有主備之分，在某個節點當機後，其他節點仍能正常提供服務。

DG 是一種遠端複製技術，可以將主資料庫上的資料複製到另一台或多台備用資料庫上，從而達到資料的容錯，還可以實現異地備份和災難恢復。其原理是將主資料庫上的 RedoLog 傳輸至備用資料庫，然後在備用資料庫上應用 RedoLog 檔案，從而使主備用資料庫的資料保持同步，這種同步可以是即時的，也可以是非同步的。其備用資料庫可分為物理 Standby 和邏輯 Standb 兩類：物理 Standby 基於 block-for-block，直接應用 RedoLog 完全複製了主資料庫上的資料；邏輯 Standby 將接收的 RedoLog 轉換成 SQL 敘述在備用資料庫上執行，來實現資料的同步。邏輯 Standby 方式對於一些資料型態及一些 DDL/DML 敘述會有操作上的限制，不能保證主備用資料庫資料的完全一致，所以較常用的還是物理 Standby。

MAA 則是 RAC 與 DG 的組合架構，因 RAC 的整個叢集及其共用儲存是有可能會出現故障的，所以可透過架設 RAC 配合 DG 來做資料的容錯備份，當主資料庫 RAC 當機時，可自動將備用資料庫切為主資料庫，從而實現最大化高可用架構 MAA。

圖 5-4 是包含了 RAC 及 DG 技術的 Oracle MAA 架構圖。

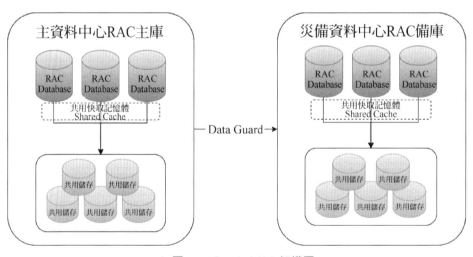

▲ 圖 5-4 Oracle MAA 架構圖

5.7.8 Oracle 叢集指標實例

在 5.7.7 節中，我們了解到，常見的 Oracle 叢集有 RAC、DG、MAA。其中，MAA 比獨立使用 RAC 和 DG 的架構更具高可用性，而 MAA 是由 RAC 與 DG 組合組成的方案，所對於 MAA 的監控實際上可以拆分為對 RAC 及 DG 的狀態進行監控。以下將對 RAC 及 DG 的監控指標進行詳細的描述。

RAC 叢集的監控常見的有叢集狀態、實例狀態、節點應用程式 VIP/Network/ONS 狀態、ASM 狀態、TNS 狀態、SCAN 狀態六大項，對 ASM 的磁碟群組，還可對其空閒空間進行監控，具體的監控方法及指標如表 5-6 所示。

表 5-6 RAC 的監控方法及指標

監控物件	監控方法	監控指標
檢查 RAC 叢集狀態	crsctl check cluster	非 online 則警告
檢查 RAC 所有實例和服務的狀態	srvctl status database -d \<DB Name>	非 runnig 則警告
檢查 RAC 節點應用程式 VIP、Network、ONS 的狀態	srvctl status nodeapps	非 enabled、非 running 則警告
檢查 ASM 狀態	srvctl status asm	非 running 則警告
檢查 TNS 監聽器狀態	srvctl status listener	非 enabled、非 running 則警告
檢查 SCAN 狀態	srvctl status scan	非 enabled、非 running 則警告
檢查 ASM 磁碟群組可用空間	select name, total_mb, free_mb from v$asm_diskgroup	可用空間小於 20% 則警告
簡要查詢 RAC 叢集狀態	crsctl status resource -t	簡要地顯示 ASM、TNS、SCAN、VIP 等的服務狀態

1. 檢查 RAC 叢集狀態

可使用 "crsctl check cluster" 命令來查看 RAC 叢集的狀態，以下可看出 Cluster Ready Services、Cluster Synchronization Services，以及 Event Manager 服務都是正常的 online 狀態。

```
# 檢查 RAC 叢集的狀態
[grid@RACHOST01 ~]$ crsctl check cluster
CRS-4537: Cluster Ready Services is online
CRS-4529: Cluster Synchronization Services is online
CRS-4533: Event Manager is online
```

2. 檢查 RAC 所有實例和服務的狀態

可使用 "srvctl status database -d <DB Name>" 命令來查看 RAC 叢集所有的實例和服務狀態，以下可看出各實例運行在叢集的哪個節點上，以及它的狀態是否為 running。

```
# 檢查 RAC 叢集所有實例和服務的狀態
[oracle@RACHOST01 admin]$ srvctl status database -d <DB Name>
Instance RACCDB1 is running on node RACHOST01
Instance RACCDB2 is running on node RACHOST02
Instance RACCDB3 is running on node RACHOST03
```

3. 檢查 RAC 節點應用程式 VIP、Network、ONS 的狀態

可使用 "srvctl status nodeapps" 命令來查看 RAC 叢集的節點應用程式的狀態，以下可看出，各節點的 VIP、NetWork、ONS 服務都是 enabled，並且為 running 狀態。

```
# 檢查 RAC 叢集的節點應用程式的狀態
[oracle@RACHOST01 ~]$ srvctl status nodeapps
VIP 192.168.33.24 is enabled
VIP 192.168.33.24 is running on node: RACHOST01
VIP 192.168.33.25 is enabled
```

```
VIP 192.168.33.25 is running on node: RACHOST02
VIP 192.168.33.26 is enabled
VIP 192.168.33.26 is running on node: RACHOST03
Network is enabled
Network is running on node: RACHOST01
Network is running on node: RACHOST02
Network is running on node: RACHOST03
ONS is enabled
ONS daemon is running on node: RACHOST01
ONS daemon is running on node: RACHOST02
ONS daemon is running on node: RACHOST03
```

4. 檢查 ASM 狀態

可使用 "srvctl status asm" 命令來查看 RAC 叢集的 ASM 服務狀態，以下可看出，各節點上都運行了 ASM 服務且狀態都為 running。

```
# 檢查 ASM 服務狀態
[oracle@RACHOST01 ~]$ srvctl status asm
ASM is running on RACHOST01,RACHOST02,RACHOST03
```

5. 檢查 TNS 監聽器狀態

可使用 "srvctl status listener" 命令來查看 RAC 叢集 TNS 監聽器的狀態，以下可看出，TNS 服務為 enabled，並且在各節點上都為 running 狀態。

```
# 檢查 TNS 監聽器的狀態
[oracle@RACHOST01 admin]$ srvctl status listener
Listener LISTENER is enabled
Listener LISTENER is running on node(s): RACHOST01,RACHOST02,RACHOST03
```

6. 檢查 SCAN 狀態

可使用 "srvctl status scan" 命令來查看 RAC 叢集的 SCAN 服務狀態，以下可看出，當前 SCAN VIP scan1 服務已開啟，並運行在節點

RACHOST03 主機上為 running 狀態。

```
# 檢查 SCAN 服務狀態
[oracle@RACHOST01 admin]$ srvctl status scan
SCAN VIP scan1 is enabled
SCAN VIP scan1 is running on node RACHOST03
```

7. 檢查 ASM 磁碟群組可用空間

由於在作業系統層面不能直接辨識 RAC 叢集 ASM 磁碟群組的空間使用量，可使用 SQL 敘述來查詢其空間使用量及空閒量，具體的 SQL 敘述為 "select name, total_mb, free_mb from v$asm_diskgroup;"，監控程式可將取出的 FREE_MB 空間除以 TOTAL_MB，計算出可用的百分比，當可用的百分比小於 20% 時，即可觸發警告。

```
# 檢查 ASM 磁碟群組的可用空間
SQL> select name, total_mb, free_mb from v$asm_diskgroup;

NAME                             TOTAL_MB    FREE_MB
------------------------------ ---------- ----------
DATADG                           1228776     270184
FLASHDG                           614376     599352
OCRDG                              15348      14348
REDO1DG                            51196      16964
REDO2DG                            51196      16964
```

8. 簡要查詢 RAC 叢集狀態

對於叢集狀態、實例狀態、節點應用程式 VIP/Network/ONS 狀態、ASM 狀態、TNS 狀態、SCAN 等服務狀態明細情況可參照上文介紹的命令來監控查詢，這裡還可使用 "crsctl status resource -t" 命令來簡要地查詢上述的所有服務狀態，範例如下：

```
# 簡要查詢 RAC 叢集狀態
[grid@RACHOST01 ~]$ crsctl status resource -t
--------------------------------------------------------------
Name            Target  State     Server        State details
--------------------------------------------------------------
Local Resources
--------------------------------------------------------------
ora.ASMNET1LSNR_ASM.lsnr
                ONLINE  ONLINE    RACHOST01     STABLE
                ONLINE  ONLINE    RACHOST02     STABLE
                ONLINE  ONLINE    RACHOST03     STABLE
......
Cluster Resources
--------------------------------------------------------------
ora.LISTENER_SCAN1.lsnr
      1         ONLINE  ONLINE    RACHOST03     STABLE
ora.MGMTLSNR
      1         ONLINE  ONLINE    RACHOST03     169.254.169.120 10.1
                                                0.48.63,STABLE
ora.asm
      1         ONLINE  ONLINE    RACHOST01     Started,STABLE
      2         ONLINE  ONLINE    RACHOST02     Started,STABLE
      3         ONLINE  ONLINE    RACHOST03     Started,STABLE
ora.cvu
      1         OFFLINE OFFLINE                 STABLE
ora.mgmtdb
      1         ONLINE  ONLINE    RACHOST03     Open,STABLE
ora.qosmserver
      1         ONLINE  ONLINE    RACHOST03     STABLE
ora.rmbcdb.db
      1         ONLINE  ONLINE    RACHOST01     Open,HOME=/oraapp/or
                                                acle/product/12.2.0/
                                                dbhome_1,STABLE
      2         ONLINE  ONLINE    RACHOST02     Open,HOME=/oraapp/or
                                                acle/product/12.2.0/
                                                dbhome_1,STABLE
      3         ONLINE  ONLINE    RACHOST03     Open,HOME=/oraapp/or
                                                acle/product/12.2.0/
```

```
                                            dbhome_1,STABLE
ora.rmbcdb.rmbtbssvc.svc
     2         ONLINE  ONLINE    RACHOST03    STABLE
ora.scan1.vip
     1         ONLINE  ONLINE    RACHOST03    STABLE
ora.RACHOST01.vip
     1         ONLINE  ONLINE    RACHOST01    STABLE
ora.RACHOST02.vip
     1         ONLINE  ONLINE    RACHOST02    STABLE
ora.RACHOST03.vip
     1         ONLINE  ONLINE    RACHOST03    STABLE
```

表 5-7 所示為 DG 的監控方法及指標。

表 5-7　DG 的監控方法及指標

監控物件	監控方法	監控指標
檢查 DG 叢集處理程式是否啟動且無異常	select process,status,thread#,sequence# from v$managed_standby order by 3,1;	主資料庫中 LGWR 或 ARCH 存在 ERROR 則警告，備用資料庫上 MRPO 或 RFS 存在 ERROR 則警告
檢查 DG 主備用資料庫的 scn 號是否接近	select 1 dest_id, current_scn from v$database union all select dest_id, applied_scn from v$archive_dest where target='STANDBY';	主備用資料庫的 scn 號相差很大或主資料庫 scn 號在更新，而備用資料庫 scn 一直未更新則警告
檢查 DG 主資料庫歸檔記錄檔狀態	select dest_id, dest_name, status, type, error, gap_status from v$archive_dest_status;	有 ERROR 則警告
檢查 DG 備用資料庫 apply lag 和 transport lag 同步延遲	SQL> select * from v$dataguard_stats;	在備用資料庫上查詢顯示 apply lag 或 transport lag 同步延遲超過半小時則警告

DG 叢集的監控可大致從 DG 的處理程式狀態、scn 號的更新狀態、主資料庫歸檔記錄檔狀態有無 ERROR 顯示出錯資訊，以及備用資料庫的同步延遲時間 4 個方面進行監控。

9. 檢查 DG 的處理程式是否啟動且無異常

檢查 DG 的狀態可使用 SQL 敘述分別在主備用資料庫上查詢相關處理程式的狀態，SQL 敘述為 "select process,status,thread#,sequence# from v$managed_standby order by 3,1;"，以下可看出，主資料庫上的同步處理程式 LGWR 為 WRITING 狀態，備用資料庫上的 MRP0 為 APPLYING_LOG 狀態，RFS 為 IDLE 空閒狀態，如果出現 ERROR，則為異常需要警告，具體的狀態清單解釋可參考 Oracle 官方檔案中有關 V$MANAGED_STANDBY 視圖的説明。

```
# 在主資料庫上查詢 DG 相關處理程式是否啟動且無異常
SQL> select process,status,thread#,sequence# from v$managed_standby
order by 3,1;


PROCESS    STATUS          THREAD#   SEQUENCE#
---------  ------------    ----------  ----------
......
ARCH       CLOSING              1        4058
LGWR       WRITING              1        4062

9 rows selected.

SQL>

# 備用資料庫 SRMBBSR01
SQL> select process,status,thread#,sequence# from v$managed_standby order
by 3,1;


PROCESS    STATUS          THREAD#   SEQUENCE#
---------  ------------    ----------  ----------
......
```

```
RFS         IDLE                    1        4062
RFS         IDLE                    2        4345
MRP0        APPLYING_LOG            3        8638
RFS         IDLE                    3        8638


21 rows selected.
```

10. 檢查 DG 主備用資料庫的 scn 號是否接近

　　scn 號是當 Oracle 每次資料更新時，由 DBMS 自動為每次更新維護的遞增的數字，用於區分每次更新的先後順序。透過查詢 DG 主備用資料庫的 scn 號變化情況，可以判斷它們之間是否在正常同步，數字越接近，表示主備用資料庫同步資料延遲越小，查詢的方法是在主資料庫上執行 SQL 敘述 "select 1 dest_id, current_scn from v$database union all select dest_id, applied_scn from v$archive_dest where target='STANDBY';"， 可以多執行幾次來觀察它們的變化情況，以及備用資料庫是否接近主資料庫，如下所示。

```
# 檢查 DG 主備用資料庫的 scn 號是否接近
SQL> select 1 dest_id, current_scn from v$database
  2  union all
  3  select dest_id, applied_scn from v$archive_dest where target=
'STANDBY';

   DEST_ID CURRENT_SCN
---------- -----------
         1   342809753
         2   342809749
```

11. 檢查 DG 主資料庫歸檔記錄檔狀態

　　在 DG 主資料庫上檢查歸檔記錄檔狀態，可用 SQL 敘述來查詢 "select dest_id, dest_name, status, type, error, gap_status from v$archive_dest_status;"，以下可看出，歸檔記錄檔都無 ERROR 顯示出錯資訊。

```
# 檢查 DG 主資料庫歸檔記錄檔狀態
SQL>  select dest_id, dest_name, status, type, error, gap_status from
v$archive_dest_status;

   DEST_ID
----------
DEST_NAME
--------------------------------------------------------------------------
--------------------------------------------------------------------------
-----------------------------------------------------
STATUS    TYPE            ERROR
GAP_STATUS
--------- --------------- --------------------------------------------------
------------------ ------------------------
          1
LOG_ARCHIVE_DEST_1
VALID     LOCAL


          2
LOG_ARCHIVE_DEST_2
VALID     PHYSICAL
NO GAP


          3
LOG_ARCHIVE_DEST_3
INACTIVE  LOCAL


          4
LOG_ARCHIVE_DEST_4
INACTIVE  LOCAL


          5
LOG_ARCHIVE_DEST_5
INACTIVE  LOCAL


          6
LOG_ARCHIVE_DEST_6
INACTIVE  LOCAL
```

```
           7
LOG_ARCHIVE_DEST_7
INACTIVE   LOCAL
```

12. 檢查 DG 備用資料庫 apply lag 和 transport lag 同步延遲

在上文中有說明透過 scn 號來檢查主備的同步狀態的方法，這裡還可以透過查詢 apply lag 和 transport lag 的同步延遲來了解同步的狀態，可 使 用 SQL 敘 述 "select NAME,VALUE from v$dataguard_stats where NAME like '%lag';" 來查詢，以下可看出 apply lag 與 transport lag 延遲為 0 時 0 分 0 秒。

```
# 檢查 DG 備用資料庫 apply lag 和 transport lag 同步延遲
SQL> select NAME,VALUE from v$dataguard_stats where NAME like '%lag';

NAME                                    VALUE
------------------------------  -------------------------
transport lag                           +00 00:00:00
apply lag                               +00 00:00:00
```

▌ 5.8 本章小結

本章首先對關聯式資料庫及非關聯式資料庫做了分類說明。其次對其共有的一些監控指標項進行了詳細講解，同時還提供了範例供讀者參考。最後對常見的開放原始碼軟體 Mysql 資料庫、商務軟體 Oracle 資料庫的叢集概念和架構進行了描述，並各項監控指標進行了講解並舉例。在實際生產中還有很多其他指標或業務類型的指標，都可以參照本章的內容方法自由發揮設計監控指標。

中介軟體監控

　　在當前的系統建設中，中介軟體的應用非常廣泛，中介軟體的概念也非常寬泛，通常我們在專案開發中會用到 Web 伺服器、快取資料庫、訊息佇列等，都可以歸類為中介軟體，可以説中介軟體在專案建設中是非常重要的基石。本章將對前後端開發經常用到的如用於提供負載平衡、代理服務的 Web 伺服器 Nginx，用於提供 JVM 執行時期環境的 Web 容器 Tomcat，以及負責提供訊息服務的 ActiveMQ 等中介軟體的監控方式、常用監控指標等介紹。本章涉及的軟體及對應版本主要包括：Nginx 1.12.2、Tomcat 8.5、ActiveMQ 6.30。

　　中介軟體的定義是比較抽象的，它指的是一類軟體，在維基百科中的解釋是：提供系統軟體和應用軟體之間連接的軟體，便於軟體各元件之間的溝通，特別是應用軟體對於系統軟體的集中的邏輯，在現代資訊技術應用框架如 Web 服務、服務導向的系統結構等的應用比較廣泛，如提供給 Java 程式運行環境的 Tomcat、Oracle 的 Weblogic、IBM 的 WebSphere，用於統一連接資料庫的 Cobar、MYCAT，用於共用存放消費訊息的 ActiveMQ、RabbitMQ、Kafka，以及在近期興起的物聯網業中，為了將家居中不同的電器，如電燈、熱水器、冰箱、洗衣機、電鍋等用統一方便的應用管理起來，出現的傳感網中介軟體、RFID 中介軟體、M2M 中介軟體等。將整個架構模組化、中介軟體化，降低程式間的強依賴關係，開發人員只需要專注各自的程式模組、中介軟體進行開發，無須關心上下級的變化，運行環境的變化，就能完成整個 IT 系統的運作。

圖 6-1 所示為中介軟體運行關係架構圖，將 Web 代理服務中介軟體、Java 應用 JVM 中介軟體、快取、資料庫、訊息佇列等常見中介軟體按實際運作中的關係架構展示出來，可以看出，中介軟體在現在的網際網路發展中造成非常重要的作用。

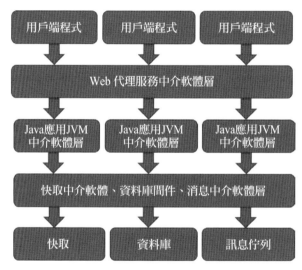

▲ 圖 6-1 中介軟體運行關係架構圖

6.1 Nginx 監控

6.1.1 Nginx 概述

Nginx 是一個高性能非同步框架的 HTTP 服務軟體，可用於靜態資源發佈，Web 反向代理、郵件反向代理、OSI 4 層負載平衡器、OSI 7 層負載平衡，以及 HTTP 快取服務，軟體由 Igor Sysoev 建立，並在 2004 年第一次公開發佈，而後又在 2011 年成立了名稱相同公司，以提供 Nginx Plus 服務支援。在 2019 年 3 月 11 日，Nginx 公司被 F5 Networks 以 6.7 億美金收購。

Nginx 監控指標按處理程式通訊埠、服務、記錄檔、連接數 4 個維度去監控，可分為以下四大部分。

- Nginx 服務的處理程式及通訊埠。
- 服務可用性監控。
- Nginx 記錄檔監控。
- Nginx 的狀態頁監控。

6.1.2 Nginx 服務的處理程式及通訊埠

1. 處理程式監控

以下使用 ps、grep、egrep 命令來獲取當前系統中 Nginx 的 master 處理程式和 worker 處理程式的詳細資訊，一般 Nginx 的 worker 處理程式數是與本機 CPU 核心數一樣的，以充分利用本機的 CPU 資源，當 Nginx 的總處理程式數少於「CPU 核心數加 1」時，則可根據需要設定警告，本機 CPU 核心數加 1，是因為還有一個 master 主處理程式。當處理程式數為 0 時，表示 Nginx 服務未正常啟動，當處理程式數大於 0 但小於 CPU 核心數加 1 時，則可根據需要對 Nginx 服務進行最佳化。

```
# 使用 shell 獲取 Nginx 相關處理程式
[user@test bin]$ ps -ef|grep -v grep|egrep 'nginx: master|nginx: worker'
root      11833     1   0 May13 ?      00:00:00 nginx: master process/usr/
sbin/nginx
nginx    11834 11833  0 May13 ?      00:00:07 nginx: worker process
nginx    11835 11833  0 May13 ?      00:00:07 nginx: worker process
nginx    11836 11833  0 May13 ?      00:00:07 nginx: worker process

# 在上述命令尾部給 egrep 加一個 -c，即可傳回所有 Nginx 處理程式的數量總和 3。
[user@test bin]$ ps -ef|grep -v grep|egrep 'nginx: master|nginx: worker' -c
3
```

2. 通訊埠監控

　　因為 Nginx 伺服器上可能同時承載監聽了多個服務通訊埠，為不同的 Web、Mail、OSI 4 層轉發提供服務，所以需要對 Nginx 上開啟的這些通訊埠進行監控。以下面的命令所示，列出所有 Nginx 開啟的通訊埠，其中 80 和 443 就是 Web 服務通訊埠，30001 則是 OSI 4 層 TCP 轉發通訊埠（最新版本中支持 UDP 的轉發），9092 通訊埠為 kafka 的 TCP 轉發通訊埠，同樣也是 OSI 4 層轉發，25 和 465 則是 mail 的 smtp 服務的未加密及 ssl 加密通訊埠。

```
# 在 shell 命令列中使用 netstat 查看 Nginx 監聽了哪些通訊埠
[user@test bin]$ netstat -tunlp|grep nginx
tcp      0      0 0.0.0.0:25              0.0.0.0:*          LISTEN
24958/nginx: master
tcp      0      0 0.0.0.0:9092            0.0.0.0:*          LISTEN
24958/nginx: master
tcp      0      0 0.0.0.0:80              0.0.0.0:*          LISTEN
24958/nginx: master
tcp      0      0 0.0.0.0:30001           0.0.0.0:*          LISTEN
24958/nginx: master
tcp      0      0 0.0.0.0:465             0.0.0.0:*          LISTEN
24958/nginx: master
```

```
tcp        0        0 0.0.0.0:443              0.0.0.0:*              LISTEN
24958/nginx: master
```

要判斷通訊埠是否開啟有以下兩種方法。

（1）透過本機執行 netstat 或 ss 命令來查看本機是否監聽所對應的通訊埠。

```
# 上文使用 netstat 來查看本機監聽的通訊埠，本次展示使用 ss 命令查看通訊埠
[user@test bin]$ ss -tunlp|grep 'nginx'
tcp    LISTEN 0       511              0.0.0.0:25         0.0.0.0:*      use
rs:(("nginx",pid=24959,fd=9),("nginx",pid=24958,fd=9))
tcp    LISTEN 0       511              0.0.0.0:9092       0.0.0.0:*      use
rs:(("nginx",pid=24959,fd=8),("nginx",pid=24958,fd=8))
tcp    LISTEN 0       511              0.0.0.0:80         0.0.0.0:*      use
rs:(("nginx",pid=24959,fd=7),("nginx",pid=24958,fd=7))
tcp    LISTEN 0       511              0.0.0.0:30001      0.0.0.0:*      use
rs:(("nginx",pid=24959,fd=11),("nginx",pid=24958,fd=11))
tcp    LISTEN 0       511              0.0.0.0:465        0.0.0.0:*      use
rs:(("nginx",pid=24959,fd=10),("nginx",pid=24958,fd=10))
tcp    LISTEN 0       511              0.0.0.0:443        0.0.0.0:*      use
rs:(("nginx",pid=24959,fd=6),("nginx",pid=24958,fd=6))
```

（2）透過 nc 命令主動探測 Nginx 伺服器開啟的通訊埠。

```
# 透過 nc 命令探測 Nginx 伺服器開啟的通訊埠
[user@test bin]$ nc -vw 2 -z 127.0.0.1 25
Connection to 127.0.0.1 25 port [tcp/smtp] succeeded!

# 以下是筆者探測了一個未監聽的通訊埠供讀者查看，在未監聽時，nc 所傳回的內容範例
[user@test bin]$ nc -vw 2 -z 127.0.0.1 255
nc: connect to 127.0.0.1 port 255 (tcp) failed: Connection refused
```

6.1.3 服務可用性監控

因為 Nginx 可提供 Web 服務、Mail 服務、OSI 4 層轉發服務，所以需要針對不同的服務進行服務等級的監控。由於是對服務的可用性進行監控，所以需要模擬存取該服務，然後對傳回的結果進行判斷，以判斷 Nginx 提供的服務是否能正常存取。如果是轉發服務，則可以同時判斷後端的服務是否可用，所以該監控方法是首推的。

存取 Nginx 提供的 Web 服務，查看傳回的狀態碼是否為 200，如果傳回 404、502、500 等狀態碼，則表示該服務異常，還可以查看頁面傳回的內容中是否包含指定的關鍵字，如果未包含，則表示後端服務異常，所傳回的頁面不是實際想要的。以下範例中使用的是 IP 位址，在實際生產中，可能會在一個 Nginx 服務通訊埠上綁定多個域名服務，對應不同的後端伺服器，所以需要逐一增加對應的頁面狀態碼監控和頁面內容監控。

```
# 使用 curl 命令主動探測 Nginx 的 Web 服務狀態碼
[user@test bin]$ curl http://192.168.1.200/index.html -L  -I
HTTP/1.1 301 Moved Permanently
Server: nginx
Date: Sun, 16 May 2021 07:48:10 GMT
Content-Type: text/html
Content-Length: 162
Location: http://192.168.1.200/index.html
Connection: keep-alive
Cache-Control: no-store

HTTP/1.1 200 OK
Server: nginx
Date: Sun, 16 May 2021 07:48:10 GMT
Content-Type: text/html; charset=utf-8
Connection: keep-alive
Cache-Control: no-store
```

同樣地，對於 E-mail 服務的可用性，可自行使用 python 撰寫發送郵件和接收郵件的指令稿，來判斷服務的可用性。對於 OSI 4 層轉發通訊埠，同樣要根據具體轉發的服務，模擬存取請求，如本範例中，9092 通訊埠轉發的後端是 kafka 服務，則可以使用 kafka 用戶端程式模擬呼叫 Nginx 的 9092 通訊埠，來獲取 kafka 服務的狀態，如果獲取不到，則表示 Nginx 服務異常或後端的 kafka 服務異常。

6.1.4 Nginx 記錄檔監控

Nginx 的記錄檔監控分為兩個部分，一部分是 Access log 的監控，另一部分是 Error log 的監控。對應用管理員來說，這兩個記錄檔的內容是非常重要的。Access log 能反映出 Nginx 的 TPS、QPS、每個請求的回應時間、回應時長、回應狀態碼、請求的用戶端 IP、請求的內容、回應的資料封包大小。Error log 能反映出 Nginx 啟動運行過程中出現的錯誤資訊，以及用戶端請求時發生的一些錯誤資訊。

1. Access log 的監控

當需要從 Access log 中獲取想要的一些資訊時，由於預設很多資訊是不寫入 Access log 的，所以需要先設定 Nginx 輸出記錄檔的格式，增加以下第一列欄位。

```
# 修改 Nginx 設定檔中的記錄檔格式
[user@test bin]$ vim /etc/nginx/nginx.conf
log_format main '$request_time $http_host $server_addr("$http_x_
forwarded_for") $request_uri $upstream_response_time - [$time_local] '
    '"$host" "$request" $status $bytes_sent '
    '"$http_referer" "$http_user_agent" "$gzip_ratio" "$upstream_addr"
"$remote_addr"';

# 有時我們需要 debug 來獲取用戶端請求的 body 資訊，則還可以定義以下記錄檔格式
log_format dm ' "$request_body" ';
```

```
# 重新啟動 Nginx 服務，使設定生效
[user@test bin]$ systemctl  restart nginx
```

所加的欄位含義如下：

- $request_time：是使用者請求 + 建立連接 + 發送回應 + 接收 Nginx 後端回應的資料。
- $http_host：請求資訊中的 host。
- $server_addr：服務端的位址。
- $http_x_forwarded_for：當經過反向代理時，這個欄位可以獲取最原始的用戶端 IP 位址。
- $request_uri：請求的 URI，帶有參數，不包含主機名稱。
- $upstream_response_time：從 Nginx 建立連接到接收完資料並關閉連接。
- $time_local：本地系統時間。
- $host：請求資訊中的 host 標頭域，如果請求中沒有 host 行，則該值等於設定的伺服器名稱。
- $request：用戶端請求位址。
- $status：傳回的 http 狀態碼。
- $bytes_sent：已發送的訊息位元組數。
- $http_referer：用戶端是從哪個位址跳躍過來的，可以排除防盜鏈。
- $http_user_agent：用戶端代理資訊，也就是用戶端瀏覽器的資訊。
- $gzip_ratio：計算請求的壓縮率。
- $upstream_addr：儲存伺服器的 IP 位址和通訊埠，或 UNIX 域通訊端路徑。
- $remote_addr：用戶端 IP 或上一級代理的 IP。

此時，我們就能從 Access log 中獲取所有存取請求的資訊了，範例如下：

```
# 查看 Access.log 記錄檔
[user@test /var/log/nginx]$ tail access.log
0.235 www.test.com:443 192.168.1.20("-") /jsrpc.php?output=json-rpc
0.234 - [23/Apr/2021:18:20:19 +0800] "www.test.com" "POST /jsrpc.php?
output=json-rpc HTTP/1.1" 200 1134 "https://www.test.com:443/items.php?
filter_set=1&hostid=10168&groupid=0" "Mozilla/5.0 (Windows NT 10.0;
Win64; x64; rv:88.0) Gecko/20100101 Firefox/88.0" "-" "unix:/dev/shm/php.
socket" "114.11.33.66"
0.213 www.test.com:443 192.168.1.20("-") /js/up/jquery.js 0.213 - [23/
Apr/2021:18:20:29 +0800] "www.test.com" "GET /js/up/jquery.js HTTP/1.1"
404 294 "https://www.test.com:443/js/up/jquery.js " "Mozilla/5.0 (Windows
NT 10.0; Win64; x64; rv:88.0) Gecko/20100101 Firefox/88.0" "-" "-"
"32.35.67.33"
```

我們可以根據記錄檔分析出 www.test.com:443 這個 Nginx 服務站點被 IP 114.11.33.66 與 32.35.67.33 各請求了一次，114.11.33.66 使用 POST 請求了 "/jsrpc.php?output=json-rpc" 位址，狀態碼傳回是 200 正常，回應時間是 0.235 秒，請求時間點是 "23/Apr/2021:18:20:19"，使用的用戶端是 Firefox，版本為 88.0；而 32.35.67.33 這個 IP 使用 get 請求了 "/js/up/jquery.js" 這個位址，但伺服器傳回了 404 狀態碼，表示未找到對應資源。

通常我們可以使用記錄檔監控工具獲取和解析 Access log，可分析造訪 Nginx 服務的 IP 分佈地圖，並按請求量在地圖中用不同的顏色顯示點標記或區塊標記，還可以分析網站的狀態碼統計報表，清晰地反映指定時間段內，不同狀態碼的數量統計結果，可用於判斷在網站應用變更之後，是否存在大量的異常狀態碼。我們還可以根據 URL 位址分析最熱門的 Web 內容造訪排行。針對安全 WAF 裝置，還能從造訪網址中判斷是否被惡意掃描，對異常造訪用戶端 IP 進行自動封禁，還能對請求回應時長進行統計排序，以供網站管理員和程式設計師進行最佳化和參考。

2. Error log 的監控

Nginx 的 Error log 用於收集 Nginx 服務運行過程中的一些故障、錯誤資訊。

Error log 的開啟是有記錄檔等級的，由低至高有 debug、info、notice、warn、error、crit、alert、emerg，等級越低，如 debug，則記錄檔內容越詳細，除非需要 debug 排除故障，一般不用將記錄檔等級調得非常低，因為 Nginx 大量地被請求，Error log 中會同步寫入大量對應的 debug 資訊，造成磁碟 I/O 的寫入，影響網站性能。

```
# 編輯 Nginx 的設定檔，修改 error.log 為 error 等級
[user@test /var/log/nginx]$ vim /etc/nginx/nginx.conf
error_log  /data/var/log/nginx/error.log error;

# 重新啟動 Nginx 服務，使設定生效
[user@test bin]$ systemctl  restart nginx
```

此時，Error log 中只有 error 等級以上的資訊才會在記錄檔中顯示，這時就可以設定記錄檔監控程式，對該 error 記錄檔中的內容進行監控。根據需要，可將 crit 等級及以上的記錄檔全部設定警告，而 error 等級的記錄檔在需要時可供分析。

對記錄檔進行以下解析。

```
# 查看 Error log 內容
[user@test /var/log/nginx]$ cat error.log
2021/05/16 14:27:37 [emerg] 10571#0: unknown directive "stream" in /etc/
nginx/nginx.conf:94
2021/05/14 02:12:16 [error] 428#428: *25 user "admin": password mismatch,
client: 128.1.133.28, server: www.test.com, request: "GET /admin/video/
lerning/1.html HTTP/1.1", host: "www.test.com:443"
2021/05/16 17:21:58 [error] 26581#26581: *1 open() "/data/www/www.
test.com/us.js" failed (2: No such file or directory), client:
```

```
192.168.1.8, server: www.test.com, request: "GET /us.js HTTP/1.1", host:
"192.168.1.20", referrer: "http://192.168.1.20/admin/"
```

第一行表示 nginx.conf 中第 94 行的 stream 識別字報錯誤，一般是 Nginx 的版本問題或編譯時未帶上 --with-stream 而未能支援 stream 模組。

從第二行中能清楚地看出用戶端 128.1.133.28 在存取網站時，使用 admin 帳號登陸，但使用的密碼錯誤，故而以 error 等級寫入記錄檔。

從第三行中能看出在存取 "/data/www/www.test.com/us.js" 資源時提示未找到，一般有兩種可能，一種是用戶端有意或無意請求了一個不存在的資源，另一種是可能在其他頁面如 index 中嵌入了下載 us.js 這個資源，從而導致所有的使用者都去嘗試下載這個不存在的 us.js 資源，這時網站管理員需要通知網站開發人員修復該錯誤。

6.1.5　Nginx 狀態頁監控

Nginx 附帶一個可查看自身服務狀態的頁面，透過該頁面可查看 Nginx 所有的請求連接數、已正常傳回的請求連接數、已接收到請求但還未傳回的請求數，也可用來查看連接數是否達到瓶頸、每分鐘的請求量、是否有傳回失敗的請求。

（1）在預設情況下，Nginx 是沒有請求狀態頁的，需要自行設定。在開啟狀態頁面之前需要 Nginx 安裝 http_stub_status_module 模組，可透過 "nginx -V" 命令查看是否安裝了該模組，如果未安裝可自行在編輯原始程式碼時加上 "--with-http_ stub_status_module" 選項，以下 "configure arguments" 尾部是已加上該選項的，表示已經安裝好了。

```
# 查看 Nginx 的版本、編譯資訊，並過濾是否開啟狀態模組功能
root@test:~ # nginx -V
nginx version: nginx/1.12.2
```

```
built by gcc 4.8.5 20150623 (Red Hat 4.8.5-16) (GCC)
built with OpenSSL 1.0.2k-fips  26 Jan 2017
TLS SNI support enabled
configure arguments: --with-http_stub_status_module
```

（2）可對 Nginx 的設定檔增加一段設定來開啟狀態模組。

```
# 在 nginx.conf 檔案中的 http{server{}} 裡增加以下內容開啟狀態模組
vim /etc/nginx/nginx.conf
location /nginx_status {
  # 開啟 Nginx 狀態監控頁
  stub_status on;
  # 是否記錄存取該路徑的記錄檔
  access_log   off;
  # 這裡是安裝設定，只允許 192.168.3.17 這個 IP 存取該狀態頁
  allow 192.168.3.17;
  # 這裡設定預設為全部拒絕存取，只允許 allow 後的 IP 存取
deny all;
}
```

（3）重新啟動 Nginx 服務，使修改的設定檔生效。

```
# 重新啟動 Nginx 服務
root@test:nginx/conf.d # systemctl  restart nginx.service
root@test:nginx/conf.d # ps -ef|grep nginx
root      8913    1  0 12:23 ?    00:00:00 nginx: master process /
usr/sbin/nginx
nginx     8914 8913  0 12:23 ?    00:00:00 nginx: worker process
nginx     8915 8913  0 12:23 ?    00:00:00 nginx: worker process
```

（4）以下則可以存取本機的狀態頁面了，在瀏覽器中也可以存取本機的狀態頁面。

```
# 用命令列查看 Nginx 連接狀態頁內容
root@test:~ # curl https://127.0.0.1/nginx_status
Active connections: 10
```

```
server accepts handled requests
 994 994 1347
Reading: 0 Writing: 1 Waiting: 9
```

頁面中的幾個欄位的含義如下：

- Active connections：與後端建立的服務連接數。
- server accepts handled requests：Nginx 總共處理了 994 個連接，成功建立了 994 次握手，總共處理了 1347 個請求。
- Reading：Nginx 讀取到用戶端的 Header 資訊數。
- Writing：Nginx 傳回用戶端的 Header 資訊數。
- Waiting：在開啟 Keep-alive 的情況下，這個值等於 Active -（Reading + Writing），表示 Nginx 已經處理完成，正在等候下次一次請求的連接數。

在獲取 Nginx 狀態頁之後，可以透過監控系統從頁面傳回的內容中截取相關的欄位資訊，並根據設定的設定值觸發警告。下文將介紹如何根據當前的請求狀態頁來設定監控策略。

建議監控項 1：獲取 server accepts handled 的兩個數值，如果兩個數值不一樣，差異越大，則表示失敗連接次數越多，需要排除原因。

建議監控項 2：獲取 server requests 總共處理的請求數，每分鐘獲取一次，取兩次的差值，用於記錄每分鐘的請求數，可以監控該 Nginx 服務每分鐘的請求量。該值可以跟壓測時的瓶頸值做對比，接近瓶頸值時則需要警告。

建議監控項 3：獲取 Reading+Writing 的值，當兩個數值累加值較大時，表示當前併發量很大，可設定一個壓測時的設定值與其比對警告。

建議監控項 4：獲取 Waiting 的值，當該值較大時，表示處理的速度很快，有大量的空閒連接供後續請求。同時，它也反映了有很多連接一直保持在 keep-alive 連接狀態，未即時釋放。可根據需要對該值設定一個設定值，如果該值持續非常高而實際活動請求量並不高時，可對系統核心參數進行最佳化，減短等待時間，快速釋放資源。

6.2 Tomcat 監控

6.2.1 Tomcat 概述

Apache Tomcat 是由 Apache 軟體基金會開發的基於 Java 的 Web 應用程式的伺服器。Tomcat 專案的原始程式碼最初由 Sun Microsystems 建立，並於 1999 年捐贈給基金會。Tomcat 是 Java Web 應用程式中比較流行的伺服器實現之一，它在 Java 虛擬機器（JVM）中運行。它主要用作應用程式伺服器，可以將其設定為基本的 Web 伺服器或與 Apache HTTP 伺服器一起使用時充當 Java Servlet 容器，提供 Java 應用程式所需的運行環境，並支援 Java Enterprise Edition（EE）Servlet 規範。Tomcat 可以透過 Servlet API 提供動態內容，包括 Java Server Pages（JSP）和 Java Servlet。

Tomcat 會為伺服器上運行的每個 Servlet 生成指標，首先應特別注意作業系統級的指標，如 CPU、記憶體的使用率，有時還需要關注單一核心的指標，因主機是多個核心的，而有時程式只使用了單一核心，且使用至 100% 了，此時如果是 16 核心的主機，那麼總 CPU 也只被使用了6.25%，所以如果只關注總 CPU 平均值，就很難察覺某單一核心已經滿負荷運行的情況。Tomcat 的伺服器和系統指標屬於以下兩個域：Catalina域和 java.lang 域。這些指標以 MBean 的方式提供了一些關鍵數值，具體來說可以分為四類。

- 請求輸送量指標和延遲指標。
- 執行緒池指標。
- Errors 錯誤率指標。
- JVM 記憶體使用情況指標。

監視這些指標可以全面地了解 Tomcat 服務和 JVM 的狀態，保證已部署應用程式的穩定性。可以透過 Tomcat Manager 的 Web 管理介面和 Access log，以及如 JConsole 和 JavaMelody 等的工具查看關鍵指標。下面介紹上述四類指標。

6.2.2 請求輸送量指標和延遲指標

要監視 Tomcat 伺服器處理請求的輸送量，可以查看 Catalina 域下的 Request Processor MBean 和單一記錄檔的請求處理時間。兩者都提供 HTTP 連接器和 AJP 連接器指標。表 6-1 是輸送量指標和延遲指標。

表 6-1 輸送量指標和延遲指標

JMX 屬性 / 記錄檔指標	描　　述	MBean 模式 / 記錄檔模式	存取方式
requestCount	所有連接器上的請求總數	Catalina:type=GlobalRequestProcessor，name="http-nio-8080"	JMX
processingTime	處理所有傳入請求的總時間（單位為毫秒）	Catalina:type=GlobalRequestProcessor，name="http-nio-8080"	JMX
Request processing time	處理單一請求的時間（單位為毫秒）	N/A	Access log
maxTime	處理單一傳入請求所需的最長時間（單位為毫秒）	Catalina:type=GlobalRequestProcessor，name="http-nio-8080"	JMX

1. 建議設定警告的指標：requestCount

　　requestCount 表示與伺服器建立連接的用戶端請求數。它為了解一天中伺服器的流量水準提供了基準，因此監視它可以更進一步地了解伺服器活動狀態。如果已經為伺服器建立了性能基準，則可以建立一個警示，為伺服器可處理的請求數設定設定值。由於此指標是累計計數的（除非重新啟動伺服器或手動重置其計數器，否則會一直增加），因此需要在第一次計入數值後設定監控工具，後續獲取的值減去前一次獲取的值，求得兩次設定值的差，即增長量，當增長量突然超過一定設定值時，則發出警示。舉例來說，為了更進一步地了解伺服器如何處理流量的突然變化，可以將 requestCount 與其他指標（如 processingTime 和 thread Count）進行比較。如果處理時間增加而請求數量沒有對應增加，則表明伺服器可能沒有足夠的工作執行緒來處理請求，或複雜的資料庫查詢正在使伺服器請求處理變慢需要考慮增加最大執行緒數。圖 6-2 展示的是 requestCount 連接數的趨勢。

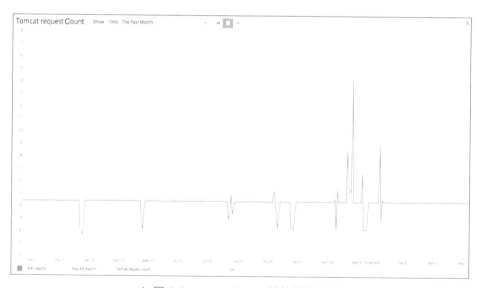

▲ 圖 6-2　requestCount 連接數的趨勢

2. 建議設定警告的指標：processingTime

查詢 processingTime 指標將看到處理所有傳入請求花費的總時間，該時間是在服務運行的整個期間內計算得出的（見圖 6-3）。由於此指標從伺服器啟動時開始計算時間，所以需要將每次獲取的值與前一次獲取的值比對求差，得到兩次設定值之間的處理耗時情況，如一分鐘取一次值，則可以很直觀地看出哪分鐘處理耗時最長。

追蹤 Tomcat 伺服器的請求處理時間可以了解伺服器對傳入請求的管理情況，尤其是在流量高峰期，與 requestCount 指標相比，這個指標可以衡量伺服器可以有效處理多少個請求。如果處理時間隨著流量的增加而增加，那麼可能沒有足夠的工作執行緒來處理請求，或伺服器已達到設定值並消耗了太多記憶體。

還可以從 Access log 中查詢單一請求的請求處理時間、HTTP 請求傳回的狀態碼、方法和總處理時間的資訊，因此可以更進一步地對各種類型的請求（如到特定端點的 POST 請求）進行故障排除。如果需要確定處理時間最長的特定請求，將會很有用。

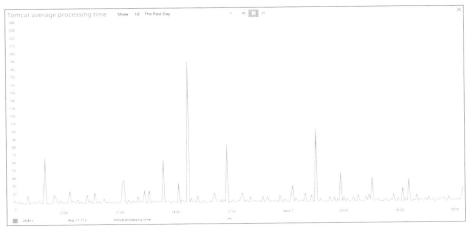

▲ 圖 6-3 Tomcat 處理時長趨勢

注意：要想讓 Tomcat 支援查看記錄檔的狀態碼、處理時間、用戶端 IP 等資訊，需要修改 Tomcat 預設設定檔中的記錄檔格式設定，然後重新啟動 Tomcat 服務，以使設定修改生效。

```
# 修改 Tomcat 的 Access log 格式
[redhat@test ~]$ vim /opt/apache-tomcat-8.5.59/conf/server.xml
修改內容："pattern="%h %l %u %t &quot;%r&quot; %s %b"
為：pattern="%T %h %v %l %u %t %r %s %b %{Referer}i %{User-Agent}i
%{X-Forwarded-For}i "
```

設定檔中參數的含義如下：

- %T：處理請求所耗時間，單位為秒。
- %h：伺服器名稱。當 resolveHosts 為 false 時，就是 IP 位址。
- %v：URL 請求裡的伺服器名稱。
- %l：記錄瀏覽者身份驗證時提供的名字，當設定為 always returns 時則為 "-"。
- %u：得到驗證的存取者名稱，否則為 "-"。
- %t：請求時間。
- %r：用戶端請求的 URL 位址。
- %s：http 的回應狀態碼。
- %b：發送的請求位元組數，不包括 http 標頭，如果位元組數為 0，則顯示為 "-"。
- %{Referer}i：該請求來自前一個請求的位址。
- %{User-Agent}i：用戶端軟體資訊。
- %{X-Forwarded-For}i：Tomcat 前端轉發時插入的本機 IP。

如下所示可找出請求時間較長的存取記錄檔。

```
# 對記錄檔中的每個請求處理時間進行統計分析，找出處理時間最長的 10 筆記錄
[redhat@test ~]$ cat localhost_access_log.2021-05-16.txt|awk '{print
```

```
$1}'|sort |uniq -c|tail -n 10
      1 0.139
      1 0.148
      1 0.153
      1 0.181
      1 0.184
      1 0.193
      1 0.203
      1 0.230
      1 0.351
      1 0.406
# 找出處理時間最長 0.406 的請求記錄
[redhat@test ~]$ grep '^0.406' localhost_access_log.2021-05-16.txt
0.406 192.168.1.8 192.168.1.200 - admin [15/May/2021:22:09:15 +
0800] GET /probe/servlets.htm?webapp=%2fprobe HTTP/1.1 200 9478
http://192.168.1.200:8080/probe/index.htm?size= Mozilla/5.0 (Windows NT
6.1; Win64; x64; rv:86.0) Gecko/20100101 Firefox/86.0 -
```

在上面的範例中繪製每個記錄檔狀態的回應時間，然後查看有 Warn 狀態的單一記錄檔。

3. 建議設定警告的指標：maxTime

maxTime 表示伺服器處理一個請求所需的最長時間（從可用執行緒開始處理請求到傳回回應為止）。當伺服器檢測到比當前 maxTime 更長的請求處理時間時，其值就會更新。該指標不包含一個請求的狀態或 URL 路徑的詳細資訊，因此，為了更進一步地理解單一請求和特定類型請求的最大處理時間，需要分析 Access log。

單一請求的處理時間激增可能表明 JSP 頁面未載入或某些過程（如資料庫查詢）花費的時間太長而無法完成，其中一些問題可能是由相連結的其他服務引起的 , 因此一併監控所連結的其他服務也非常重要。

6.2.3 執行緒池指標

　　執行緒池指標屬於輸送量指標的一種，它評估伺服器處理流量的情況。因為每個請求都依賴於執行緒，所以監視 Tomcat 資源也很重要。執行緒確定 Tomcat 伺服器可以同時處理的最大請求數。因為可用執行緒數直接影響 Tomcat 處理請求的效率，所以監視執行緒使用情況對於了解伺服器的請求輸送量和處理時間很重要，如圖 6-4 所示為 Tomcat 處理時長趨勢。

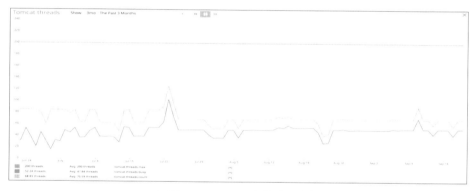

▲ 圖 6-4 Tomcat 處理時長趨勢

　　Tomcat 透過工作執行緒管理請求的工作負載。如果使用 Executor，可用 ThreadPool MBean 類型或 Executor MBean 類型來追蹤每個連接器的執行緒使用情況。Executor MBean 類型代表了跨多個連接器建立的執行緒池。ThreadPool MBean 類型代表了每個 Tomcat 連接器的執行緒池指標，有時候可能要管理一個或多個連接器，或使用 Executor 執行緒池來管理同一個伺服器內的多個連接器。需要注意的是，Tomcat 會映射執行緒池的 currentThreadsBusy 指標到 Exccutor 的 activeCount 指標，映射執行緒池的 maxThreads 指標到 Executor 的 maximumPoolSize 指標，這表示在執行緒池監控這兩個指標和在 Executor 監控這兩個指標得到的值是相同的，ThreadPool MBeam 指標如表 6-2 所示，Executor MBean 指標如

表 6-3 所示。

表 6-2 ThreadPool MBean 指標

JMX 屬性	描　　述	MBean 模式	存取方式
currentThreadsBusy	當前正在處理請求的執行緒數	Catalina:type=ThreadPool，name="http-nio-8080"	JMX
maxThreads	連接器建立並可供請求使用的最大執行緒數	Catalina:type=ThreadPool，name="http-nio-8080"	JMX

表 6-3 Executor MBean 指標

JMX 屬性	描　　述	MBean 模式	指標類型
activeCount	執行緒池中活動執行緒的數量	Catalina:type=Executor，name="http-nio-8080"	JMX
maximumPoolSize	執行緒池中可用的最大執行緒數	Catalina:type=Executor，name="http-nio-8080"	JMX

1. 建議監控的指標：currentThreadsBusy 與 activeCount

currentThreadsBusy（ThreadPool）和 activeCount（Executor）指標可以展示當前連接器池中有多少個執行緒正在處理請求。當伺服器收到請求時，如果現有執行緒數不足以覆蓋工作負載，Tomcat 將啟動更多工作執行緒，直到達到為執行緒池設定的最大執行緒數為止。maxThreads表示一個連接器的執行緒池中的最大執行緒數，maximumPoolSize 表示一個 Executor 中的最大執行緒數。任何後續請求都將放入佇列，直到有執行緒可用。

如果佇列已滿，則伺服器將拒絕任何新請求，直到執行緒可用為止。重要的是，要注意繁忙執行緒的數量，確保未達到最大執行緒數。如果持續達到該上限，則可能需要調整分配給連接器的最大執行緒數。

使用監控工具可以將當前執行緒數與繁忙執行緒數進行比較來計算空閒執行緒數。對比空閒執行緒與繁忙執行緒的數量是精細化調整伺服器的好方法。如果伺服器有太多空閒執行緒，它可能就無法有效地管理執行緒池。在這種情況下，可以降低 minSpareThreads 的值，根據應用程式的流量調整此值將確保繁忙執行緒和空閒執行緒之間的平衡。

2. 調整 Tomcat 執行緒使用率

執行緒數不足是 Tomcat 伺服器問題的常見原因之一，調整執行緒使用率是解決此問題的簡便方法。我們可以預估網路流量來對連接器執行緒池的 3 個關鍵參數進行微調：maxThreads、minSpareThreads 和 acceptCount。如果使用的是 Executor，則需要調整 maxThreads、minSpareThreads 和 maxQueueSize。

以下是單一連接器的設定範例。

```
# 編輯 conf/server.xml 檔案，修改連接器設定
<Connector port="8443" protocol="org.apache.coyote.http11.Http11NioProtocol"
    maxThreads="<DESIRED_MAX_THREADS>"
    acceptCount="<DESIRED_ACCEPT_COUNT>"
    minSpareThreads="<DESIRED_MIN_SPARETHREADS>">
</Connector>
```

以下是使用 Executor 的設定範例。

```
# 編輯 conf/server.xml 檔案，修改 Executor 設定
<Executor name="tomcatThreadPool" namePrefix="catalina-exec-"
    maxThreads="<DESIRED_MAX_THREADS>"
    minSpareThreads="<DESIRED_MIN_SPARETHREADS>">
    maxQueueSize="<DESIRED_QUEUE_SIZE>"/>

<Connector executor="tomcatThreadPool"
    port="8080" protocol="HTTP/1.1"
    connectionTimeout="20000">
```

```
</Connector>

<Connector executor="tomcatThreadPool"
      port="8091" protocol="HTTP/1.1"
      connectionTimeout="20000">
</Connector>
```

如果將這些參數設定得太低，伺服器就沒有足夠的執行緒來管理傳入的請求數了，這可能導致更長的佇列和更長的請求等待時間。如果請求等待時間超過為伺服器設定的 connectionTimeout 值，則可能導致佇列請求逾時。如果將 maxThreads 值或 minSpareThreads 值設定得太高，則會增加伺服器的啟動時間，並且運行大量執行緒會消耗更多伺服器資源。

如果處理時間隨著伺服器流量的增加而增加，則可以透過增加連接器的 maxThreads 值，來增加可用於處理請求的執行緒數。如果在增加 maxThreads 值後仍然注意到請求處理時間很慢，則伺服器的硬體可能無法應對越來越多工作執行緒請求。在這種情況下，可能需要增加伺服器記憶體或 CPU。

在監控執行緒使用情況時，還有一點很重要，就是監控那些可能是伺服器設定錯誤或超載的情況。舉例來說，如果 Executor 佇列已滿無法接受請求，Tomcat 就會拋出 RejectedExecutionException 錯誤。在 Tomcat 的伺服器記錄檔 (/logs/Catalina.XXXX- XX-XX.log) 中會看到一個類似下面的錯誤。

```
# logs/Catalina.XXXX-XX-XX.log 記錄檔中的異常顯示出錯
WARNING: Socket processing request was rejected for: <socket handle>
java.util.concurrent.RejectedExecutionException: Work queue full.
  at org.apache.catalina.core.StandardThreadExecutor.execute
  at org.apache.tomcat.util.net.(Apr/Nio)Endpoint.processSocketWithOptions
  at org.apache.tomcat.util.net.(Apr/Nio)Endpoint$Acceptor.run
  at java.lang.Thread.run
```

6.2.4 Errors 錯誤率指標

Errors 表明 Tomcat 伺服器、主機或已部署的應用程式存在問題。舉例來說，Tomcat 伺服器記憶體不足，找不到請求的檔案、Servlet 或程式庫中存在語法錯誤而無法服務某個 JSP 等情況，Error 相關指標如表 6-4 所示。

表 6-4 Error 相關指標

JMX 屬性 /Log 指標	描述	MBean 模式 /Log 模式	存取途徑
errorCount	伺服器生成的錯誤數	Catalina:type=GlobalRequestProcessor，name="http-bio-8888"	JMX
OutOfMemoryError	JVM 記憶體不足	N/A	Catalina log
Server-side errors	伺服器無法處理請求，傳回 500 狀態碼	NA	Access log
Client-side errors	客戶的請求有問題，傳回如 404 等狀態碼	N/A	Access log

僅 errorCount 指標不能提供 Tomcat 錯誤的詳細資訊，但它可以幫助發現潛在問題，作為調查的起點，需要配合使用 Access log，以便更清楚地了解錯誤。

圖 6-5 是使用 jconsole.exe 用戶端獲取 errorCount 值的介面。在實際生產中，可以獲取該值來設定觸發器，發現有錯誤就警告，具體錯誤資訊可從其他指標中獲取。

1. 建議設定警告的指標：OutOfMemoryError

OutOfMemoryError（OOME）異常的類型不同，最常見的是 java. lang. OutOfMemoryError: Java heap space，當應用程式無法將更多資料增加到記憶體（堆積空間區域）時，會看到這種異常。Tomcat 將在其

Catalina 伺服器記錄檔中包含以下錯誤。

```
# logs/Catalina.XXXX-XX-XX.log 記錄檔中的 OOME 異常
    org.apache.catalina.core.StandardWrapperValve invoke
    SEVERE: Servlet.service() for servlet [jsp] in context with path
[/sample] threw exception [javax.servlet.ServletException: java.lang.
OutOfMemoryError: Java heap space] with root cause
    java.lang.OutOfMemoryError: Java heap space
```

▲ 圖 6-5 使用 jconsole.exe 用戶端獲取 errorCount 值的介面
（編按：本圖例為簡體中文介面）

　　如果看到此錯誤，則需要重新啟動伺服器以對伺服器進行恢復。如果繼續發生此錯誤，那麼可能需要增加 JVM 的堆積空間，對 Heap MemoryUsage 指標進行監控和警示。

2. 建議設定警告的指標：伺服器端錯誤（5xx）

不查詢錯誤記錄檔很難調查請求數量和處理時間突然減少的原因。將輸送量指標與錯誤率指標相連結可以解決這種問題。最好設定警示以獲取伺服器端錯誤率激增的通知，以便快速解決 Tomcat 本身或部署的應用程式的問題。還可以查看 Access.log，獲取每個產生錯誤的請求的更多詳細資訊，包括 HTTP 狀態碼、處理時間和請求方法，如下所示。

```
# logs/access.log 記錄檔中的詳細請求記錄
192.168.33.1 - - [05/Dec/2018:20:54:40 +0000] "GET /examples/jsp/error/
err.jsp?name=infiniti&submit=Submit HTTP/1.1" 500 123 53
```

3. 建議監控的指標：用戶端錯誤（4xx）

用戶端錯誤表示存取檔案或頁面時出現問題，如許可權不足或內容遺失。可以查看 Access log 以查明與每個錯誤相關的頁面，如下所示。

```
# logs/access.log 記錄檔中的 404 錯誤記錄
192.168.33.1 - - [05/Dec/2018:20:54:26 +0000] "GET /sample HTTP/1.1" 404
- 0
```

這些錯誤並不代表伺服器本身存在問題，但會影響用戶端與應用程式進行互動的體驗。

6.2.5 JVM 記憶體使用情況指標

伺服器的輸送量、執行緒使用率和錯誤率僅是全面監視策略的一部分。Tomcat Server 和 Servlet 需要依靠足夠的記憶體來運行，因此追蹤 JVM 的記憶體使用情況指標也很重要。可以使用 JVM 的內建工具（如 JConsole）監控 JVM，或在 JMX MBean 伺服器上查看其註冊的 MBean。表 6-5 所示為堆積記憶體使用及垃圾回收指標。

表 6-5 堆積記憶體使用及垃圾回收指標

JMX 屬性	描　述	MBean
HeapMemoryUsage	Tomcat 使用的堆積記憶體量	java.lang:type=memory
CollectionCount	自伺服器啟動以來，垃圾回收的累積次數	java.lang:type=GarbageCollector，name=(PS MarkSweep|PS Scavenge)

　　JVM 用兩個垃圾收集器來管理記憶體，預設老年代使用 PS Mark Sweep，新生代使用 PS Scavenge。老年代和新生代別代表 JVM 堆積記憶體中的一部分空間，所有新物件都分配在新生代中，在這裡它們要麼被 PS Scavenge 垃圾收集器回收，要麼轉移到老年代記憶體中。老年代的空間儲存使用時間較長的物件，一旦不再使用它們，它們就會被 PS MarkSweep 垃圾收集器回收。可以透過收集器的名稱查看它們的指標。

1. 建議設定警告的指標：HeapMemoryUsage 堆積記憶體使用量

　　如圖 6-6 所示，可查詢 HeapMemoryUsage 屬性來獲取已提交記憶體、初始化記憶體、最大記憶體和已用記憶體。

▲ 圖 6-6　使用 jconsole 獲取 HeapMemoryUsage 值（編按：本圖例為簡體中文介面）

- Max（最大）：分配給 JVM 進行記憶體管理的記憶體總量。
- Commited（已提交）：保證可用於 JVM 的記憶體量。此數量根據記憶體使用量而變化，並增加到 JVM 設定的最大值為止。
- Used（已使用的）：JVM 當前使用的記憶體量（包括應用程式、垃圾回收等）。
- Init（初始化）：在啟動時，JVM 從作業系統請求的初始記憶體量。

對監控系統來說，監控 Used 和 Commited 的值很有幫助，因為它們反映了當前正在使用的記憶體量及 JVM 上可用的記憶體量。可以將這些值與 JVM 設定的最大記憶體值進行比較。Used 越接近最大記憶體量，則表示空閒記憶體越小。

圖 6-7 為 JVM 的最大堆積記憶體、提交記憶體和已使用記憶體的情況展示。

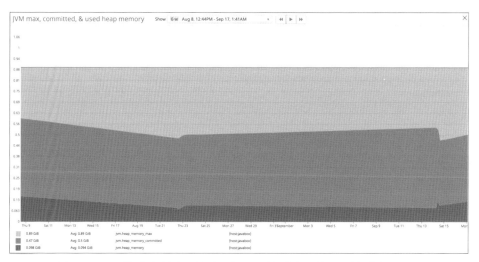

▲ 圖 6-7　JVM 的最大堆積記憶體、提交記憶體和已使用記憶體的情況展示

如果沒有足夠的記憶體來建立應用程式 servlet 所需的新物件，並且垃圾回收無法釋放足夠的記憶體，那麼 JVM 將報 OutOfMemoryError（OOME）異常。

記憶體不足是 Tomcat JVM 常見的問題之一，因此監視堆積記憶體使用率能夠主動預知未來，在問題發生前做好預案。在大部分的情況下，可建立警示，在達到一定設定值時（如 80% 或 90%）通知 JVM 已經接近最大記憶體上限。

在圖 6-8 所示的堆積記憶體使用百分比展示中可以看到反映典型記憶體使用情況的鋸齒模式。它顯示了 JVM 正在消耗記憶體和回收垃圾，並定期釋放記憶體。有幾種情況會導致 JVM 記憶體不足，包括記憶體洩漏、伺服器硬體不足，以及過多的垃圾回收。如果垃圾回收發生得太頻繁且沒有釋放足夠的記憶體，那麼 JVM 最終將耗盡 Tomcat 資源，無法繼續為應用程式提供服務。

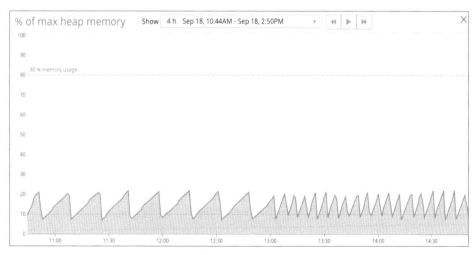

▲ 圖 6-8 堆積記憶體使用百分比展示

2. 建議監控的指標：CollectionCount 垃圾回收次數

垃圾回收可以釋放空間，但是在呼叫時也會消耗記憶體。JMX 有一些用於監控垃圾回收的指標，這些指標可以幫助定位記憶體洩漏。JMX MBean 伺服器使用 CollectionCount 指標來顯示自伺服器啟動以來發生的垃圾回收次數，如圖 6-9 所示，在正常情況下，該值將逐漸增加，但可使用監控工具來計算在特定時間段內發生了多少次回收。

如圖 6-9 所示，垃圾回收頻率的突然增加，可能表明記憶體洩漏或無效的應用程式碼。關於垃圾回收之前和之後 JVM 狀態的更多資訊，可以在 JConsole 或 JavaMelody 等監控工具中查看 LastGcInfo MBean。LastGcInfo 是 GcInfo 類別的一部分，它提供在最近一次垃圾回收操作之前和之後的資訊，包括開始時間、結束時間、持續時間和記憶體使用情況等。透過顯示回收前後的使用值，可以確定垃圾回收是否正在按預期釋放記憶體。如果回收前後的值相差不大，則表示收集器沒有釋放足夠的記憶體。需要指出的是，垃圾收集器會暫停所有其他 JVM 活動，從而暫停 Tomcat。

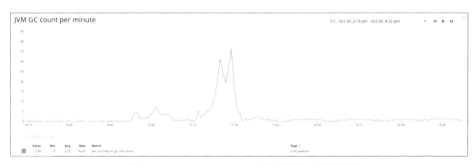

▲ 圖 6-9　CollectionCount 垃圾回收次數的獲取

監控垃圾回收次數非常重要，因為高頻率的垃圾回收會快速消耗 JVM 記憶體，並中斷用戶端存取應用程式。建議將初始堆積和最大堆設定為相同的值，大幅地減少垃圾回收的呼叫次數。

6.2.6 JVM 監控工具

Tomcat、WebLogic、IBM WAS 等 Java 服務中介軟體的監控指標可以透過請求其開啟的 jxm 介面獲取，可以有多種方式連接 jxm 介面，如使用 jconsole 進行連接，以圖形化的方式展示，也可以使用 cmdline-jmxclient 命令列獲取，或自己開發程式去連接 jxm 介面。因為使用 Zabbix 來監控這類中介軟體，所以使用 cmdline-jmxclient 配合自訂指令稿來獲取監控指標較為方便，其執行時期佔用資源少，指令稿開發成本低，指定運行參數即可獲取指定的指標值。下面將以 jconsole 與 cmdline-jmxclient 為例，展示如何獲取監控指標。

1. 開啟 jmx

在 Tomcat 中開啟 jmx 的方法是編輯 catalina.sh 檔案，約在 121 行增加以下內容，然後重新啟動即可。

```
CATALINA_OPTS="-Dcom,sun,management,jmxremote  -Dcom,sun,management,jmxre
mote,authenticate=false -Dcom,sun,management,jmxremote,port=8888 -Dcom,su
n,management,jmxremote,ssh=false -Djava,rmi,server,hostname=127,0,0,1 -Dc
om,sun,management,jmxremote,ssl=false"
```

2. 使用 jconsole 獲取 JVM 指標

jconsole 是 JDK 附帶的監控工具，在 JDK/bin 目錄下可以找到，它用於連接正在運行的本地或遠端 JVM，對運行在 java 應用程式的資源消耗和性能進行監控，並畫出大量的圖表，提供強大的視覺化介面（見圖 6-10、圖 6-11）。jconsole 執行時期佔用的伺服器記憶體很小，一般適合人工 debug，或查看一些參數指標，不適用於自動化日常監控。

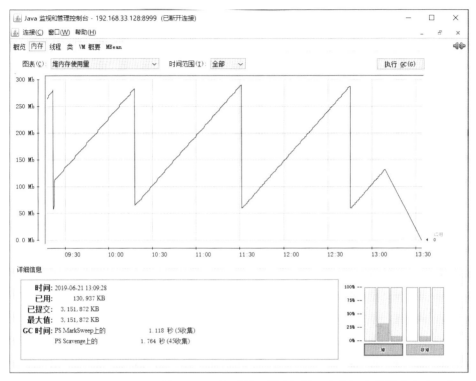

▲ 圖 6-10 使用 jconsole 獲取堆積記憶體使用量（編按：本圖例為簡體中文介面）

3. 使用 cmdline-jmxclient

　　cmdline-jmxclient 是一個開放原始碼 jar 套件，可以透過連接 JMX 來獲取 JVM 相關的性能資料。以下是使用該 jar 套件獲取 Tomcat 的執行緒數及堆積內容使用情況的具體命令列。

```
# 獲取 JVM 當前執行緒數
[root@test opt]# java -jar cmdline-jmxclient-0.10.3.jar  -
192.168.1.200:8888 "java.lang:type=Threading" ThreadCount
11/16/2020 01:29:16 +0800 org.archive.jmx.Client ThreadCount: 33

# 獲取堆積記憶體使用情況
[root@test opt]# java -jar cmdline-jmxclient-0.10.3.jar  -
```

```
192.168.1.200:8888 "java.lang:type=Memory" HeapMemoryUsage
11/16/2020 01:27:27 +0800 org.archive.jmx.Client HeapMemoryUsage:
committed: 246939648
init: 262144000
max: 3711959040
used: 63515832
```

▲ 圖 6-11 使用 jconsole 獲取最大處理時間 (編按：本圖例為簡體中文介面)

　　由於 JVM 的監控項較多，所以一般在實際應用中，以撰寫指令稿配合動態傳參的形式來使用 cmdline-jmxclient-0.10.3.jar 獲取 JVM 任意指標項，再與監控系統進行對接，將捕捉的指標值發送給監控系統，以觸發對應的警告。

█ 6.3 ActiveMQ 監控

6.3.1 ActiveMQ 概述

ActiveMQ 是一款開放原始碼的訊息中介軟體，由 Apache 軟體基金會研發，這款訊息中介軟體運行在 Java 容器中，可攜性強。訊息中介軟體（MQ）具有解耦合、非同步處理、消除處理高峰三個優點。當需要在不同的系統或程式之間傳遞訊息且訊息發送端和接收處理端在故障後互不影響，或訊息發送端不需要等待接收處理端完成訊息處理再發送下一筆訊息，或在秒殺活動時瞬間請求量劇增導致訊息處理端系統崩潰時，都可以引用訊息中介軟體來解決這些問題，它充當了一個訊息緩衝集區，並且支援叢集部署來保證高可用、保證訊息不會遺失。圖 6-12 中顯示，生產者將訊息發向訊息中介軟體的 Quene 或 Topic，所有訊息進入佇列，然後依次傳至消費者處供讀取。對於訊息中介軟體，通常最重要的三個監控指標項是佇列深度（也可稱為佇列長度或佇列堆積大小）QueueSize、消費者數量 ConsumerCount、生產者數量 ProducerCount。

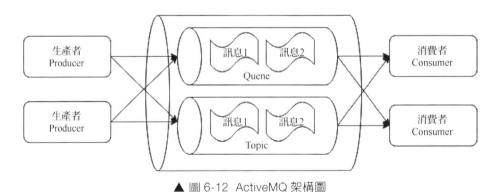

▲ 圖 6-12 ActiveMQ 架構圖

6.3.2 生產者數量監控

1. 生產者數量 ProducerCount 監控的解釋及其值的獲取

　　ProducerCount 顧名思義就是對生產者數量進行統計，看是否有生產者服務當機，導致 ActiveMQ 中某佇列的生產者數量減少。以下將使用 ActiveMQ 命令列用戶端來獲取所有佇列的生產者數量 Producer Count 的值。命令傳回的內容第一列為佇列名稱，第二列為生產者 Producer Count 的值。在命令列中使用 "2>" 錯誤重新導向、"grep"、"sed" 命令過濾了一些無關內容行，再使用 "awk" 命令有選擇性地列印所有佇列名稱及生產者數量的內容列。

```
# 在 Linux 終端使用 ActiveMQ client 命令用戶端獲取所有訊息佇列 ProducerCount
的值
[user@test bin]$ /home/user/dev/jboss-a-mq-6.3.0.redhat-187/bin/client
"activemq:dstat" 2>/dev/null|grep -v Logging|grep -v "JAVA_HOME"|grep
-v '^ActiveMQ.DLQ'|grep -v '^CLUSTER.CHANNEL'|sed '1d'|awk '!/ActiveMQ.
Advisory/&&!/\[m/' |sed 's/[ ][ ]*/ /g'|awk '{print $1" "$3}'
PIMS.ADMIN.CHANNEL.C2S 16
PIMS.ADMIN.CHANNEL.S2C 2
PIMS.DXS.DATA-BASE-0004-C-0001.3 1
PIMS.DXS.DATA-BASE-0005-C-0001.3 1
PIMS.DXS.DATA-CDIS-0005-C-0001.3 1
PIMS.DXS.DATA-CCC-0002-C-0001.3 1
```

2. 監控參考指標

　　該監控項要根據實際生產情況來設定，如當生產者的數量固定時，則警告策略應當設定為不等於指定的固定值則警告；還有一種情況是生產者的數量會根據業務量動態擴充或收縮，在這種情況下，設定值也應當同步動態設定，設定一個最小期望值，當小於該期望值時就需要警告通知管理員了。

「佇列名稱 _ProducerCount != 預設數量」。

「佇列名稱 _ProducerCount < 期望數量」。

6.3.3 消費者數量監控

1. 消費者數量 ConsumerCount 監控的解釋及其值的獲取

　　消費者數量 ConsumerCount 是對具體訊息佇列的消費者數量進行統計的監控，看消費者服務是否當機或不可用，以下為使用 ActiveMQ 命令列用戶端 client 獲取所有佇列的消費者數量 ConsumerCount 的值，同樣地，命令列傳回顯示所有佇列名稱及消費者數量。

```
# 在 Linux 終端使用 ActiveMQ client 命令用戶端獲取所有訊息佇列 ConsumerCount
的值
[user@test bin]$ /home/user/dev/jboss-a-mq-6.3.0.redhat-187/bin/client
"activemq:dstat" 2>/dev/null|grep -v Logging|grep -v "JAVA_HOME"|grep
-v '^ActiveMQ.DLQ'|grep -v '^CLUSTER.CHANNEL'|sed '1d'|awk '!/ActiveMQ.
Advisory/&&!/\[m/' |sed 's/[ ][ ]*/ /g'|awk '{print $1" "$4}'
PIMS.ADMIN.CHANNEL.C2S 14
PIMS.ADMIN.CHANNEL.S2C 4
PIMS.DXS.DATA-BASE-0004-C-0001.3 1
PIMS.DXS.DATA-BASE-0005-C-0001.3 1
PIMS.DXS.DATA-CDIS-0005-C-0001.3 1
PIMS.DXS.DATA-CCC-0002-C-0001.3 1
```

2. 監控參考指標

　　該監控項的設定要同 ProducerCount 一樣，根據實際生產情況來設定。舉例來說，當消費者的數量固定時，警告策略應當設定為不等於指定的固定值則警告；當生產者的數量會根據業務量動態擴充收縮時，設定值也應當同步動態設定，設定一個最小期望值，當小於該期望值時就需要警告通知管理員了。

「佇列名稱 _ConsumerCount != 預設數量」。

「佇列名稱 _ConsumerCount < 期望數量」。

6.3.4 佇列深度監控

1. 佇列深度 QueueSize 監控的解釋及其值的獲取

佇列深度 QueueSize 是指訊息佇列的長度或佇列深度。在一般情況下，消費者 Consumer 故障或訊息生產者產生的訊息數暴增，訊息消費者未能即時消費完佇列中的訊息，就會導致訊息佇列長度增長，也就是 QueueSize 值增大。以下同樣使用命令列的方式獲取所有佇列名稱及對應的佇列長度 QueueSize 的值。

```
# 在 Linux 終端使用 ActiveMQ client 命令用戶端獲取所有訊息佇列 ConsumerCount
的值
[user@test bin]$ /home/user/dev/jboss-a-mq-6.3.0.redhat-187/bin/client
"activemq:dstat" 2>/dev/null|grep -v Logging|grep -v "JAVA_HOME"|grep
-v '^ActiveMQ.DLQ'|grep -v '^CLUSTER.CHANNEL'|sed '1d'|awk '!/ActiveMQ.
Advisory/&&!/\[m/' |sed 's/[ ][ ]*/ /g'|awk '{print $1" "$2}'
PIMS.ADMIN.CHANNEL.C2S 0
PIMS.ADMIN.CHANNEL.S2C 0
PIMS.DXS.DATA-BASE-0004-C-0001.3 196
PIMS.DXS.DATA-BASE-0005-C-0001.3 5
PIMS.DXS.DATA-CDIS-0005-C-0001.3 0
PIMS.DXS.DATA-CCC-0002-C-0001.3 0
```

2. 監控參考指標

QueueSize 監控設定值的設定不同於 ConsumerCount 和 Producer Count 設定，一般設定為當 QueueSize 在指定的時間範圍內最小值大於某個數值時警告。舉例來說，指定大於 100 且持續 6 分鐘，或大於 1000 且持續 2 分鐘，都需要警告。說明消費者未能即時消費佇列裡的訊息，從而影響業務的即時性。

「佇列名稱 _QueueSize > 100 且持續 6 分鐘」。

「佇列名稱 _QueueSize > 1000 且持續 2 分鐘」。

6.3.5 ActiveMQ 監控實踐

ActiveMQ 中的訊息佇列非常多，動輒成百上千筆，並且由於業務的升級變更，佇列也對應地要進行新增、修改、刪除，如果對應的運行維護人員同步去做新增、修改、刪除監控策略，則需要投入很大的人力從事這種重複性且毫無技術含量的工作，還不一定能很準確地設定好，所以在實際監控中，通常自動獲取訊息佇列中的所有訊息通道名稱（佇列名稱），自動對每筆訊息通道啟用預設的監控規則，然後根據需要單獨對一些指定的佇列名稱監控項設定設定值。舉例來說，當使用 Zabbix 來監控訊息佇列時，可使用 Zabbix 的高級功能 LLD 自動發現辨識 ActiveMQ 中的所有訊息佇列名稱，然後根據監控設定檔自動生成對應佇列名稱的 ProducerCount、ConsumerCount、QueueSize 的預設監控策略及對應的訂製策略。如果是其他監控軟體，沒有自動發現監控項的功能，則可以自行開發指令稿，動態地從 ActiveMQ 中獲取所有佇列名稱，一旦佇列名稱有變化，則可以呼叫監控軟體的 API 介面或修改其設定檔來動態同步監控項。

監控設定檔範例如下，讀者可根據需要參考設定。

```
# 以下是用來監控 QueueSize、ConsumerCount、ProducerCount 的預設策略和訂製策略
[user@test bin]$ cat activemq_monitor.conf
# MQ 服務通訊埠 | 警告連絡人群組 | 佇列名稱 | 監控項 | 判斷條件 | 設定值 | 星期 | 起始
時間 | 終止時間 | 警告等級
8181|AP_MQ|NA|QueueSize|GE|100|3|1234567|0000|2359|C
8181|AP_MQ|NA|ConsumerCount|EQ|3|3|12345|0000|2359|C
8181|AP_MQ|NA|ConsumerCount|EQ|3|3|67|1000|0800|C
8181|AP_MQ|NA|ProducerCount|EQ|3|3|12345|0000|2359|C
8181|AP_MQ|NA|ProducerCount|EQ|3|3|67|1000|0800|C
```

```
8181|AP_MQ|PIMS.DXS.DATA-PIMS-0004-P|QueueSize|GE|1000|3|1234567|0000|235
9|F
8181|AP_MQ|PIMS.DXS.DATA-PIMS-0004-P|ConsumerCount|EQ|10|3|12345|0000|235
9|C
8181|AP_MQ|PIMS.DXS.DATA-PIMS-0004-P|ConsumerCount|EQ|10|3|67|1000|0800|C
8182|AP_MQ|NA|QueueSize|GE|100|3|1234567|0000|2359|C
......
```

上述設定檔各欄位解釋如下：

- **MQ 服務通訊埠**：MQ 服務的監聽通訊埠，因為一台主機上可能存在多個 MQ 服務，所以使用該通訊埠來區分設定檔內容表示的是哪個 MQ 服務上的佇列，如上文程式中有兩個通訊埠服務 8181 和 8182。

- **警告連絡人群組**：用於當監控項目出現警告時，通知給某組人，每個群組裡的具體成員可以單獨設定警告通知方式，如簡訊、郵件、電話、微信、釘釘等。

- **佇列名稱**：當佇列名為 NA 時，表示該項目為預設監控策略，當有具體的佇列名稱如設定檔第 7 至 9 行中 "PIMS.DXS.DATA-PIMS-0004-P" 時，則以該具體佇列名稱的設定項目為準。

- **監控項**：可以是 QueueSize、ConsumerCount、ProducerCount 或佇列的其他監控項名稱。

- **判斷條件**：可以填寫 EQ、GT、LT、GE、LE，分別是等於、大於、小於、大於或等於、小於或等於，將當前值與下一欄位的設定值組成判斷條件，如滿足則警告。

- **設定值**：具體警告的設定值。

- **星期**：可以填寫 1234567，分別對應週一至周日，只填寫 2345 則表示針對週二至週五的設定值設定。這裡只設定了星期，實際上還可以結合節假日來做設定，如 8 標記法定節假日等。

- **起始時間**：監控的起始時間，可精確到小時或分鐘，0000 表示 0 點、2359 表示 23 點 59 分。

- **終止時間**：監控的終止時間，填寫方法與起始時間一致。

- **警告等級**：警告優先順序由低到高，可以填寫 W、M、C、F。
  - W：Warning 警告等級。
  - M：Minor 次要等級。
  - C：Critical 嚴重等級。
  - F：Fatal 致命等級。

如圖 6-13 所示為使用 Zabbix 來監控 QueueSize 的監控趨勢圖，可以很清楚地看出 "PIMS.DXS.DATA-CKIS-0005-C-0001" 的 QueueSize 堆積長度在上午 10 時達到最高點，為 4.14K，説明此時有 4000 多個訊息堆積，然後慢慢堆積、慢慢變小，直到 4 月 15 日 1 時堆積為 0，訊息全部消費完畢。

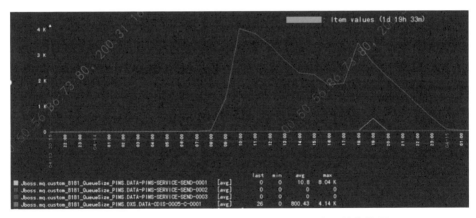

▲ 圖 6-13 使用 Zabbix 來監控 QueueSize 的監控趨勢圖

如圖 6-14 所示為 ProducerCount、ConsumerCount 及 QueueSize 全域圖，可以看出，所有的 ProducerCount、ConsumerCount 都一直維持在 1 個，表示生產者、消費者都是 1 個，且都在正常執行，而 QueueSize 一直

維持在 0 個，表明佇列中的訊息一直沒有堆積，佇列正常。

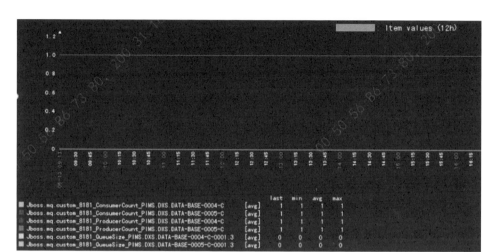

▲ 圖 6-14 ProducerCount、ConsumerCount 及 QueueSize 全域圖

6.4 本章小結

　　本章先對中介軟體的概念進行了描述，然後對日常專案開發中最常見的 Nginx、Tomcat、ActiveMQ 逐一講解其監控方法。在 Nginx 小節中，從服務本身的處理程式、通訊埠、具體的服務可用性、存取記錄檔、錯誤記錄檔、附帶的請求狀態頁多個維度全方位講解監控其服務或後端服務是否正常的方法。在 Tomcat 小節中，透過監控 Tomcat 請求的連接數、執行緒數、JVM 記憶體、存取記錄檔講解監控整個 Java 中介軟體的服務是否正常的方法。最後圍繞 ActiveMQ 最關鍵的 3 個指標——佇列長度、生產者數量、消費者數量進行解析，同時針對佇列數量多、經常變化，又介紹了如何透過自動化的方式動態生成其監控項，並展示了監控項的設定檔寫法。

Docker 容器監控

2010 年 dotCloud 公司在舊金山成立，提供 PaaS 平臺服務，2013 年 dotCloud 公司改名為 Docker 股份有限公司（Docker，Inc.）。Docker 公司專注開放原始碼容器引擎的開發，其容器引擎產品就叫 Docker，基於 go 語言，並遵從 Apache2.0 協定，開放原始程式碼，是一個開放平臺，用於開發應用、交付應用、運行應用。Docker 允許使用者將基礎設施的資源分割成很多很小的容器，每個容器相當於一台迷你虛擬主機，相互獨立，佔用系統資源少，秒級啟動，提供給使用者部署應用，從而很方便地給需要在不同環境中運行的程式提供獨立的運行空間。

本章我們對目前最常見的 Docker 容器監控進行講解，使用最原始的命令來查看了解容器的運行狀態、性能、記錄檔，對我們排除分析問題很有幫助。如果是日常的容器監控，那麼還要借助專業的工具如 cAdvisor 來監控。在本章中還會講到怎麼使用 cAdvisor 來對容器的性能進行監控。

▌ 7.1 Docker 容器運行狀態

因為每個 Docker 容器都相當於一台迷你虛擬機器，它同樣具有 CPU、記憶體、磁碟等相關指標項，當批次啟動容器時，也會有一些原因導致部分容器在運行啟動過程中顯示出錯而停止，所以對容器的健康狀態進行監控尤為重要。下面介紹 Docker 容器附帶的命令，可透過這些命令來查看容器運行狀態。

"docker ps"命令可以查看所有容器包括未正常運行的容器及其狀態。

語法：docker ps [OPTIONS]。

- -a：顯示所有的容器，包括未運行的容器。
- -f：根據條件過濾顯示的內容。
- --format：指定傳回值的範本檔案。
- -l：顯示最近建立的容器。
- -n：列出最近建立的 n 個容器。
- --no-trunc：不截斷輸出。
- -q：靜默模式，只顯示容器編號。
- -s：顯示總的檔案大小。

【例 1】：顯示正在運行的容器。

```
# 顯示正在運行的容器
[root@docker ~]# docker ps
CONTAINER ID    IMAGE     COMMAND               CREATED
STATUS            PORTS       NAMES
7bfc68dabb73    nginx     "/docker-entrypoint.…"   About a minute ago
Up About a minute   80/tcp    magical_dubinsky
f0e6185db079    ubuntu    "/bin/bash"              14 minutes ago       Up
About a minute    elastic_jones
```

結果中每列欄位的解析如表 7-1 所示，其中透過 STATUS 就可以判斷容器存活狀態及其時長。

表 7-1 "docker ps" 命令的輸出列含義

字　段	描　述
CONTAINER ID	容器 ID，可以透過這個 ID 找到唯一的對應容器
IMAGE	該容器所使用的鏡像
COMMAND	啟動容器時運行的命令
CREATED	容器的建立時間，格式為 "** ago"
STATUS	容器當前的狀態，共 7 種：created（已建立）、restarting（重新啟動中）、running（運行中）、removing（遷移中）、paused（暫停）、exited（停止）、dead（死亡）
PORTS	容器的通訊埠資訊和使用的連接類型 tcp/udp
NAMES	鏡像自動為容器建立的名字，同樣也代表一個唯一的容器

【例 2】：顯示所有的容器，包括運行不正常的容器，從下面的程式中能看出，"93d7ffc6a9e5" 與 "b236a9b341e5" 容器已經退出運行。

```
# 顯示運行中及停止運行的容器
[root@docker ~]# ~ docker ps -a
CONTAINER ID    IMAGE                        COMMAND
CREATED          STATUS                      PORTS        NAMES
93d7ffc6a9e5    ansible/centos7-ansible      "/bin/bash"
10 seconds ago   Exited (0) 8 seconds ago               modest_swirles
b236a9b341e5    centos                       "/bin/bash"
42 seconds ago   Exited (0) 40 seconds ago              gracious_cori
7bfc68dabb73    nginx                        "/docker-entrypoint.…"
6 minutes ago    Up 6 minutes                80/tcp       magical_dubinsky
f0e6185db079    ubuntu                       "/bin/bash"
20 minutes ago   Up 7 minutes                            elastic_jones
```

【例 3】：顯示完整的輸出 docker ps --no-trunc。這裡能不截斷地將 ps 中所有欄位完整顯示出來，便於查看容器運行命令的具體內容。

```
# 完整顯示運行中的容器所有欄位
[root@docker ~]# docker ps --no-trunc
CONTAINER ID                                                  IMAGE       COMMAND
CREATED           STATUS          PORTS        NAMES
7bfc68dabb73bd843febb1ec81c33f521af5c71282a0c5f0649f00371b900839   nginx
"/docker-entrypoint.sh nginx -g 'daemon off;'"  7 minutes ago     Up 7
minutes    80/tcp
magical_dubinsky
f0e6185db079ee6d4ccb3a746e18caa7e4251d685e82e47ad1f58767c15979ba
                                                         ubuntu    "/bin/bash"
21 minutes ago   Up 8 minutes             elastic_jones
```

7.2 Docker 容器性能指標

Docker 附帶一個命令列工具來獲取容器的性能指標，這個命令就是 "docker stats"，可以查看每個容器的 CPU 使用率、記憶體使用量、記憶體總量及使用率，預設該命令會每隔 1 秒更新一次輸出的內容，直到按下 "Ctrl+C"，如果配合 -no-stream 參數則可只顯示一次資料。當需要用監控系統來監控容器，而該監控系統又不能直接對接容器獲取設定值時，可利用該附帶的命令獲取所有容器的性能指標，透過介面傳遞至監控系統，並在監控系統上設定好相關的設定值觸發器，從而實現對容器的監控。

"docker stats" 命令語法及參數說明如下：

```
docker stats [OPTIONS]
```

- -a, --all：查看所有容器資訊（預設只顯示運行中的）。
- --format：按指定格式展示容器資訊。
- --no-stream：不動態展示容器的資訊，只顯示一次。
- --no-trunc：不截斷輸出結果。

【例 1】：不動態展示運行中的容器狀態。

```
# 不動態展示一次所有運行中的容器性能指標
[root@docker ~]# docker stats --no-stream
CONTAINER ID   NAME               CPU %      MEM USAGE / LIMIT
MEM %     NET I/O       BLOCK I/O          PIDS
7bfc68dabb73   magical_dubinsky   0.00%      6.281MiB / 15.54GiB
0.04%     1.01kB / 0B   10.3MB / 12.3kB    2
f0e6185db079   elastic_jones      0.00%      828KiB / 15.54GiB
0.01%     1.23kB / 0B   0B / 0B            1
```

"docker stats" 命令的輸出列含義如表 7-2 所示，可以很方便地查看各容器 CPU、記憶體、網路、磁碟的性能狀態。

表 7-2 "docker stats" 命令的輸出列含義

列標題	描　　述
CONTAINER	以短格式顯示容器的 ID
CPU %	CPU 的使用情況
MEM USAGE / LIMIT	當前使用的記憶體和最大可使用的記憶體
MEM %	以百分比的形式顯示記憶體使用情況
NET I/O	網路 I/O 資料
BLOCK I/O	磁碟 I/O 資料
PIDS	PID 號

【例 2】：透過設定容器的 ID 號，獲取指定某個容器的狀態。

```
# 獲取指定容器的性能指標
[root@docker ~]# docker stats --no-stream f0e6185db079
CONTAINER ID   NAME            CPU %     MEM USAGE / LIMIT   MEM %
NET I/O        BLOCK I/O    PIDS
f0e6185db079   elastic_jones   0.00%     828KiB / 15.54GiB   0.01%
2.14kB / 0B   0B / 0B       1
```

7.3 cAdvisor 對容器監控

我們通常把 docker stats 的指標資訊發送給監控系統，對 docker 容器指標資訊進行監控及分析。使用 docker stats 可以很直觀地獲取容器的性能指標，但是可以獲取的性能指標仍然有限，為此，Google 開放原始碼的工具 cAdvisor 也提供對容器的各類指標進行抓取的功能，並且能提供更加豐富的指標，cAdvisor 架構如圖 7-1 所示。

該工具的工作原理是透過存取宿主機的 /var/run、/sys/fs/cgroup、/var/lib/docker 等目錄，獲取和容器有關的各類指標，同時也獲取宿主機本身的部分性能指標，cAdvisor 對容器的主要監控項如表 7-3 所示。

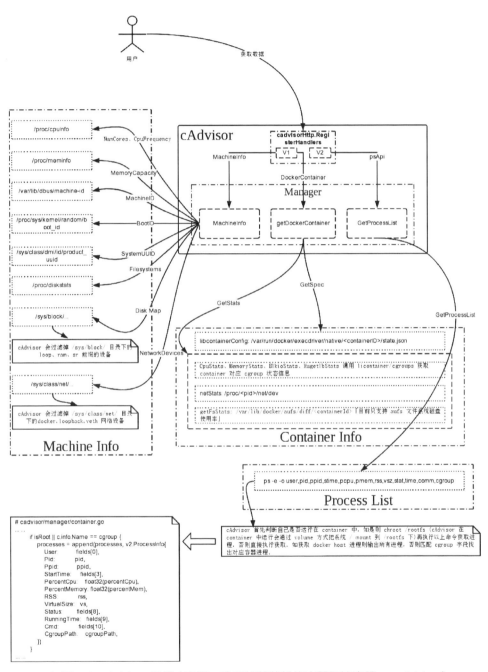

▲ 圖 7-1 cAdvisor 架構（來源：徐亞松部落格的容器監控實踐——cAdvisor)

表 7-3 cAdvisor 對容器的主要監控項

指標物件	指標名稱	指標類型	描述資訊
CPU	container_cpu_load_average_10s	gauge	過去 10 秒容器 CPU 的平均負載
	container_cpu_usage_seconds_total	counter	容器在每個 CPU 核心上的累計佔用時間（單位：秒）
	container_cpu_system_seconds_total	counter	System CPU 累計佔用時間（單位：秒）
	container_cpu_user_seconds_total	counter	User CPU 累計佔用時間（單位：秒）
記憶體	container_memory_max_usage_bytes	gauge	容器的最大記憶體使用量（單位：位元組）
	container_memory_usage_bytes	gauge	容器當前的記憶體使用量（單位：位元組）
	machine_memory_bytes	gauge	當前宿主機的記憶體總量
磁碟	container_fs_limit_bytes	gauge	容器可以使用的檔案系統總量（單位：位元組）
	container_fs_usage_bytes	gauge	容器中檔案系統的使用量（單位：位元組）
	container_fs_reads_bytes_total	counter	容器累計讀取資料的總量（單位：位元組）
	container_fs_writes_bytes_total	counter	容器累計寫入資料的總量（單位：位元組）
網路	container_network_transmit_bytes_total	counter	容器網路累計傳輸資料總量（單位：位元組）
	container_network_receive_bytes_total	counter	容器網路累計接收資料總量（單位：位元組）

指標物件	指標名稱	指標類型	描述資訊
	container_network_transmit_errors_total	counter	容器發送資料封包時發生的錯誤數
	container_network_receive_errors_total	counter	容器接收資料封包時發生的錯誤數

7.3.1 CPU 的監控

CPU 的監控項有 CPU 平均負載、系統佔用時間、使用者佔用時間、CPU 總佔用時間，cAdvisor 提供了以下指標查詢功能：

- container_cpu_load_average_10s：表示 CPU 在 10 秒內的平均負載，由於該值設定值頻率是 10 秒，可以取出後將其累加至 5 分鐘，並除以 30，計算在 5 分鐘內的平均負載，如果該值超過 CPU 邏輯總核心數 ×0.7，則說明當前負載較高，需要關注。

- container_cpu_usage_seconds_total：表示使用者程式 CPU 佔用時間，如果該佔用時間過高，則表示使用者的應用程式佔用 CPU 資源較多。

- container_cpu_system_seconds_total：表示作業系統的 CPU 佔用時間，如果該佔用時間過高，則表示作業系統對 CPU 的資源佔用較多，一般是磁碟 I/O 佔用過多，性能達到瓶頸了。

- container_cpu_user_seconds_total：表示使用者和作業系統的 CPU 佔用時間總和，一般監控系統會取該值作為警告項，一旦超過 70% 則需要警告。

7.3.2 記憶體的監控

對於記憶體，一般我們會關注容器的記憶體使用率，以及所有容器最大允許記憶體佔用宿主機的百分比，具體設定值項如下：

- container_memory_max_usage_bytes：表示允許容器使用的最大使用記憶體。

- container_memory_usage_bytes：表示當前容器所使用的記憶體，一般結合前一監控項的允許最大值來計算當前容器記憶體的使用率（公式為：當前使用值 / 最大允許值 ×100），得到的使用率一旦超過 70% 則需要警告。

- machine_memory_bytes：表示物理機記憶體的大小，將所有容器的最大允許使用記憶體值累加再除以物理機記憶體大小，如果等於或大於 1，則表示容器的記憶體超分配了，超分配的現象很容易觸發系統 OOM。

7.3.3 磁碟的監控

對於磁碟的監控，我們常常關注磁碟的空間使用率、磁碟的讀寫速度，具體設定值項如下：

- container_fs_limit_bytes：表示容器的所有磁碟容量。

- container_fs_usage_bytes：表示容器當前使用的磁碟容量，將該值除以前一個監控項，得到當前磁碟使用的百分比，一旦超過 80% 則需要警告。

- container_fs_reads_bytes_total：計算前後兩次的差值，能得到容器的讀取速率，當宿主機的磁碟 I/O 較高時，可關注各容器的讀取速率，以便找到是哪個容器出現了問題。

■ container_fs_writes_bytes_total：計算前後兩次的差值，能得到容器的寫入速率，當宿主機的磁碟 I/O 較高時，同樣可關注各容器的寫入速率，以便找到是哪個容器出現了問題。

7.3.4 網路的監控

對於容器的網路監控，有發送速率、接收速率，以及發送與接收時發生的錯誤等指標。錯誤有可能是交換機導致的，也有可能是伺服器上的網路卡或光模組異常導致的。

■ container_network_transmit_bytes_total：計算前後兩次的差值，能得到容器的網路發送速率。

■ container_network_receive_bytes_total：計算前後兩次的差值，能得到容器的網路接收速率。

■ container_network_transmit_errors_total：計算前後兩次的差值，能得到容器發送資料封包時發生的錯誤數。

■ container_network_receive_errors_total：計算前後兩次的差值，能得到容器接收資料封包時發生的錯誤數。

▎ 7.4 Docker 容器內的應用記錄檔監控

監控 Docker 容器內的應用記錄檔能快速地檢查應用的健康狀態，如果記錄檔中有業務資料，那麼還可以對業務資料做出對應的監控，Docker 容器內的應用產生記錄檔的方式通常有兩種：

■ 程式向標準輸出（stdout）中列印記錄檔。
■ 程式向指定的檔案如 app.log 中寫入記錄檔。

　　如圖 7-2 所示，Docker Daemon 是用來啟動並守護 Docker Container 的，Docker Container 中運行的應用可以向 app.log 中寫入記錄檔，同時也可以輸出至標準輸出 stdout，再由 Docker Daemon 的 goroutine 接收，並寫入宿主機的「容器 ID-json.log」檔案中，記錄檔絕對路徑為 "/var/lib/docker/containers/ <container_id>/"，檔案名稱為 "<container_id>-json.log"。

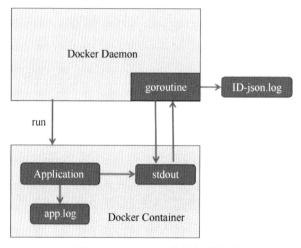

▲ 圖 7-2 goroutine 的記錄檔輸出

　　在 Docker Daemon 運行容器時會建立一個程式碼協同 goroutine，專門用來負責輸出容器內所有程式標準輸出內容。

　　在了解了 Docker 記錄檔輸出的原理後，就很容易知道怎麼監控容器的記錄檔及容器內的應用記錄檔了，下面講解三種查看容器記錄檔的方法。

✍ 方法一：使用 "docker logs" 命令

　　"docker logs" 命令是 Docker 服務附帶的命令，可用於查看容器標準輸出 stdout 的內容。

語法：docker logs [OPTIONS] CONTAINER

```
Options：
```

- --details：顯示更多的資訊。
- -f, --follow：追蹤即時記錄檔。
- --since string：顯示自某個 timestamp 之後的記錄檔，或相對時間，如 42m（42 分鐘）。
- --tail string：從記錄檔尾端顯示多少行記錄檔，預設為 all。
- -t, --timestamps：顯示時間戳記。
- --until string：顯示某個 timestamp 之前的記錄檔，或相對時間，如 42m（42 分鐘）。

【例 1】：顯示最後 100 行記錄檔，可以用 tail 參數。

```
[root@docker ~]# ~ docker logs -f -t --tail=100 351274d3ddd1
2020-12-05T07:02:04.283995951Z [WARNING] Deprecated '--logger=capnslog'
flag is set; use '--logger=zap' flag instead
2020-12-05T07:02:04.284055453Z 2020-12-05 07:02:04.278015 I | etcdmain:
etcd Version: 3.4.13
2020-12-05T07:02:04.284067568Z 2020-12-05 07:02:04.278090 I | etcdmain:
Git SHA: ae9734ed2
2020-12-05T07:02:04.284074294Z 2020-12-05 07:02:04.278098 I | etcdmain:
Go Version: go1.12.17
2020-12-05T07:02:04.284080504Z 2020-12-05 07:02:04.278107 I | etcdmain:
Go OS/Arch: linux/amd64
2020-12-05T07:02:04.284087602Z 2020-12-05 07:02:04.278115 I | etcdmain:
setting maximum number of CPUs to 4, total number of available CPUs is 4
```

【例 2】：查看最近 30 分鐘的記錄檔，可以用 --since 命令來指定某個時間，或相對的時間之後的記錄檔。以下命令用於查看 351274d3ddd1 容器最近 30 分鐘的所有記錄檔。

```
[root@docker ~]# ~ docker logs --since 30m 351274d3ddd1
2020-12-13
15:52:09.698914 I | etcdserver/api/etcdhttp: /health OK (status code 200)
2020-12-13 15:52:19.697590 I | etcdserver/api/etcdhttp: /health OK
(status code 200)
2020-12-13 15:52:29.697082 I | etcdserver/api/etcdhttp: /health OK
(status code 200)
2020-12-13 15:52:39.697920 I | etcdserver/api/etcdhttp: /health OK
(status code 200)
2020-12-13 15:52:49.696893 I | etcdserver/api/etcdhttp: /health OK
(status code 200)
2020-12-13 15:52:52.316955 I | mvcc: store.index: compact 1838439
2020-12-13 15:52:52.334364 I | mvcc: finished scheduled compaction at
1838439 (took 16.632814ms)
```

【例 3】：查看某時間段內的記錄檔，可以用 --since 與 --until 配合達到該效果。

以下是列印 2020-12-10T10:00:00-2020-12-10T10:00:00T15:00:00 時間段內 351274d3ddd1 容器的記錄檔的範例。

```
[root@docker ~]# ~ docker logs --since="2020-12-10T10:00:00" --until
"2020-12-10T15:00:00" 351274d3ddd1
2020-12-10 02:00:09.697160 I | etcdserver/api/etcdhttp: /health OK
(status code 200)
2020-12-10 02:00:19.696913 I | etcdserver/api/etcdhttp: /health OK
(status code 200)
2020-12-10 02:02:39.944488 I | mvcc: store.index: compact 1167415
2020-12-10 02:02:39.961259 I | mvcc: finished scheduled compaction at
1167415 (took 15.937227ms)
```

☒ **方法二：讀取 Docker 容器內應用的記錄檔**

一般在實際生產中，會將應用程式的記錄檔及程式都存放在共用儲存上，或外掛到宿主機上，便於統一管理維護，實現記錄檔持久化，程式共用使用，以下是查看共用儲存上 app.log 記錄檔內容的範例。

```
[root@docker ~]# ~ tail /share/app01/logs/app.log
2020-12-08 02:01:39.267863   1 client.go:360] parsed scheme: "passthrough"
2020-12-08 02:01:39.268022   1 passthrough.go:48] ccResolverWrapper:
sending update to cc: {[{https://127.0.0.1:2379  <nil> 0 <nil>}] <nil>
<nil>}
2020-12-08 02:01:39.268071   1 clientconn.go:948] ClientConn switching
balancer to "pick_first"
2020-12-08 02:02:13.802781   1 client.go:360] parsed scheme: "passthrough"
2020-12-08 02:02:13.802896   1 passthrough.go:48] ccResolverWrapper:
sending update to cc: {[{https://127.0.0.1:2379  <nil> 0 <nil>}] <nil>
<nil>}
2020-12-08 02:02:13.803310   1 clientconn.go:948] ClientConn switching
balancer to "pick_first"
2020-12-08 02:02:58.250992   1 client.go:360] parsed scheme: "passthrough"
2020-12-08 02:02:58.251123   1 passthrough.go:48] ccResolverWrapper:
sending update to cc: {[{https://127.0.0.1:2379  <nil> 0 <nil>}] <nil>
<nil>}
2020-12-08 02:02:58.251167   1 clientconn.go:948] ClientConn switching
balancer to "pick_first"
2020-12-08 02:03:33.490795   1 client.go:360] parsed scheme: "passthrough"
```

☑ 方法三：直接在宿主機上查看 Docker 容器的標準輸出 log

進入目錄 /var/lib/docker/containers/ 執行 ls –l，可以看到當前宿主機上所有的容器 ID，然後隨意進入一個容器目錄，再執行 tail –n 10 容器 ID-json.log，查看該記錄檔的最後 10 行內容。

```
[root@docker ~]# containers pwd    # 查看當前路徑
/var/lib/docker/containers
[root@docker ~]# ~ ls -l            # 查看當前路徑下的容器清單名稱
total 284
drwx------ 4 root root 4096 Dec  6 00:58 010c47694e21eb6c69e212db25c464cb
91b730d05987f3eaa8b2bb695a950680
drwx------ 4 root root 4096 Dec  5 15:02 0280e667b45b33b90985834e32550e2a
```

```
132df4ae54193c729d49c75b0c3e0117
drwx------ 4 root root 4096 Dec  6 00:58 04b1b633ab800a5d9ecfc5650d22b9c2
410920a4b20651b5cc061f3414944e88
drwx------ 4 root root 4096 Dec  5 15:01 0a7123725bc9b06299422718956bb9ba
0043cbeccebb102742d0077942fc529a
[root@docker ~]# 3c7b930a563a9e60e29b0d513f00f5731815681f270551d642015580
c9dc76d6 tail -n 10 #查看容器的 log
3c7b930a563a9e60e29b0d513f00f5731815681f270551d642015580c9dc76d6-json.log
{"log":"level=error ts=2020-12-08T16:55:49.483Z caller=collector.
go:161 msg=\"collector failed\" name=rapl duration_seconds=0.000330289
err=\"open /host/sys/class/powercap/intel-rapl:0/energy_uj: permission
denied\"\n","stream":"stderr","time":"2020-12-08T16:55:49.487905193Z"}
{"log":"level=error ts=2020-12-08T16:55:50.170Z caller=collector.
go:161 msg=\"collector failed\" name=rapl duration_seconds=0.000374024
err=\"open /host/sys/class/powercap/intel-rapl:0/energy_uj: permission
denied\"\n","stream":"stderr","time":"2020-12-08T16:55:50.171047556Z"}
{"log":"level=error ts=2020-12-08T16:56:04.488Z caller=collector.
go:161 msg=\"collector failed\" name=rapl duration_seconds=0.006035043
err=\"open /host/sys/class/powercap/intel-rapl:0/energy_uj: permission
```

由此可見，採用方法二或方法三對 Docker 記錄檔進行監控要方便得多，第一種方法主要用於日常 debug 時方便查看。一般來説當我們要對容器的記錄檔進行監控時，一般可在宿主機上部署 filebeat、logstash 或其他能監控記錄檔的軟體，來對各容器內的應用記錄檔進行監控。

▋ 7.5 本章小結

本章介紹了用 Docker 附帶的一些基礎命令獲取容器的狀態、性能及記錄檔的方法，後面又介紹了用較便捷的開放原始碼軟體 cAdvisor 獲取容器指標的方法，除可以獲取更為豐富的性能指標外，相比 "docker stats"，使用 cAdvisor 的另一個優勢是 cAdvisor 附帶提供性能資料查詢的 API（/metrics），透過該 API，監控系統可以很方便地獲取每個安裝了 cAdvisor 的宿主機性能指標，在容器編排系統 Kubernetes 中（詳見第 8.4 節），cAdvisor 作為 kubelet 內建的一部分程式可以直接使用，也就是説，我們可以直接使用 cAdvisor 擷取與容器運行相關的所有指標。同時，常用的監控系統 Prometheus（詳見 8.4.2 節），可以直接透過設定 cAdvisor 的 API 來獲取 Kubernetes 叢集下各個容器及所在工作節點的性能指標。

Chapter

08

Kubernetes 監控

在第 7 章中，我們了解了以 Docker 引擎為代表的容器監控常用的原理和技術。隨著容器在企業內部使用規模的逐漸擴大，一台宿主機可能運行幾十個甚至幾百個容器，需要對應的技術手段對容器進行管理，為此，各企業逐漸開始建構容器編排系統，透過容器編排系統可以快速對容器進行橫向擴充、自動修復、升級導回等操作，從而滿足快速迭代的業務需求。可以説，保障容器編排系統穩定運行是一項非常重要且必須的工作，容器編排系統的監控的重要性不亞於業務系統的監控。目前，容器編排系統使用的主流工具是由 Google 公司開放原始碼的 Kubernetes 系統，本章將逐一介紹 Kubernetes 從宿主機至應用系統即時監控的技術原理和實現方法。

8.1 Kubernetes 簡介

隨著以 Docker 為代表的容器技術的流行、企業對容器使用規模的擴大，在大規模容器部署環境中，如何對成百上千的容器進行快速部署、導回、擴充等，是運行維護人員面臨的巨大挑戰，必須要有專業的工具和平臺對巨量容器進行管理編排，Kubernetes 正是為解決這個問題而誕生的。Kubernetes 是一款由 Google 開發的開放原始碼容器編排系統，是基於 Google 內部叢集管理系統 Borg 誕生的開放原始碼系統。透過 Kubernetes 可以對容器進行自動排程、彈性伸縮、自我修復、服務發現、負載平衡，以及版本回退等，目前，Kubernetes 的市場佔有率遠超其他容器編排工具或系統。隨著業務系統向基於 Kubernetes 管理的容器逐漸遷移，業務對 Kubernetes 的依賴越來越多，Kubernetes 自身的穩定性就非常重要，我們需要對 Kubernetes 叢集內的所有宿主機、叢集內的各個元件、各類邏輯資源，以及運行在叢集內的應用進行監控，分析並持續改進，從而提供一個安全可靠的生產運行環境。

為了能更進一步地對 Kubernetes 進行監控，我們首先需要對 Kubernetes 的基本架構、物理元件及邏輯元件等概念有所了解，在本書撰寫時，Kubernetes 最新版本為 1.21 版，本書採用的版本也為 1.21 版，Kubernetes 通用架構如圖 8-1 所示。

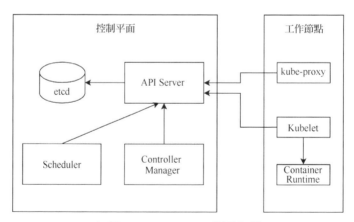

▲ 圖 8-1 Kubernetes 通用架構

Kubernetes 通常是由很多伺服器組成的叢集，其核心元件主要由兩部分組成：控制平面（Control Plane）和工作節點（Work Node），其中，控制平面（也稱管理節點）負責對整個叢集的管理、資源排程和分配等工作，同時負責回應叢集使用者的操作請求；工作節點主要負責接收控制平面的指令，並運行、管理和維護對應容器。

1. 控制平面

- API Server：提供對 Kubernetes 管理資源操作的所有 API，使用者可以透過對 API Server 操作來管理 Kubernetes 叢集，同時，控制平面其他元件也是透過 API Server 來進行互動的。從 API Server 的作用可知，我們只需要對 API Server 進行互動即可對 Kubernetes 叢集進行管理。本章所有涉及 Kubernetes 的操作命令如果沒有特別說明，都是在 Kubernetes 叢集的控制平面上即管理節點上進行的。

- etcd：負責持久化儲存 Kubernetes 叢集的所有資料。

- Scheduler：根據一定的演算法及事先設定的規則來挑選合適的工作節點，將新建立的 Pod（Pod 的概念詳見下文）安排給該工作節點進行部署和運行。

- Controller Manager：負責維護叢集的狀態，如對叢集的資源按照設定需求進行故障探測、自動修復、自動擴充、捲動更新等。

2. 工作節點

- Kubelet：負責維護和管理節點上 Pod 的運行狀態，即透過控制容器運行, 來建立、更新、銷毀 Pod。

- Kube Proxy：負責提供叢集內部的服務發現和負載平衡。

- Container Runtime：通常稱為容器執行時期工具，負責容器的建立、運行及銷毀等工作，Kubernetes 本身並不會提供容器執行時期工具，而是和如 Containerd、CRI-O、rkt、runc 等容器執行時期工具整合，其中，Containerd 是 Docker 使用的容器執行時期工具（已開放原始碼），雖然 Kubernetes 官網上表示從 1.23 版本開始，不再提供支援和 Docker API 進行互動的 DockerShim 元件，即不再支援透過 Docker API 建立和管理 Pod 裡的容器，但是對 Containerd 還是支援的。

3. Kubernetes 資源類型

- Pod：Pod 類型的資源是 Kubernetes 中能被運行的最小邏輯單元，一個 Pod 中可以運行一個或多個容器，每個 Pod 都有屬於自己的 IP、主機名稱等資訊，在一個 Pod 中運行的所有容器共用同樣的 Linux 系統命名空間、處理程式空間、網路空間，並且可以進行處理程式間通訊，可以把 Pod 想像成一個更輕量級的虛擬機器，其上運行的容器都是一個個處理程式。雖然一個 Pod 可以運行多個容器，但是為了降低不同應用程式之間的耦合性，以及提升應用程式的橫向擴充性，通常一個 Pod 只建議運行一個容器，一個 Pod 運行多個容器的場景通常適用於一個主容器對外提供業務服務，同一個 Pod 下的其他容器用於輔助主容器進行非業務操作等場景（這種部署模式也稱 side car，即邊車模式），如對主容器的記錄檔收集並轉發到記錄檔集中收集系統裡，或對主容器進行監控並對外提供監控資料介面用於和監控系統整合等場景。

- Service：Service 類型的資源主要用於為多個 Pod 提供統一的對外存取入口。在生產環境中，為提高併發量及高可用性，通常一個 Pod 會有多個副本，這些 Pod 會透過 Service 資源對外提供統一的造訪網址和通訊埠。Service 資源的預設類型只能被叢集內部存取，可以把 Service 類型設定為 LoadBalancer，這樣 Service 會從負載平衡裝置獲取到外部 IP，但是這要求 Kubernetes 叢集部署在特定類型雲端上；或把 Service 類型設定為 NodePort，Service 服務通訊埠會綁定到所有 Kubernetes 叢集的物理通訊埠上，外部使用者或服務可以透過存取任意一個 Kubernetes 叢集的宿主機和綁定通訊埠存取到 Service。

- Endpoint：所有組成 Service 的 Pod 的對外服務通訊埠通常被稱為 Endpoint，即服務端點。

關於 Kubernetes 的更多原理介紹、操作說明及資源類型等內容，推薦讀者參考 Marko Luksa 的《Kubernetes In Action》一書，在了解 8.2 節介紹的監控系統 Prometheus 之前，也建議讀者對 Kubernetes 叢集中的基本操作和原理有一定程度的了解，舉例來說，如何建立類型為 ConfigMap 的持久卷冊（PersistentVolume）資源，並掛載到 Pod 內運行容器的指定目錄下修改鏡像預設設定檔；如何利用持久卷冊申明（PersistentVolumeClaim）方法，解耦 Pod 設定檔裡對持久化儲存類型的連結性，並透過該方法將共用儲存掛載到 Pod 內部的容器上，從而實現資料檔案持久化；如何利用 Kubernetes 的存取控制（RBAC）機制，建立 Kubernetes 叢集裡某個命名空間（namespace）下的服務帳號（Service Account）資源、建立具有存取 Kubernetes 相關性能指標 API 和資源狀態 API 許可權的叢集角色（Cluster Role）資源，以及建立將服務帳號和叢集角色進行綁定的叢集角色綁定（Cluster Role Binding）資源。

8.2 Prometheus 簡介

Prometheus 是一個開放原始碼的監控系統，和 Kubernetes 一樣，它的原型是 Google 內部對上文提到過的 Kubernetes 的原型系統 Borg 進行監控的 Brogmon 系統，因此 Prometheus 預設提供了對 Kubernetes 的監控功能，主要原理是透過呼叫 Kubernetes API Server 的相關性能指標介面及各類資源狀態介面，實現對 Kubernetes 叢集各類資源的自動發現，以及進行性能、狀態等方面的監控。Prometheus 自身也支援設定警告規則並將警告資訊向外插送，所以可以使 Prometheus 直接將警告資訊推送到企業內部的警告工具進行警告，或將警告資訊推送到本書第 1 章介紹的監控系統裡的事件匯流排，由事件匯流排進行綜合處理，從而使 Prometheus 整合進原有的監控系統中。相比使用 Zabbix、Tivoli 等傳統方式對 Kubernetes 叢集進行監控，使用 Prometheus 可以免去大量和 Kubernetes API Server 互動獲取監控資料的開發工作。

在本書撰寫時，Prometheus 的最新版本為 2.28.1 版，本書所採用的範例版本也為 2.28.1 版，圖 8-2 是 Prometheus 官網上的通用架構圖，結合架構圖可以看出，Prometheus 主要有以下幾個特點：

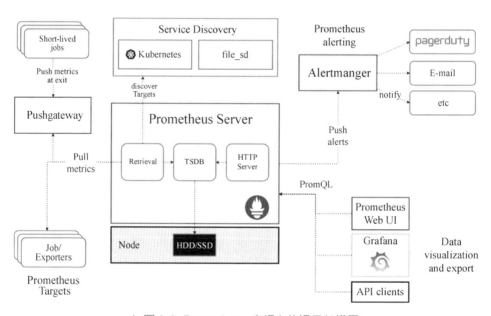

▲ 圖 8-2　Prometheus 官網上的通用架構圖

- 採用拉取（Pull）方式獲取性能指標：Prometheus 通常採用拉取的方式主動到各個監控物件（Promethesu 把監控物件稱為 Target）中獲取監控資料，被監控物件提供 /metrics 介面，我們透過對 Prometheus 進行設定，即可讓 Prometheus Server 按照一定頻率（預設為 15 秒 1 次）存取被監控系統的 /metrics 介面，獲取監控指標資料並進行分析及警告。沒有提供 /metrics 介面的系統也可以主動向 Prometheus 的 Pushgateway 模組發送資料，Pushgateway 會將這些資料透過 /metrics 介面供 Prometheus Server 使用。

- PromQL 查詢敘述：是 Prometheus 提供的一種查詢敘述，透過 PromQL 可以快速對 Prometheus 抓取到的監控資料進行聚合及統計，查詢結果既可以用於監控警告，也可以和 Grafana 或企業內部監控展示系統相結合，對歷史監控資料進行視覺化展示。

- Job/Exporters：Job/Exporters 元件的作用是抓取各類監控物件的監控指標，並提供監控指標資料獲取介面，如 /metrics 介面供 Prometheus Server 呼叫，Prometheus 官網的 Exporter 介紹頁面列舉了很多 Job/Exporters 元件，有些是 Prometheus 專案團隊提供的元件，有些是協力廠商元件，這些元件可以對 Redis、Mysql、MongoDB、Oracle、Kafka、RabbitMQ 等常用的商用及開放原始碼軟體進行監控指標資料抓取。其中，Kube State Metrics 是專門用於抓取 Kubernetes 叢集的各類資源狀態資訊的，舉例來說，Pod 是否建立成功、是否導回成功等資訊，我們會在後續章節中對如何部署 Kube State Metrics 做詳細介紹。

- TSDB：是一個基於時間序列的資料庫，Prometheus 用來儲存監控指標資料。

- Service Discovery：如本章開頭簡介所述，Prometheus 支援自動發現某些服務中心的各個物件資訊，通常稱為服務自動發現功能，Prometheus 支援對 Consul、Kubrenetes、OpenStack 等主流註冊中心元件實現服務自動發現功能，其主要工作原理是透過呼叫這些註冊中心的 API 介面，找到各個服務物件，然後輪詢這些物件的相關監控指標資料獲取介面（預設為 /metrics），從而獲取監控資料。對於 Kubernetes 叢集，Prometheus 可以自動發現叢集中的 Node、Pod、Service、Endpoint 及 Ingress 五種類型的資源資訊。

▌8.3 Prometheus 部署

使 用 Prometheus 對 Kubernetes 叢 集 進 行 監 控， 通 常 推 薦 將 Prometheus 以 容 器 的 方 式 直 接 部 署 在 Kubernetes 叢 集 內 部， 因 為 Prometheus 本身也需要部署方式支援高可用模式，即當自身或所運行的伺服器發生異常時，可以立刻被安排到新的節點啟動，Kubernetes 可以極佳地滿足這一需求，同時，當 Prometheus 以容器形式運行在 Kubernetes 叢集內部時，可以存取域名即服務名稱的方式存取 Kubernetes API Server，不需要把 API Server 位址設定到設定檔中，API Server 所需的認證資訊如證書和權杖檔案會也被自動載入到容器的 /var/run/secrets/kubernetes.io/serviceaccount/ 目錄下，可以免去在 Prometheus 設定檔中做相關設定。因為 Kubernetes 叢集中類似 Service、Endpoint 等資源可能是無法被叢集外部存取的，所以通常建議直接將 Prometheus 部署在 Kubernetes 叢集內部。

▨ 步驟 1：建立命名空間 namespace

通常一個 Kubernetes 叢集可能會被很多不同的租戶使用，為降低不同資源之間的耦合度，避免團隊之間的誤操作，實現租戶隔離，Kubernetes 提供了命名空間的方式，把不同資源歸屬在个同的命名空間。

在部署 Prometheus 時，我們也建議單獨建立命名空間，本書範例中會建立一個名叫 monitoring 的命名空間，Prometheus 及相關 Exporter 都會部署在該命名空間的 Pod 裡，命名空間的建立命令及建立傳回結果如下所示。

```
[root@master ~]# kubectl create namespace monitoring
namespace/monitoring created
```

☑ 步驟 2：建立 ConfigMap

當 Prometheus 執行時期，從設定檔裡讀取需要監控的物件資訊、警告規則、監控資料抓取頻率等，為了實現 Prometheus 對 Kubernetes 的監控，我們需要修改 Prometheus 鏡像附帶的預設設定檔，通常對在 Kubernetes 叢集內運行的容器，我們會建立類型為 ConfigMap 的持久卷冊資源，隨後把包含設定檔的持久卷冊掛載到容器的相關目錄上，我們先使用 Prometheus 在官網上的預設設定檔內容作為即將部署的 Prometheus 容器的設定檔，首先建立名為 prometheus-server- config-map.yaml 的 ConfigMap 設定檔，內容如下所示。

```
apiVersion: v1
kind: ConfigMap
metadata:
  name: prometheus-server-config
  namespace: monitoring
data:
  prometheus.yml:
    global:
      scrape_interval: 15s
      scrape_timeout: 15s
    scrape_configs:
    - job_name: 'prometheus'
      static_configs:
      - targets: ['localhost:9090']
```

上述設定檔表示會在命名空間 monitoring 下建立名為 prometheus-server-config 的 ConfigMap 資源；該資源目前只包括一個名為 prometheus.yml 的設定檔，目前在 prometheus.yml 設定檔中，只設定了一個定期抓取 Prometheus 自身運行指標的任務。

隨後運行 ConfigMap 建立命令，命令及成功傳回結果如下所示。

```
[root@master ~]# kubectl create -f prometheus-server-config-map.yaml
configmap/prometheus-server-config created
```

在 ConfigMap 建立成功後，如果要更新 Prometheus 的設定，可以直接對 ConfigMap 進行編輯更新，具體方法見 8.4.1 節。

☑ 步驟 3：為 Prometheus 資料持久化建立持久卷冊及持久卷冊宣告資源

因為 Prometheus 運行在容器裡，在預設情況下，當 Prometheus 所在容器重新啟動或因為異常導致容器無法對外提供工作，被 Kubernetes 叢集重新選擇工作節點啟動時，Prometheus 抓取的監控資料就會遺失，所以我們必須對 Prometheus 容器的資料檔案儲存目錄進行持久化操作。在 Kubernetes 叢集中，可以直接在容器的部署檔案中透過定義 Volume 及相關屬性來定義持久卷冊，同時透過設定部署檔案容器的 volumeMounts 屬性將容器檔案目錄綁定到指定的持久卷冊上。因為定義持久卷冊時必須要定義儲存類型，這樣等於把容器定義和儲存類型耦合在一起，降低了容器部署檔案的可重複使用性，所以通常不建議在容器的部署檔案裡直接定義持久卷冊，而是透過建立持久卷冊 PersistentVolume（以下簡稱 "pv"）資源來定義持久卷冊的資訊，並在容器的部署檔案中定義持久卷冊宣告 PersistentVolumeClaim（以下簡稱 "pvc"）的方式實現容器相關目錄和持久卷冊的綁定。

首先需要建立名為 prometheus-server-pv.yaml 的持久卷冊設定檔，內容如下所示。

```
apiVersion: v1
kind: PersistentVolume
metadata:
  name: prometheus-server-pv
spec:
  capacity:
    storage: 1Gi
  accessModes:
  - ReadWriteOnce
  persistentVolumeReclaimPolicy: Recycle
  nfs:
    server: 192.168.33.11
    path: /var/nfsshare/prometheusData
```

上述設定檔表示會建立一個名為 prometheus-server-pv 的 pv 資源，該 pv 資源的大小為 1G，儲存協定為 nfs 網路儲存，對應的儲存目錄是 /var/nfsshare/ prometheusData；該 pv 只能被 Kubernetes 叢集中的工作節點掛載，但是可以支援該工作節點對該儲存讀寫資料（spec.accessModes=ReadWriteOnce）；同時，當對應的 pvc 釋放該儲存卷冊時，pv 的資料也會被刪除（spec.persistentVolumeReclaimPolicy=Recycle），並且之後這個 pv 可以立刻被其他 pvc 使用。需要注意，pv 資源是不屬於任何命名空間（namespace）的，即一個 pv 可以被多個 namespace 裡的容器使用。需要說明的是，上述設定檔中的儲存容量（1G）、存取模式（ReadWriteOnce）、儲存協定（nfs）、對應位址（192.168.33.11）和目錄（/var/nfsshare/prometheusData）等設定均為範例設定，生產環境設定需要根據實際需求進行調整。此外，pv 的存取模式（spec.accessModes）及資料的回收模式（spec. persistentVolumeReclaimPolicy）對不同的儲存協定支援模式不一致，讀者可以透過 Kubernetes 官方檔案了解詳情。

在完成 prometheus-server-pv.yaml 檔案建立及了解各個設定的意義後，可以開始執行命令建立 pv，執行命令及成功傳回資訊如下所示。

```
[root@master ~]# kubectl create -f prometheus-server-pv.yaml
persistentvolume/prometheus-server-pv created
```

運行下述命令查看傳回結果中 STATUS 欄位資訊是否為 Avaiable（只截取了部分結果）。

```
[root@master ~]# kubectl get pv
NAME                    CAPACITY    ACCESS MODES   RECLAIM POLICY STATUS
prometheus-server-pv    1Gi         RWO            Recycle        Available
```

在成功建立 pv 之後，需要建立類型為 pvc 的資源，以便在 Prometheus 部署檔案中使用。首先建立名為 prometheus-server-pvc.yaml 的 pvc 設定檔，內容如下所示。

```
apiVersion: v1
kind: PersistentVolumeClaim
metadata:
  name: prometheus-server-pvc
  namespace: monitoring
spec:
  resources:
    requests:
      storage: 1Gi
  accessModes:
  - ReadWriteOnce
  storageClassName: ""
```

上述設定檔表示會建立一個名為 prometheus-server-pvc.yaml 的 pvc 資源，並且要求儲存空間為 1G。建立命令及成功傳回結果如下所示。

```
[root@master ~]# kubectl create -f prometheus-server-pvc.yaml
persistentvolumeclaim/prometheus-server-pvc created
```

在 prometheus-server-pvc 被建立成功後，Kubernetes 會自動挑選符

合條件的 pv 並與其綁定。我們可以分別執行下述命令查看 prometheus-server-pv 和 prometheus-server-pvc 的狀態（由於傳回結果過長，只截取了關鍵部分結果）。

```
[root@master ~]# kubectl get pv
NAME                    CAPACITY    ACCESS MODES    RECLAIM POLICY    STATUS CLAIM
prometheus-server-pv    1Gi         RWO             Recycle           Bound
monitoring/prometheus-server-pvc                                     4h15m
[root@master ~]# kubectl get pvc -n monitoring
NAME                        STATUS    VOLUME                  CAPACITY    ACCESS MODES
prometheus-server-pvc       Bound     prometheus-server-pv    1Gi         RWO
```

由上述運行結果可知，prometheus-server-pv 和 prometheus-server-pvc 都已經處於綁定狀態（Status=Bound）了，同時兩者已經明確綁定到一起了（CLAIM= monitoring/prometheus-server-pvc）。

☑ 步驟 4：為 Prometheus 容器賦權存取叢集資源

在 Kubernetes 叢集裡運行的容器可以透過呼叫 API Server 的 API 來獲取叢集、叢集元件、各個命名空間的資源的資訊，但是 Kubernetes 為了提升叢集安全性，在預設情況下是不允許運行在 Pod 裡的容器獲取叢集等級和跨命名空間的各類資源及元件資訊的。在部署 Prometheus 對 Kubernetes 叢集進行監控之前，需要對 Prometheus 運行的容器進行授權。在 Kubernetes 的授權系統中，容器對 API Server 的許可權都是和容器所在 Pod 綁定的服務帳號資源 ServiceAccount（以下簡稱 "sa"）有關的，同時 sa 有哪些許可權，又與其綁定的角色有關，因為 Prometheus 需要獲取整數個 Kubernetes 叢集的相關資源資訊，所以需要把 Prometheus 的 sa 和叢集角色（ClusterRole）綁定。此外，由於每個 Pod 綁定的 sa 預設是使用所屬命名空間被建立時名字叫 default 的預設服務帳號，為避免除 Prometheus 外同命名空間下的其他容器也獲取相同等級的許可權，通常建議為 Prometheus 容器單獨新建一個 sa。

首先建立一個名為 prometheus-rbac.yaml 的許可權設定檔，其內容如下所示。

```yaml
apiVersion: rbac.authorization.k8s.io/v1
kind: ClusterRole
metadata:
  name: prometheus-cluster-role
rules:
  - apiGroups: [""]
    resources:
      - nodes
      - nodes/proxy
      - services
      - endpoints
      - pods
    verbs: ["get", "list", "watch"]
  - apiGroups: ["extensions","networking.k8s.io"]
    resources:
      - ingresses
    verbs: ["get", "list", "watch"]
  - nonResourceURLs: ["/metrics"]
    verbs: ["get"]
---
apiVersion: v1
kind: ServiceAccount
metadata:
  name: prometheus-service-account
  namespace: monitoring
---
apiVersion: rbac.authorization.k8s.io/v1
kind: ClusterRoleBinding
metadata:
  name: prometheus-cluster-role-binding
roleRef:
  apiGroup: rbac.authorization.k8s.io
  kind: ClusterRole
  name: prometheus-cluster-role
```

```
subjects:
  - kind: ServiceAccount
    name: prometheus-service-account
    namespace: monitoring
```

上述設定檔表示會建立一個名為 prometheus-cluster-role 的叢集角色，該角色可以對工作節點（node）和其代理資源（proxy，主要和讀取 cAdvisor 指標有關）、服務（service)、介面服務（endpoint）、容器集合（pod）、負載平衡（ingresses）等叢集資源，以及非叢集資源（metrics 性能指標）具有讀取許可權，需要注意，隨著 Kubernetes 版本的變化，資源名稱可能會有所不同。隨後建立了一個名為 prometheus-service-account 的服務帳號，並透過類型為叢集角色綁定（ClusterRoleBinding）的資源將其和叢集角色 prometheus-cluster-role 綁定，建立命令及成功傳回結果如下所示。

```
[root@master ~]# kubectl create -f prometheus-rbac.yaml
clusterrole.rbac.authorization.k8s.io/prometheus-cluster-role created
serviceaccount/prometheus-service-account created
clusterrolebinding.rbac.authorization.k8s.io/prometheus-cluster-role-
binding created
```

在 prometheus-service-account 建立成功並與 prometheus-cluster-role 綁定後，在 Prometheus 部署檔案裡，只要指定 sa 的名字為 prometheus-service-account，Prometheus 就會有對叢集相關資源的讀取許可權了。

☑ 步驟 5：部署 Prometheus

首先建立名為 prometheus-server-deployment.yaml 的部署檔案，其內容如下所示。

```
apiVersion: apps/v1
kind: Deployment
metadata:
```

```
  name: prometheus-server-deployment
  namespace: monitoring
  labels:
    app: prometheus-server
spec:
  replicas: 1
  selector:
    matchLabels:
      app: prometheus-server
  template:
    metadata:
      labels:
        app: prometheus-server
    spec:
      serviceAccountName: prometheus-service-account
      containers:
        - name: prometheus
          image: prom/prometheus:v2.28.1
          args:
          - "--storage.tsdb.retention.time=7d"
          - "--config.file=/etc/prometheus/prometheus.yml"
          - "--storage.tsdb.path=/prometheus"
          - "--web.enable-lifecycle"
          - "--web.enable-admin-api"
          ports:
            - containerPort: 9090
              name: http-admin
          volumeMounts:
            - name: prometheus-config-volume
              mountPath: /etc/prometheus/
            - name: prometheus-storage-volume
              mountPath: /prometheus/
      securityContext:
        runAsUser: 0
      volumes:
        - name: prometheus-config-volume
          configMap:
            name: prometheus-server-config
```

```
    - name: prometheus-storage-volume
      persistentVolumeClaim:
        claimName: prometheus-server-pvc
```

從上述設定檔中可以看到，前幾個步驟建立的 ConfigMap
（prometheus-server-config）、pvc（prometheus-server-pvc）、sa（prometheus-
service-account）等資源都被用到了；通常當 Prometheus 容器執行時期，
容器內的 Prometheus 處理程式預設是由 nobody 使用者啟動的，因為我們
將 Prometheus 的資料檔案持久化儲存到 nfs 儲存上，所以在預設情況下
會沒有許可權存取掛載到容器裡的 nfs 儲存。為解決這個問題，可以設定
securityContext.runAsUser 欄位，讓容器裡所有處理程式都用指定的使用
者 ID 運行，需要和 nfs 儲存上允許讀寫的使用者 ID 相同。為便於測試，
本書將 securityContext.runAsUser 設為 0，即容器裡的 Prometheus 處理程
式是由 root 啟動的。Prometheus 容器啟動時的參數說明如下：

- --storage.tsdb.retention.time=7d，資料儲存週期為 7 天，預設為 15
  天。

- --config.file，指定 Prometheus Server 的設定檔，這裡會透
  過 Volume 的設定，使用步驟 2 中 ConfigMap 定義的設定檔
  prometheus.yml。

- --storage.tsdb.path，指定 Prometheus TSDB 時序資料持久化的目
  錄，這裡會透過 Volume 的設定把資料掛載到步驟 3 建立的持久卷
  冊上。

- --web.enable-lifecycle， 透 過 HTTP API（/-/reload） 介 面，
  Prometheus 可以重新載入設定檔，避免每次修改設定檔時重新
  啟動 Prometheus。因為這種方式只支援 post 方法，所以我們通
  常在 Kubernetes 叢集的任意一個宿主機上，透過運行 curl -X
  POST http://PrometheusPodIP:containerPort/-/reload 命令，直接讓
  Prometheus 更新 IP，其中，IP 可以是 Prometheus 容器所在 Pod 的

IP，也可以是 Prometheus 的對外服務 IP（詳見步驟 6），或直接透過 curl -X POST http:// 宿主機 IP: 宿主機通訊埠 /-/reload 方式更新 Prometheus 設定，只要 Prometheus 的服務通訊埠映射到宿主機上即可。

■ --web.enable-admin-api，透過 HTTP API"api/v1/admin/tsdb/delete_series" 介面，Prometheus 可以刪除 TSDB 資料，存取方式位址同參數 web.enable0-lifecycle 一樣，該 API 介面支援的參數較多，如刪除關於工作節點 node1 的所有監控資料，可以運行 curl -X POST 'http:// PrometheusPodIP:containerPort /api/v1/admin/tsdb/delete_series?match[]= {instance="node1"}'，API 詳情可參考官網說明。

在完成 prometheus-server-deployment.yaml 檔案建立及了解各個設定的意義後，開始執下述命令建立並運行 Prometheus 容器。

```
[root@master ~]# kubectl create -f prometheus-server-deployment.yaml
deployment.apps/prometheus-server-deployment created
```

在建立成功之後，運行下述命令查看容器是否正常運行。

```
[root@master ~]# kubectl get pods -n monitoring
NAME                                             READY    STATUS
RESTARTS    AGE
prometheus-server-deployment-f7df47ff4-dj7fl     1/1      Running
0           2m6s
```

可以看到，在命名空間 monitoring 下名字為 prometheus-server-deployment-f7df47ff4-dj7fl 的 Pod 已經在運行了（STATUS=Running）。

☑ 步驟 6：為 Prometheus 部署對外服務資源

在完成 Prometheus 部署之後，Prometheus 只能在叢集內部被存取，

為了能讓我們透過遠端用戶端直接存取 Prometheus 管理頁面，還需要為
其建立 Service 資源，首先建立名為 prometheus-server-service.yaml 的設
定檔，其內容如下所示。

```
apiVersion: v1
kind: "Service"
metadata:
  name: prometheus-server-service
  annotations:
    prometheus.io/scrape: 'true'
  namespace: monitoring
spec:
  selector:
    app:  prometheus-server
  type: NodePort
  ports:
   - port: 9090
     targetPort: 9090
     nodePort: 30000
```

上述設定檔表示為 Prometheus 建立一個類型為 NodePort（spec.
type=NodePort）的 Service，該 Service 會將請求轉到被打過標籤
app=prometheus-server 的 Pod 上（spec.selector.app=prometheus-server），
我們在步驟 4 中建立 Prometheus 容器時，已經為該容器所在 Pod 設定
過標籤 app:prometheus-server（selector. matchLabels. app=prometheus-
server），所以所有存取這個 Service 9090 通訊埠（spec.ports.port=9090）
的請求都會被轉發到 Prometheus 所在 Pod 的 9090 通訊埠（spec.ports.
targetPort=9090）。同時，設定檔裡還把 Service 的 9090 通訊埠映射到
Kubernetes 叢集宿主機的 30000 通訊埠，在該 Service 建立成功後，我們
可以透過瀏覽器存取 Kubernetes 中任意一個宿主機 IP 位址和 30000 通訊
埠，從而存取 Prometheus 的 Web 管理頁面。

Service 建立及建立成功命令如下所示。

```
[root@master ~]# kubectl create -f prometheus-server-service.yaml
service/prometheus-service created
```

運行下述命令查看 Service 是否正常建立。

```
[root@master ~]# kubectl get svc -n monitoring
NAME                    TYPE        CLUSTER-IP       EXTERNAL-IP
PORT(S)            AGE
prometheus-service   NodePort    10.110.226.86     <none>
9090:30000/TCP    25s
```

我們可以透過 http:// 任意一個宿主機 IP:30000 來存取 Prometheus，
範例如圖 8-3 所示。

▲ 圖 8-3 Prometheus 運行頁面

同時，我們可以通過點擊頁面上方導覽列中的 Status → Targets 按
鈕，跳躍至如圖 8-4 所示 Prometheus 抓取資料物件頁面，可以看到，我
們在步驟 2 建立 ConfigMap 時建立的對 Prometheus 自身進行監控的設定
已經存在了。

▲ 圖 8-4 Prometheus 抓取資料物件頁面

8.4 Kubernetes 叢集監控

在使用 Prometheus 等工具或技術對 Kubernetes 實現監控前，我們先要對 Kubernetes 的監控範圍說明。從 8.1 節中對 Kubernetes 架構的描述可知，Kubernetes 裡可監控的物件是比較多的，要對基礎設施、Kubernetes 叢集、應用容器等實施全面的監控，涉及從底層基礎、容器、上層應用服務的可用性，以及性能、記錄檔等各類監控領域的監控實施。

- 對基礎設施的監控，硬體層面的監控實施可參考本書第 2 章相關內容。

- 對工作節點即宿主機的監控，可參考本書第 4 章相關內容。如使用 Zabbix 進行監控，但是因為已經使用 Prometheus 作為 Kubernetes 叢集監控的核心監控元件了，所以通常建議直接部署 Prometheus 的 Node Exporter 外掛程式。Node Exporter 外掛程式主要負責從作業系統核心讀取如主機負載、CPU 使用率、記憶體使用率、磁碟讀寫性能等各類監控指標資料，隨後透過 /metrics 或類似介面將這些資料供 Prometheus 或其他監控系統讀取，本節會詳細介紹如何在 Kubernetes 叢集中部署 Node Exporter，以及與 Prometheus 整合的方法。

- 對 Kubernetes 裡的容器的監控，可以使用 cAdvisor 工具進行，並且 cAdvisor 預設已經整合進 Kubelet 中，所以無須額外安裝。

- 對 Kubernetes 中如 Pod、Replicaset 等資源的運行狀況進行監控，可以使用 Kube State Metrics Exporter 來實現。Kube State Metrics 的工作原理是透過呼叫 Kubernetes 的 API Server 介面，獲取叢集內部各種資源物件的運行狀況。

- 對叢集整體運行的健康情況進行監控，如果想要了解 Kubernetes 控制平面各個元件的請求佇列情況、etcd 的所佔儲存空間大小等資訊，可以透過 Kubernets 的 API Server 元件已經提供的 /metrics 監控指標資料介面獲取。

- 對應用系統的監控，我們通常從三個方面實施，分別是指標資料監控、鏈路追蹤、記錄檔監控。

8.4.1 宿主機監控

在使用 Prometheus 對 Kubernetes 叢集進行監控時，我們通常會用 Node Exporter 作為控制平面和工作節點的監控資料抓取工具。因為是對宿主機進行監控，通常不建議把 Node Exporter 運行在容器裡，否則還需要做容器和宿主機之間的相關目錄映射、網路空間和處理程式空間的共用相關設定，以此讀取宿主機的運行資料。但是，實際中我們在使用 Kubernetes 叢集時，涉及的宿主機規模可能會非常大，這就需要我們到每台伺服器上去部署 Node Exporter（當然通常會採取一些批次部署的方法），並且在部署完成後，修改 Prometheus 的設定檔，依次將所有 Node Exporter 的 /metrics 介面設定進設定檔，如果 Kubernetes 叢集裡的伺服器新增或減少，還需要同步修改 Prometheus 的設定檔。這個過程比較耗時，並且可能會因為設定錯誤引入異常，所以建議把 Node Exporter 直接部署到 Kubernetes 叢集裡，隨後利用 Prometheus 對 Kubernetes 的資來自動發現機制，自動探測所有 Node Exporter 的 /metrics 介面並進行監控資料抓取工作。Node Exporter 在 GitHub 專案首頁上提供了直接在 Docker 容器裡運行的方法。

```
docker run -d \
  --net="host" \
  --pid="host" \
  -v "/:/host:ro,rslave" \
  quay.io/prometheus/node-exporter:latest \
  --path.rootfs=/host
```

相關參數說明如下：

- --net="host"：容器要使用宿主機的網路空間，從而獲取宿主機的網路資料。
- --pid="host"：容器要使用宿主機的處理程式空間，從而獲取宿主機的 CPU、記憶體及處理程式狀態等資料。
- -v "/:/host:ro,rslave"：表示將宿主機的根目錄 "/" 掛載到容器的 "/host" 目錄下，並且容器對這個掛載目錄只有讀取許可權，掛載目錄上任何檔案的更新都會即時反映到容器的 "/host" 目錄下 (rslave)。
- --path.rootfs=/host：告訴 Node Exporter 把容器的 "/host" 目錄當成要監控系統的根目錄。

Node Exporter 內部實際包含了很多 collector，用來抓取宿主機的各類運行資料，上述參數只是預設設定，在實際運行中，有些 collector 預設是運行的，有些 collector 預設是關閉的，讀者可以根據實際需求，參考 GitHub 上 collector 相關資訊，打開或關閉相關 collector。

在了解 Docker 運行 Node Exporter 命令參數之後，我們可以開始在 Kubernetes 叢集裡設定對應參數部署 Node Exporter。

步驟 1：在所有節點部署 Node Exporter

參照 Docker，該命令撰寫 Node Exporter 在 Kubernetes 叢集裡的部署檔案，內容如下。

```
apiVersion: apps/v1
kind: DaemonSet
metadata:
  name: node-exporter
  namespace: monitoring
  labels:
    name: node-exporter
spec:
  selector:
    matchLabels:
      name: node-exporter
  template:
    metadata:
      labels:
        name: node-exporter
      annotations:
        prometheus.io/scrape: 'true'
        prometheus.io/port: '9100'
        prometheus.io/path: 'metrics'
    spec:
      hostNetwork: true
hostPID: true
      containers:
      - name: node-exporter
        image: quay.io/prometheus/node-exporter:v1.1.2
        ports:
        - containerPort: 9100
        securityContext:
          privileged: true
```

```
        args:
        - --path.rootfs=/host
        volumeMounts:
        - name: rootfs
          mountPath: /host
          readOnly: true
          mountPropagation: HostToContainer
      tolerations:
      - key: "node-role.kubernetes.io/master"
        operator: "Exists"
        effect: "NoSchedule"
      volumes:
        - name: rootfs
          hostPath:
            path: /
```

在上述設定檔中，hostPID: true 和 hostNetwork: true 與 Docker 啟動 Node Exproter 命令中的 --net="host" 和 --pid="host" 參數效果一樣；在 volumeMounts 和 volumes 設定中，把宿主機的根目錄 "/" 掛載到容器的 "/host" 目錄下，並且容器對該目錄只有唯讀許可權（volumeMounts. readOnly=true），宿主機根目錄 "/" 下的內容更新會即時映射到容器 "/host" 目錄下（volumeMounts .mountPropagation= HostToContainer，效果相當於 dock 啟動容器時的 rslave 參數）。此外，因為 Node Exporter 需要監控 Kubernetes 叢集裡包括管理節點和工作節點在內的每台宿主機，所以設定檔裡使用了 DaemonSet 的部署方式，保證每個工作節點上都會建立運行著 Node Exporter 容器的 Pod，同時透過設定 tolerations 參數，管理節點上也部署並運行包含 Node Exporter 容器的 Pod。最後，我們給 Pod 加了三個註釋，分別是 prometheus.io/scrape: 'true'、prometheus. io/port: '9100' 及 prometheus.io/path: 'metrics'，這些註釋可以使我們設定 Prometheus 監控任務時，在設定檔指定當自動發現的 Pod 註釋資訊 prometheus.io/scrape 值為 ture 時，Prometheus 需要監控這個 Pod，並透過存取 Pod IP 的 9100 通訊埠的 /metrics 介面來進行監控。

在了解 Node Exporter 部署檔案的各個參數的意義後，我們可以開始建立一個包含上述設定內容名為 node-exporter-deploymet.yaml 的設定檔，然後運行下述命令部署 Node Exporter。

```
[root@master ~]# kubectl create -f node-exporter-deployment.yaml
daemonset.apps/node-exporter created
```

在建立成功後，運行下述命令，查看 Pod 的狀態是否為 Running（本書中建立的 Kubernetes 叢集的實驗環境總共有 3 台宿主機）。

```
[root@master ~]# kubectl get pods -n monitoring
NAME                                            READY   STATUS
RESTARTS    AGE
node-exporter-6d2f9                             1/1     Running
0           38m
node-exporter-grnb4                             1/1     Running
0           38m
node-exporter-tppd2                             1/1     Running
0           38m
prometheus-server-deployment-f7df47ff4-b8chx    1/1     Running
6           11h
```

隨後，我們可以隨機挑選宿主機，透過瀏覽器造訪 http:// 宿主機 IP:9100/metrics，查看 Node Exporter 可以抓取的所有監控指標資料，部分範例內容如下。

```
# HELP node_ipvs_outgoing_packets_total The total number of outgoing
packets.
# TYPE node_ipvs_outgoing_packets_total counter
node_ipvs_outgoing_packets_total 0
# HELP node_load1 1m load average.
# TYPE node_load1 gauge
node_load1 0.12
# HELP node_load15 15m load average.
```

```
# TYPE node_load15 gauge
node_load15 0.28
# HELP node_load5 5m load average.
# TYPE node_load5 gauge
node_load5 0.23
# HELP node_memory_Active_anon_bytes Memory information field Active_
anon_bytes.
# TYPE node_memory_Active_anon_bytes gauge
node_memory_Active_anon_bytes 7.76536064e+08
# HELP node_memory_Active_bytes Memory information field Active_bytes.
# TYPE node_memory_Active_bytes gauge
node_memory_Active_bytes 1.250353152e+09
# HELP node_memory_Active_file_bytes Memory information field Active_
file_bytes.
# TYPE node_memory_Active_file_bytes gauge
node_memory_Active_file_bytes 4.73817088e+08
# HELP node_memory_AnonHugePages_bytes Memory information field
AnonHugePages_bytes.
# TYPE node_memory_AnonHugePages_bytes gauge
node_memory_AnonHugePages_bytes 4.48790528e+08
```

步驟 2：更新 Prometheus 設定檔

在成功部署 NodeExporter 後，我們需要更新 Prometheus 的設定檔，即 8.3 節步驟 2 中建立的 ConfigMap。通常更新 ConfiaMap 可以有兩種方式：一是直接運行命令 "kubectl edit ConfigMap prometheus-server-config-n monitoring" 來編輯 ConfigMap；二是編輯 prometheus-server-config-map.yaml 檔案，隨後運行命令 "kubectl apply-f prometheus-server-config-map.yaml" 來更新 ConfigMap。我們一般建議用第二種方法來更新 ConfigMap，這樣可以使實際使用的 ConfigMap 和 ConfigMap 的部署檔案內容保持一致。

編輯 prometheus-server-config-map.yaml 檔案，可以先把 8.3 節步驟 2 中建立的測試任務（如下所示）刪除。

```
scrape_configs:
  - job_name: 'prometheus'
    static_configs:
    - targets: ['localhost:9090']
```

隨後，增加名為 "kubernetes-pods" 的新任務，用於自動抓取 Kubernetes 叢集裡的所有 Pod 的運行資料。

```
########################## kubernetes-pods ##########################
scrape_configs:
- job_name: 'kubernetes-pods'
  kubernetes_sd_configs:
    - role: pod
```

參數 "- role: pod" 會讓 Prometheus 自動存取所在 Kubernetes 叢集的 API Server，並獲取所有 Pod 資訊及運行容器的通訊埠資訊（如果 Pod 裡沒有設定 containerPort 參數，則會把 80 通訊埠作為存取通訊埠），隨後依次存取 PodIP:containerPort/metrics 介面獲取監控資料。當然，通常並不是所有在叢集裡的容器都會對外提供 /metrics 介面，所以我們需要使用 Prometheus 的 relabel 設定，只監控提供監控資料獲取介面的容器，需要增加以下設定。

```
relabel_configs:
- source_labels: [__meta_kubernetes_pod_annotation_prometheus_io_scrape]
  action: keep
  regex: true
- source_labels: [__meta_kubernetes_pod_annotation_prometheus_io_path]
action: replace
regex: (.+)
  target_label: __metrics_path__
- source_labels: [__address__,__meta_kubernetes_pod_annotation_
prometheus_io_port]
  action: replace
  regex: ([^:]+)(?::\d+)?;(\d+)
```

```
replacement: $1:$2
target_label: __address__
```

設定檔中的標籤 adderss 和 metrics_path 都是 Prometheus 系統的內部標籤，address 的值表示 Prometheus 最終要擷取資料的位址及通訊埠資訊，在 Pod 的自動發現中，address 的值預設為 PodIP:containerPort，如果 Pod 設定檔定義了多個 containerPort，Prometheus 也會依次生成監控目標，一個一個存取並獲取監控指標資料。metrics_path 的值表示 Prometheus 要存取的介面位址，預設為 /metrics，有時我們會根據實際情況對這個標籤的值進行替換。

以 meta 開頭的標籤都是 Prometheus 自動發現資源時增加的相關中繼資料標籤，標籤 meta_kubernetes_pod_annotation_ prometheus_io_scrape 對應 Node Exporter 部署檔案裡的註釋 prometheus.io/scrape、標籤 meta_kubernetes_pod_annotation_prometheus_io_path 對應註釋 prometheus.io/port、標籤 meta_kubernetes_pod_annotation_prometheus_io_port 對應註釋 prometheus.io/path。

上述設定表明，Prometheus 只會抓取所有 Pod 裡增加過註釋 prometheus.io/scrape:'true' 的監控資料資訊，並且要存取的目標 IP 位址為 PodIP，通訊埠為註釋 prometheus.io/port 對應的值即 9100，介面位址為註釋 prometheus.io/path 對應的值即 /metrics，Prometheus 會透過 http://PodIP:9100/ metrics 存取 Node Exporter 獲取監控資料，至此我們可以發現，在 Node Exporter 的 Pod 部署檔案裡，如果定義了 containerPort 且該通訊埠就是監控資料指標服務通訊埠，則可以不用增加註釋 prometheus.io/port，在 Prometheus 的任務抓取設定檔裡，也不需要對標籤 __address__ 對應值包含的通訊埠資訊做替換操作；同理，如果容器的監控指標資料服務預設使用的是 /metrics 路徑，則也可以不用增加註釋 prometheus.io/path，在 Prometheus 的任務抓取設定檔裡也不

需要對標籤 __metrics_path__ 對應值做替換操作;我們在範例中增加註釋,並在 Prometheus 中根據這些標籤做的對應動作主要是為了展示如果 containerPort 不是監控指標資料獲取服務通訊埠、存取路徑不是 /metrics 時該如何處理。

最後,Prometheus 不會把以 __ 開頭的中繼資料標籤作為可被最終查詢的標籤即目標標籤(target label)保留下來,可根據實際情況利用 relabel 設定把我們需要的中繼資料標籤轉化為最終可被查詢的目標標籤,範例如下。

```
- action: labelmap
  regex: __meta_kubernetes_pod_label_ (.+)
- source_labels: [__meta_kubernetes_namespace]
- action: replace
  target_label: kubernetes_namespace
- source_labels: [__meta_kubernetes_pod_name]
  action: replace
  target_label: kubernetes_pod_name
- source_labels: [__meta_kubernetes_pod_container_name]
  action: replace
  target_label: kubernetes_pod_container_name
```

上述設定表示會把中繼資料標籤 __meta_kubernetes_pod_label_(.+) 中的正規表示法 (.+) 抓取的內容保留下來(action: labelmap 的作用)作為目標標籤的名字,如 __meta_kubernetes_pod_label_name 會轉換成 name 作為目標標籤保留;中繼資料標籤 __meta_kubernetes_pod_name 會轉換成 kubernetes_pod_name 作為目標標籤保留;中繼資料標籤 __meta_kubernetes_pod_container_name 會轉換成 kubernetes_pod_ container_name 保留,任務設定如下所示。

```
######################### kubernetes-pods #########################
  - job_name: 'kubernetes-pods'
    kubernetes_sd_configs:
```

```
    - role: pod
    relabel_configs:
    - source_labels: [__meta_kubernetes_pod_annotation_prometheus_io_
scrape]
      action: keep
      regex: true
    - source_labels: [__meta_kubernetes_pod_annotation_prometheus_io_
path]
      action: replace
      target_label: __metrics_path__
      regex: (.+)
    - source_labels: [__address__, __meta_kubernetes_pod_annotation_
prometheus_io_port]
      action: replace
      regex: ([^:]+)(?::\d+)?;(\d+)
      replacement: $1:$2
      target_label: __address__
    - action: labelmap
      regex: __meta_kubernetes_pod_label_(.+)
    - source_labels: [__meta_kubernetes_namespace]
      action: replace
      target_label: kubernetes_namespace
    - source_labels: [__meta_kubernetes_pod_name]
      action: replace
      target_label: kubernetes_pod_name
    - source_labels: [__meta_kubernetes_pod_container_name]
      action: replace
      target_label: kubernetes_pod_container_name
```

運行下述命令更新 ConfigMap。

```
[root@master ~]# kubectl apply -f prometheus-server-config-map.yaml
configmap/prometheus-server-config unchanged
```

　　幾秒鐘後，待 ConfigMap 修改的資訊已經同步到 Prometheus 容器，在任意一個宿主機上運行命令 curl -X POST http://prometheus-service 的 Cluster-IP:9090/-/ reload，使 Prometheus 更新設定檔。在更新完成後，可

以在 Prometheus 的服務發現頁面上看到所有的 Node Exporter 都已經被 Prometheus 存取到了，範例如圖 8-5 所示。

▲ 圖 8-5 Prometheus 自動服務發現 Node Exporter 資訊

同時，我們可以在 Graph 頁面用 PromQL 對從 Node Exporter 獲取的監控指標進行查詢統計，如透過敘述 "(1 - rate(node_cpu_seconds_total{mode="idle"}[3m])) * 100" 查詢各宿主機的 CPU 使用率，範例結果如圖 8-6 所示。

▲ 圖 8-6 利用 Node Exporter 抓取的指標查詢各宿主機 CPU 使用率

至此，我們完成了對 Node Exporter 的部署，以及與 Prometheus 的整合，可以根據實際需求，對從 Node Exporter 發現的各類監控指標資料進行查詢統計，從而進行警告。最後要強調的是，基於 Prometheus 對 Pod 資訊自動發現所設定的抓取任務，不僅可以用於存取 Node Exporter，而且任何 Pod 只要在部署檔案裡增加註釋 prometheus.io/scrape: 'true'，並透過註釋 prometheus.io/port 指明提供監控指標資料獲取的服務通訊埠、透過註釋 prometheus.io/path 指明監控指標資料獲取介面 API，就可以被 Prometheus 自動發現並存取，這也使在 Kubernetes 裡運行且有對外提供監控指標資料獲取介面的應用系統容器可以主動透過上述設定方法讓 Prometheus 抓取監控資料。當然，如果該介面需要透過 https 協定存取，就需要在 Prometheus 設定檔裡再新建一個類似的任務，設定參數 scheme: https 並透過設定 tls_config 設定證書等資訊來獲取資料。

8.4.2 容器監控

我們可以使用 7.3 節介紹的 cAdvisor 工具，對在 Kubernetes 裡運行的容器狀態及消耗資源進行監控，並且由於 Kubernets 在每個宿主機上運行的 Kubelet 工具已經整合了 cAdvisor 工具，所以不需要額外在每台宿主機上部署運行了 cAdvisor 工具的容器，直接存取 Kubernetes 的 API 介面即可獲取相關資訊。

在 Kubernetes 1.7.3 版本以前，cAdvisor 的介面整合在 Kubelet 介面中，存取方式為 "http://kubelet 對外服務 IP 位址 :kubelet 的通訊埠 /metrcis/cAdvisor"，即我們可以透過 Prometheus 對 Kubernetes 的自動發現功能，發現所有 Kubelet 對外服務 IP（宿主機 IP）及對外服務通訊埠，然後再把抓取任務中的 metrics_path 設定為 /metrics/cadvisor。但是 Kuberntes 從 1.7.3 版本開始，無法透過直接存取 Kubelet 的 API 獲取 cAdvisor 的資料，需要直接存取 Kubernetes API Server 來獲取，存取

方式為 "https://API Server 的 IP 位址 :API Server 的通訊埠 /api/v1/nodes/
節點名稱 /proxy/metrics/cadvisor"。由此我們可以知道,只要獲取 API
Server 的 IP 位址、API Server 的通訊埠,以及每個宿主機在叢集內的名
稱,就可以存取並獲取每個宿主機上 cAdvisor 關於容器的資料了。

關於獲取 API Server 的 IP 位址和 API Server 的通訊埠資訊,因為
Kubernetes 叢集中的 API Server 已經設定了可在叢集內被存取的名為
kubernetes 且在名為 default 的名空間下的服務資源,所以我們只需要讓
Prometheus 存取該服務即可。同時,因為在叢集內部各類資源的 IP 位址
可能會因為自動編排或人為修改等原因被修改,所以在叢集內部存取一
個服務通常可以使用存取代表服務的域名,域名格式為「服務名稱 . 命
名空間名稱 .svc」,因此叢集內部 API Server 的存取域名為 kubernetes.
default.svc。我們可以透過 kubectl get svc 命令查看服務名為 kubernetes
的資訊來確定對應 API Server 通訊埠,範例如下。

```
[root@master ~]# kubectl get svc
NAME         TYPE        CLUSTER-IP    EXTERNAL-IP    PORT(S)    AGE
kubernetes   ClusterIP   10.96.0.1     <none>         443/TCP    31d
```

上述範例中顯示,服務 Kubernetes 在叢集內可被存取的通訊埠為
443。

要獲取每個宿主機在叢集內的名字,可以利用 Prometheus 對
Kubernetes 叢集節點的自動發現機制,透過在抓取任務裡設定參數 "-
role: node",Prometheus 會自動獲取每個節點的相關資訊並把這些資訊
存放在中繼資料標籤裡,透過中繼資料標籤 __meta_kubernetes_node_
name,我們可以獲取每個節點的名字。

在解決如何獲取上述資訊的問題之後,我們可以和設定 Node
Exporter 一樣,在抓取任務裡設定 relabel 參數,把標籤 address 及

metrics_path 換成對應資訊，從而獲取 cAdvisor 的監控資料，實現對容器的監控。

在 ConfigMap 中新增任務內容如下所示。

```
######################### kubernetes-cadvisor #########################
    - job_name: 'kubernetes-cadvisor'
      scheme: https
      tls_config:
        ca_file: /var/run/secrets/kubernetes.io/serviceaccount/ca.crt
      bearer_token_file: /var/run/secrets/kubernetes.io/serviceaccount/
token
      kubernetes_sd_configs:
      - role: node
      relabel_configs:
      - action: labelmap
        regex: __meta_kubernetes_node_label_(.+)
      - target_label: __address__
        replacement: kubernetes.default.svc:443
      - source_labels: [__meta_kubernetes_node_name]
        regex: (.+)
        target_label: __metrics_path__
        replacement: /api/v1/nodes/${1}/proxy/metrics/cadvisor
```

在上述設定中，tls_config 參數設定了存取 API Server 所需的證書（ca_file）及權杖（bearer_toke_file）檔案，這兩個檔案會在 Prometheus 容器建立時，自動載入到容器的 /var/run/secretes/kubernets. io/serviceaccount 目錄下，因為我們在 8.3 節中已經為 Prometheus 所在容器綁定了對 API Server 有存取權限的 sa，所以 Prometheus 可以存取 API Server 介面並獲取 cAdvisor 資料。需要注意的是，當 Prometheus 部署在 Kubernetes 叢集內部，存取 API Server 進行服務發現功能時，會自動使用上述證書和權杖檔案，但是我們在存取透過自動發現後生成的監控目標（Target）時，如果需要以 https 的方式存取，即使存取目標是 API Server，仍然需要指定對應的證書、權杖等認證資訊。

上述設定檔中最後一段設定表示會把 __metrics_path__ 的值即實際要存取的監控資料指標介面替換為 /api/v1/nodes/${1}/proxy/metrics/cadvisor，其中，${1} 又透過表示抓取任意字串的正規表示法 (.+) 被替換成中繼資料標籤 __meta_ kubernetes_node_name 所對應的值，即節點在叢集內部的名字。

在了解了新增任務的各項參數的意義後，我們再次更新 ConfigMap。

```
[root@master ~]# kubectl apply -f prometheus-server-config-map.yaml
configmap/prometheus-server-config configured
```

幾秒鐘後，待設定檔已經更新到了 Prometheus 容器。

```
[root@master ~]# curl -X POST http://10.110.226.86:9090/-/reload
```

在更新完成後，可以在 Prometheus 的服務發現頁面上看到所有節點的 cAdvisor 資料都已經被 Prometheus 存取到了，如圖 8-7 所示。

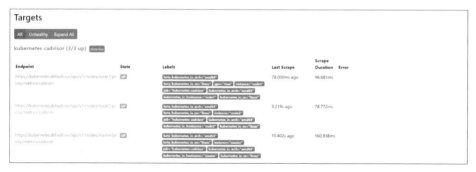

▲ 圖 8-7 Prometheus 透過自動發現機制自動發現每個節點的 cAdvisor 資訊

和 Node Exporter 類似，我們可以在 Graph 頁面使用 PromQL 對從 cAdvisor 獲取的監控指標進行查詢統計，如分別透過敘述 "rate(container_network_ receive_bytes_total[3m])" 及 "rate(container_cpu_usage_seconds_ total[3m])" 查詢各容器網路對宿主機 CPU 的佔用率，範例結果如圖 8-8 所示。

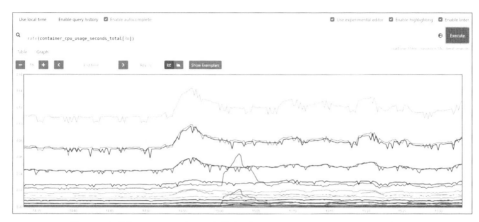

▲ 圖 8-8 透過 cAdvisor 抓取的指標查詢各容器對宿主機 CPU 的佔用率

至此，我們就完成了用 Prometheus 對 cAdvisor 容器監控指標資料的抓取設定工作，可以根據實際需求，對 cAdvisor 的各類監控指標資料進行查詢統計，從而進行警告。關於 cAdvisor 的監控指標，詳情可參考 7.3 節。

8.4.3 叢集資源監控

在了解了如何對 Kubernetes 叢集內所有宿主機及叢集內運行容器的監控方法後，本節開始介紹對 Kubernetes 叢集內部的資源進行監控的方法，這裡的內部資源主要指叢集內部的邏輯資源，如 Pod、Deployments、Replicasets、NameSpace、PersistentVolume 等 各 種 Kubernetes 叢集裡提出有關概念對應的資源，不包括 Kubernetes 架構裡如 API Srver、etcd 等實際元件。對 Kubernetes 叢集邏輯資源的監控，可以使用 Kube State Metrics Exporter，該 Exporter 透過存取 Kubernetes 叢集的 API Server 獲取叢集內部如 Pod、Deployments、Replicasets 等各類資源的運行狀況,隨後透過 /metrics 介面對外提供監控指標資料獲取服務。透過 Kube State Metrics 抓取的監控指標資料,我們可以對叢集內部資源的健康狀況有更深入的了解,如透過一個容器重新啟動的次數來推測容器是否有異常,透過某個容器的部署狀態來判斷該容器是否導回成功或遇到異常等。

和 Node Exporter 類似,我們也需要部署 Kube State Metrics,Kube State Metrics 在 GitHub 上提供了在 Kubernetes 的部署檔案範例,我們可以參考 Kube State Metrics 的部署檔案,設計符合實際需求的部署方案,部署步驟說明如下。

☑ 步驟 1:建立可以存取叢集資源的服務帳號

由於 Kube State Metrics 執行時期需要存取 Kubernetes 叢集的 API Server 獲取各類資源資訊,所以我們也需要做和 8.3 節中步驟 4 類似的操作,為 Kube State Metrics 建立服務帳號並指定相關許可權。建立一個名為 kube-state-metrics-rbac.yaml 的許可權設定檔,其內容如下所示。

```
apiVersion: rbac.authorization.k8s.io/v1
kind: ClusterRole
metadata:
  name: kube-state-metrics-cluster-role
rules:
  - apiGroups: [""]
    resources:
      - configmaps
      - secrets
      - nodes
      - pods
      - services
      - resourcequotas
      - replicationcontrollers
      - limitranges
```

```
      - persistentvolumeclaims
      - persistentvolumes
      - namespaces
      - endpoints
    verbs: ["list", "watch"]
  - apiGroups: ["extentions"]
    resources:
      - daemonsets
      - deployments
      - replicasets
      - ingresses
    verbs: ["list", "watch"]
  - apiGroups: ["apps"]
    resources:
      - statefulsets
      - daemonsets
      - deployments
      - replicasets
    verbs: ["list", "watch"]
  - apiGroups: ["batch"]
    resources:
      - cronjobs
      - jobs
    verbs: ["list", "watch"]
  - apiGroups: ["autoscaling"]
    resources:
      - horizontalpodautoscalers
    verbs: ["list", "watch"]
  - apiGroups: ["authentication.k8s.io"]
    resources:
      - tokenreviews
    verbs: ["create"]
  - apiGroups: ["authorization.k8s.io"]
    resources:
      - subjectaccessreviews
    verbs: ["create"]
  - apiGroups: ["policy"]
    resources:
```

```
        - poddisruptionbudgets
      verbs: ["list","watch"]
  - apiGroups: ["certificates.k8s.io"]
      resources:
        - certificatesigningrequests
      verbs: ["list","watch"]
  - apiGroups: ["storage.k8s.io"]
      resources:
        - storageclasses
        - volumeattachments
      verbs: ["list","watch"]
  - apiGroups: ["admissionregistration.k8s.io"]
      resources:
        - mutatingwebhookconfigurations
        - validatingwebhookconfigurations
      verbs: ["list","watch"]
  - apiGroups: ["networking.k8s.io"]
      resources:
        - networkpolicies
        - ingresses
      verbs: ["list","watch"]
  - apiGroups: ["coordination.k8s.io"]
      resources:
        - leases
      verbs: ["list","watch"]
---
apiVersion: v1
kind: ServiceAccount
metadata:
  name: kube-state-metrics-service-account
  namespace: monitoring
---
apiVersion: rbac.authorization.k8s.io/v1
kind: ClusterRoleBinding
metadata:
  name: kube-state-metrics-cluster-role-binding
roleRef:
  apiGroup: rbac.authorization.k8s.io
```

```
  kind: ClusterRole
  name: kube-state-metrics-cluster-role
subjects:
  - kind: ServiceAccount
    name: kube-state-metrics-service-account
    namespace: monitoring
```

　　許可權設定檔的內容較多，因為涉及對 Kubernetes 叢集多種資源的存取權限設定，該設定檔會在命名空間 monitoring 建立名為 kube-state-metrics-service- account 的服務帳號，建立命令及成功傳回結果如下所示。

```
[root@master ~]# kubectl create -f kube-state-metrics-rbac.yaml
clusterrole.rbac.authorization.k8s.io/kube-state-metrics-cluster-role
created
serviceaccount/kube-state-metrics-service-account created
clusterrolebinding.rbac.authorization.k8s.io/kube-state-metrics-cluster-
role-binding created
```

　　在 kube-state-metrics-service-account 建立成功及指定許可權後，在 Kube State Metrics 部署檔案裡只要指定 sa 為 kube-state-metrics-service-account，Kube State Metrics 就會有對叢集相關資源的讀取許可權了。

☑ 步驟 2：部署 Kube State Metrics

　　建立名為 kube-state-metrics-deployment.yaml 的部署檔案，其內容如下所示。

```
apiVersion: apps/v1
kind: Deployment
metadata:
  name: kube-state-metrics-deployment
  namespace: monitoring
  labels:
    app: kube-state-metrics
spec:
```

```
replicas: 1
selector:
  matchLabels:
    app: kube-state-metrics
template:
  metadata:
    labels:
      app: kube-state-metrics
  spec:
    serviceAccountName: kube-state-metrics-service-account
    containers:
      - name: kube-state-metrics
        image: bitnami/kube-state-metrics:2.1.0
        ports:
          - containerPort: 8080
            name: http-metrics
          - containerPort: 8081
            name: telemetry
        livenessProbe:
          httpGet:
            path: /healthz
            port: 8080
          initialDelaySeconds: 5
          timeoutSeconds: 5
        readinessProbe:
          httpGet:
            path: /
            port: 8081
          initialDelaySeconds: 5
          timeoutSeconds: 5
```

本書所用 Kubernetes 版本為 1.2.1，根據 Kube State Metrics 版本説明資訊，我們選擇對應版本即 2.1.0 版本進行部署，8080 通訊埠是 Kube State Metrics 對外提供獲取 Kubernetes 叢集監控指標資料的服務通訊埠，8081 是可以獲取 Kube State Metrics 自身運行資料的服務通訊埠。建立命令及成功傳回結果如下所示。

```
[root@master ~]# kubectl create -f kube-state-metrics-deployment.yaml
deployment.apps/kube-state-metrics-deployment created
```

☑ 步驟 3：為 Kube State Metrics 設定 Service 資源

在部署 Kube State Metrics 時，我們可以參照部署 Node Exporter 的方式，在部署檔案中增加 prometheus.io/scrape:'true' 註釋，隨後在 Prometheus 的設定檔即 ConfigMap 中增加對 Pod 資源進行自動發現的任務及相關設定，即可完成對 Kube State Metrics 的存取設定。不過，為了演示 Prometheus 對 Kubernetes 叢集裡 Service 資源的自動發現功能，我們會對 Kube State Metrics 部署 Service 資源，同時在 Service 的設定檔中增加 prometheus.io/scrape: 'true' 註釋宣告本服務需要被 Prometheus 存取。建立名為 kube-state-metrics-service.yaml 的服務，內容如下。

```
apiVersion: v1
kind: "Service"
metadata:
  labels:
    app.kubernetes.io/name: kube-state-metrics
  annotations:
    prometheus.io/scrape: 'true'
  name: kube-state-metrics-service
  namespace: monitoring
spec:
  selector:
    app: kube-state-metrics
  ports:
  - name: http-metrics
    port: 8080
    targetPort: 8080
  - name: telemetry
    port: 8081
    targetPort: 8081
```

運行下述命令，建立並檢查 Server 是否建立成功。

```
[root@master ~]# kubectl create -f kube-state-metrics-service.yaml
service/kube-state-metrics-service created
[root@master ~]# kubectl get svc -n monitoring
NAME                            TYPE          CLUSTER-IP
EXTERNAL-IP    PORT(S)
kube-state-metrics-service   ClusterIP     10.109.208.229
<none>         8080/TCP,8081/TCP
prometheus-service              NodePort      10.110.226.86
<none>         9090:30000/TCP
```

可以看到，kube-state-metrics-service 的 ClusterIp 是 10.109.208.229，可以透過在任意一個宿主機上分別運行 "curl http://10.109.208.229:8080/metrics" 和 "curl http:// 10.109.208.229:8081/metrics" 命令查看 Kubernetes 叢集及 Kube State Metrics 的監控指標資料，範例截取如下。

```
# HELP kube_persistentvolumeclaim_status_phase The phase the persistent
volume claim is currently in.
# TYPE kube_persistentvolumeclaim_status_phase gauge
kube_persistentvolumeclaim_status_phase{namespace="monitoring",persistent
volumeclaim="prometheus-server-pvc",phase="Lost"} 0
kube_persistentvolumeclaim_status_phase{namespace="monitoring",persistent
volumeclaim="prometheus-server-pvc",phase="Bound"} 1
kube_persistentvolumeclaim_status_phase{namespace="monitoring",persistent
volumeclaim="prometheus-server-pvc",phase="Pending"} 0
# HELP kube_replicaset_status_replicas The number of replicas per ReplicaSet.
# TYPE kube_replicaset_status_replicas gauge
kube_replicaset_status_replicas{namespace="monitoring",replicaset="kube-
state-metrics-deployment-56ffdd88bc"} 1
kube_replicaset_status_replicas{namespace="monitoring",replicaset="promet
heus-server-deployment-6cc8bb6d5b"} 1
kube_replicaset_status_replicas{namespace="monitoring",replicaset="promet
heus-server-deployment-f7df47ff4"} 0
kube_replicaset_status_replicas{namespace="kube-system",replicaset=
"coredns-545d6fc579"} 2
```

步驟 4：更新 Prometheus 設定檔

在 ConfigMap 中新增任務內容如下所示。

```
################### kubernetes-kube-state-metrics ####################
    - job_name: "kubernetes-kube-state-metrics"
    kubernetes_sd_configs:
    - role: service
    relabel_configs:
    - source_labels: [__meta_kubernetes_service_annotation_prometheus_
io_scrape]
      action: keep
      regex: true
    - source_labels: [__address__, __meta_kubernetes_service_
annotation_prometheus_io_port]
      action: replace
      regex: ([^:]+)(?::\d+)?;(\d+)
      replacement: $1:$2
      target_label: __address__
    - source_labels: [__meta_kubernetes_service_annotation_prometheus_
io_path]
      action: replace
      target_label: __metrics_path__
regex: (.+)
    - source_labels: [__meta_kubernetes_service_name]
      action: replace
      target_label: service_name
```

上述設定透過 "- role: service" 參數，Prometheus 自動發現 Kubernetes 裡所有的 Service 資訊，並且只會抓取在 Service 部署檔案中增加過註釋 prometheus.io/scrape: 'true' 的資源。同時，為了便於查看指標資料是屬於哪個 Service 的，我們把含有服務名稱的中繼資料標籤的值給目標標籤 service_name，運行 ConfigMap 更新命令如下。

```
[root@master ~]# kubectl apply -f prometheus-server-config-map.yaml
configmap/prometheus-server-config configured
```

幾秒鐘後，待設定檔已經更新到 Prometheus 容器，運行以下命令。

```
[root@master ~]# curl -X POST http://10.110.226.86:9090/-/reload
```

在更新完成後，可以在 Prometheus 的服務發現頁面上獲取 Kube State Metrics 的資料，同時其他註釋 prometheus.io/scrape: 'true' 的服務也被自動發現了，如圖 8-9 所示。

▲ 圖 8-9 Prometheus 透過自動發現機制自動發現 Kube State Metric 資訊

如本節開頭所述，我們可以利用 Kube State Metrics 獲取 Kubernetes 叢集內部的各類資源的資訊並進行統計、分析、警告等操作，Kube State Metrics 指標詳情可參考 Github 上的相關介紹頁面，讀者可結合實際情況使用這些指標。

8.4.4 API Server 監控

從 8.1 節可知，API Server 是使用者對 Kubernetes 叢集操作的唯一入口，也幾乎是叢集內部元件之間通訊的唯一物件，API Server 已經提供了 /metrics 介面供 Prometheus 獲取監控指標資料，透過該介面可以獲取 API Server 處理請求的平均耗時、待處理請求佇列深度等指標；同時，不僅包括 API Server 元件自身，該介面還控制著平面中各個元件（etcd、Scheduler 及 ControllerManager）的關鍵指標資料，如 etcd 資料庫容量的變化、Scheduler 和 ControllerManager 待處理請求、已處理請求數量等資料。通常建議對 API Server 提供監控。

因為 API Server 已經提供了 /metrics 介面，並且 API Server 在叢集內部是以 Service 的形式發佈的，有預設造訪網址（如果通訊埠位址有變，可以運行 Kubectl get svc 查看服務名為 "kubernetes" 對應的通訊埠，可參考 8.4.2 容器監控內容)，所以我們可以使用以下幾種方法對 API Server 進行監控。

方法 1：直接在 Prometheus 設定 API Server 的服務地址，抓取任務內容如下。

```
##################### kubernetes-apiservers ##########################
- job_name: 'kubernetes-apiservers'
    scheme: https
    tls_config:
      ca_file: /var/run/secrets/kubernetes.io/serviceaccount/ca.crt
    bearer_token_file: /var/run/secrets/kubernetes.io/serviceaccount/
token
    static_configs:
    - targets: ['kubernetes.default.svc']
```

方法 2：透過 Prometheus 對 Kubernetes 叢集 Service 資源的自動發現功能，自動發現 API Server 的 Serivce 位址，然後進行監控，抓取任務內容如下。

```
##################### kubernetes-apiservers ########################
    - job_name: 'kubernetes-apiservers'
    scheme: https
    tls_config:
      ca_file: /var/run/secrets/kubernetes.io/serviceaccount/ca.crt
    bearer_token_file: /var/run/secrets/kubernetes.io/serviceaccount/
token
    kubernetes_sd_configs:
    - role: service
    relabel_configs:
    - source_labels: [__meta_kubernetes_namespace, __meta_kubernetes_
service_name]
```

```
  action: keep
  regex: default;kubernetes
```

上述內容與 8.4.3 節自動探測 Kube State Metrics 服務的內容略有區別,我們透過定義目標位址只保留在 default 命名空間下名為 kubernetes 服務資源位址即 API Server 造訪網址的方式實施對 API Server 的監控。API Server 是 Kubernetes 叢集建立的服務,預設部署檔案沒有加過 prometheus.io/scrape: 'true' 註釋,雖然我們可以透過 kubectl edit kubernetes 來編輯設定檔,但是通常不建議修改 Kubernetes 叢集系統元件的部署檔案。

方法 3:透過 Prometheus 對 Kubernetes 叢集 Endpoint 資源的自動發現功能,自動發現 API Server 的 Endpoint 位址(API Server 所在容器的位址),然後進行監控,抓取任務內容如下。

```
##################### kubernetes-apiservers #######################
- job_name: 'kubernetes-apiservers'
  scheme: https
  tls_config:
    ca_file: /var/run/secrets/kubernetes.io/serviceaccount/ca.crt
  bearer_token_file: /var/run/secrets/kubernetes.io/serviceaccount/
token
  kubernetes_sd_configs:
  - role: endpoints
  relabel_configs:
  - source_labels: [__meta_kubernetes_namespace, __meta_kubernetes_
service_name]
    action: keep
    regex: default;kubernetes
```

透過參數 - role: endpoints,Prometheus 對叢集 Endpoint 資源進行自動發現,其他內容都與方法 1 相同。

鑑於前文已經分別用過 Prometheus 對 Node、Pod 及 Service 資源的自動發現功能,所以我們用方法 3 實施對 API Server 的監控,以此演示 Prometheus 對 Endpoint 資源的自動發現功能,將方法 3 的內容更新到 prometheus-server-config- map.yaml 檔案,隨後再次運行 ConfigMap 更新命令及設定檔重新載入命令。

```
[root@master~]# kubectl apply -f prometheus-server-config-map.yaml
configmap/prometheus-server-config changed
```

幾秒鐘後,待設定檔已經更新到 Prometheus 容器,運行以下命令。

```
[root@master~]# curl -X POST http://10.110.226.86:9090/-/reload
```

在更新成功後,可以在 Prometheus 的服務發現頁面上獲取 API Server 的資料,範例如圖 8-10 所示。

▲ 圖 8-10 Prometheus 透過自動發現功能發現 API Server 的資料

8.4.5 應用系統監控

對於應用系統監控,我們通常從三個方面實施監控,分別是指標資料監控、鏈路追蹤及記錄檔監控。運行在 Kubernetes 內部的應用系統監控所要監控的內容也是一樣的。

1. 指標資料監控

通常需要應用系統提供監控指標資料介面,並在 Deployment 或 Service 的部署檔案中增加註釋(可參考 8.4.2 節、8.4.3 節),透過 Prometheus 的服務發現機制去發現應用系統提供監控指標資料的服務並存取。具體 方式可參照 Node Exporter、cAdvisor、Kube State Metrics 等元件的部署 方式,這裡不再贅述。對於沒有提供監控指標資料介面的應用系統,我 們可以使用邊車模式對應用系統進行指標資料獲取(見圖 8-11),即在 應用系統容器所在 Pod 下再部署一個專門用於收集應用系統監控指標的 容器,隨後由該容器向 Prometheus 提供獲取監控指標資料的存取介面。 Prometheus 的很多如 Redis、MongoDB、Mysql 等協力廠商常用工具進行 資料獲取的 Exproter 就可以使用這種方式部署。

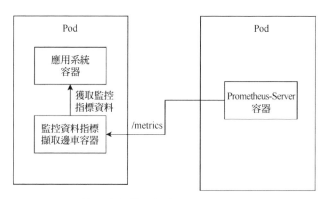

▲ 圖 8-11 使用邊車模式對應用系統進行指標資料獲取

2. 鏈路追蹤

鏈路追蹤的主要目的是監控在 Kubernetes 叢集下各個應用服務之間 的呼叫關係及呼叫時間、執行時間等資訊,從而知道使用者的某次請求 的完整鏈路。當系統異常時,透過觀察鏈路狀態,可以快速定位發生異 常的服務,隨後技術人員可以做進一步故障分析;同時,對歷史呼叫鏈 路的監控資料分析,有助分析服務之間的呼叫性能、呼叫鏈路最佳化等 方面工作。要實現在容器內部的鏈路追蹤,大致想法和指標資料監控類似，採用邊車模式，在應用系統容器所在的 Pod 下再部署一個容器，專門負責接收業務容器內部發出的鏈路數據，示意如圖 8-12 所示。

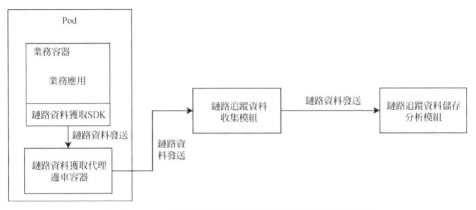

▲ 圖 8-12　使用邊車模式對應用系統進行鏈路追蹤

鏈路資料獲取 SDK 通常會透過 UDP 協定發送鏈路數據到鏈路資料獲取代理（Agent），但是如果應用服務是基於 Java 開發的，並且使用了 Java 的位元組碼插裝技術來進行鏈路資料獲取，那麼圖 8-12 中業務容器和邊車容器不需要再透過 UDP 協定進行資料傳輸，可以直接把邊車容器裡用於位元組碼插裝的 jar 套件透過 Kubernetes 設定為共用儲存給業務容器，業務容器在啟動時設定 -javaagent 參數指向這個 jar 套件，從而實現鏈路數據的擷取，示意如圖 8-13 所示。

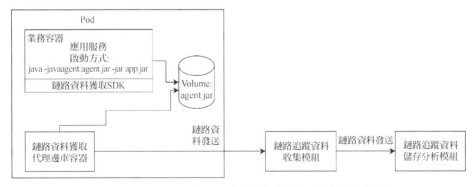

▲ 圖 8-13　使用位元組碼插裝技術進行鏈路追蹤的邊車模式

本節只對 Kubernetes 叢集內的應用系統實現鏈路追蹤的常用方式做了介紹，關於應用系統鏈路追蹤的詳細技術原理及實現方式可參考本書第 9 章。

3. 記錄檔監控

在本書第 10 章中將介紹記錄檔監控的常用框架、技術原理、實施方法等內容，本章所述內容也可用於對 Kubernetes 叢集內部運行的應用系統記錄檔進行收集及監控。只要記錄檔擷取代理定位到容器內部運行的記錄檔位置，之後對記錄檔的收集及轉發給記錄檔收集服務的操作，都和傳統的在宿主機上對應用系統進行記錄檔擷取的邏輯是一致的，即透過記錄檔擷取代理程式對應用系統產生的記錄檔進行擷取並發送到記錄檔收集服務，或不使用記錄檔擷取代理應用系統主動發送記錄檔到記錄檔伺服器的方式來進行記錄檔收集及監控。在 Kubernetes 叢集內部通常有以下幾種方式對容器內應用系統產生記錄檔進行收集及監控。

1）應用系統直接將記錄檔傳輸到記錄檔擷取服務

我們可以透過對應用系統進行改造，讓容器內的應用系統直接將記錄檔發送給記錄檔擷取服務，如圖 8-14 所示。

▲ 圖 8-14 應用系統直接將記錄檔發送給記錄檔擷取服務

這種方式增加了應用的管理複雜度，使原本只需要考慮將記錄檔記錄到本地或系統標準輸出（stdout）的應用系統還需要了解如何和記錄檔擷取服務互動，應用系統還需要考慮記錄檔擷取的邏輯，對業務程式產生了侵入（當然通常會使用 SDK 的方式整合到應用系統程式裡，盡可能使業務系統的開發人員感知不到和傳統開發應用系統記錄檔記錄方式的區別），記錄檔系統異常可能會導致應用系統不可用，為應用系統徒增風險點。這種模式通常用於應用系統的記錄檔量非常大，透過其他方法進行記錄檔擷取，都會因系統磁碟讀寫、記憶體大小及記錄檔傳輸時效性等產生較大瓶頸，通常不推薦採取這種方式進行記錄檔擷取。

2）使用邊車模式對應用系統記錄檔進行擷取並轉到後端

與指標資料獲取及鏈路追蹤類似，我們也可以使用邊車模式，在業務容器運行的 Pod 下再部署運行記錄檔擷取代理邊車容器，透過將業務容器記錄檔目錄掛載到記錄檔擷取代理容器的方式對記錄檔進行擷取，如圖 8-15 所示。

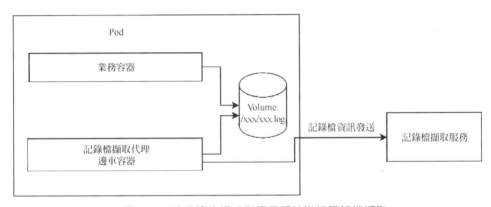

▲ 圖 8-15 使用邊車模式對應用系統進行記錄檔擷取

因為需要時刻對磁碟進行讀取檔案操作，通常記錄檔擷取代理如 Filebeat 或 Fluentd 等對系統資源的需求比指標資料監控或鏈路追蹤裡的資料獲取代理要高得多。在非容器環境下，一個宿主機通常只需要安裝一個記錄檔擷取代理來處理該宿主機上所有運行應用系統的記錄檔；而採用邊車模式對應用系統記錄檔進行擷取，如果一台宿主機上運行了很多個 Pod，會導致一台宿主機上運行很多個記錄檔擷取代理容器，對系統資源消耗很大，這種模式適用於對叢集租戶隔離性要求較高的場景（當然所依賴的 Kubernetes 叢集也必須規模足夠大），否則通常也不建議採用這種模式進行記錄檔擷取。

3）記錄檔擷取代理直接透過容器在宿主機的映射目錄進行記錄檔擷取

　　當容器中的應用系統把資訊輸出到容器的標準輸出（stdout）和標準錯誤輸出（stderr）時，容器所依賴的容器執行時期工具的預設記錄檔驅動模組會把這些資訊作為記錄檔儲存到宿主機的某個目錄下，Kubernetes會統一在宿主機的 /var/log/containers 目錄下建立軟連接，指向這些記錄檔。因此，如果容器裡應用系統記錄檔不再是寫到容器裡的某個檔案下，而是把日常記錄檔輸出到 stdout、錯誤記錄檔輸出到 stderr 中，我們只需要使記錄檔擷取代理對宿主機的 /var/log/containers 目錄下所有記錄檔進行擷取即可。當然，同 8.4.1 節裡提到的 Node Exporter 部署方式類似，為了避免每個宿主機上依次部署記錄檔擷取代理，我們可以以DaemonSet 的方式把記錄檔擷取代理部署在每個宿主機上的 Pod 裡，隨後把宿主機的 /var/log/containers 目錄掛載到 Pod 裡的容器下，如圖 8-16所示。

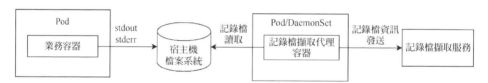

▲ 圖 8-16 直接擷取容器映射到宿主機的記錄檔

　　這種模式不僅把記錄檔擷取的邏輯完全和應用系統業務程式開發進行了隔離，而且記錄檔擷取對系統資源消耗也不大，通常推薦採用這種方式進行記錄檔擷取，但是這需要應用系統將原本寫到檔案裡的記錄檔替換輸出到 stdout 和 stderr 中，對很多長期穩定運行的系統而言，可能在改造過程中引入新的缺陷。如果不希望對應用系統進行改造，我們可以再次採用邊車模式，在應用系統容器下部署額外的容器，讀取應用系統記錄檔並輸出到 stdout 和 stderr 中，如圖 8-17 所示。

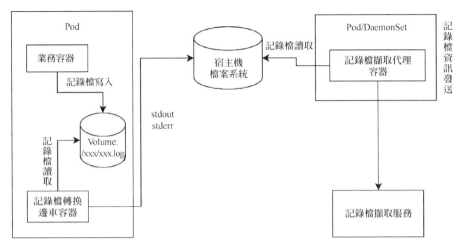

▲ 圖 8-17 採用邊車模式把應用系統容器輸出到 stdout 和 stderr 中進行擷取

這種模式可以避免應用系統改造,並且對系統資源消耗相對較小,但是邊車容器和記錄檔擷取代理容器都對記錄檔進行讀取,會對性能有一些影響,同時,這種模式也會把記錄檔所佔儲存容量加倍(宿主機記錄檔目錄及容器記錄檔目錄)。

從上述 Kubernetes 叢集記錄檔監控方法中,我們可以看到,記錄檔擷取並不存在一個完美的方案,具體採用哪種方案實施需要結合業務系統現狀、叢集規模、叢集使用者租戶隔離需求、性能需求等因素綜合考慮,設計合適方案來實施落地。

8.5 本章小結

本章節首先對容器編排開放原始碼系統 Kubernetes 從架構、元件、功能等方面做了介紹;隨後對 Kubernetes 監控可以提供很好的支援且同樣開放原始碼的監控系統 Prometheus 的架構及工作原理做了介紹;最後就如何對 Kubernetes 從底層宿主機、容器、叢集直到上層應用實施監控所涉及的原理、技術、實施方法及整體監控系統做了詳細的介紹。

應用監控

　　在應用系統架構主要還是單體應用的時代，系統架構通常是由 Web 伺服器、應用伺服器及資料庫群組成的典型三層架構。在業務對系統高可用、穩定性、高性能等方面提出更高要求後，應用系統的架構逐漸向分散式框架轉型。傳統的透過對應用系統所依賴的基礎設施，以及應用系統自身的相關處理程式及通訊埠等資訊的健康狀況進行監控的方式，在分散式架構下，對定位造成系統異常的真正原因的支援比較有限，我們需要一種更直接、有效的可以對應用系統實施監控的方式，目前比較主流的方式是使用應用性能管理技術（Application Performance Management，APM）來對應用系統進行全方位的監控，本章將介紹 APM 系統的核心概念、呼叫鏈路追蹤、APM 系統的設計與實現等內容。

▌ 9.1 應用性能管理概述

　　單體應用系統所依賴的底層基礎設施如伺服器、網路裝置、儲存等硬體發生異常時，通常可以結合基礎設施的監控資訊及應用系統本身的記錄檔等資訊，推斷應用系統的健康情況，以及可能受影響的業務範圍。但是，隨著分散式架構的應用和發展，應用系統逐漸從傳統三層級的單體應用架構向多層級的微服務架構轉型，一個業務功能通常由多個應用系統提供的功能（通常稱服務）組成，不同的應用系統可能由不同的團隊開發，甚至很可能使用不同的程式語言及技術來實現，同時一個應用系統還可能同時部署在多台伺服器上，甚至部署在不同的資料中心（見圖 9-1）。

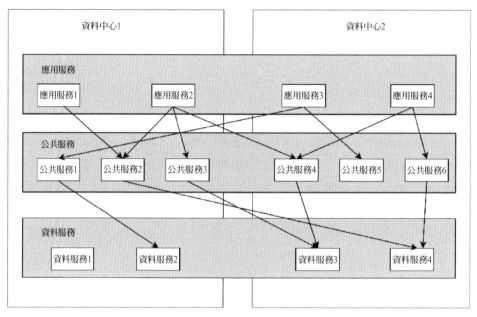

▲ 圖 9-1　微服務架構服務呼叫示意圖

　　這種多層級的系統架構具有很強的擴充性，隨著實際業務需求的增長，可以進行快速擴充及靈活部署，但是系統整體的複雜性也隨著系統規模的增長而增長，某個服務在接收到使用者請求時，實際處理方式很可能會涉及多個服務之間的呼叫，這些服務之間可能透過 RPC、Restful API 及訊息佇列等多種方式進行通訊，同時還涉及資料庫、快取中介軟體等各類資料服務的存取，各個服務之間的呼叫極為複雜。在這種場景下，當業務功能發生異常時，如果僅依賴傳統監控方式所提供的基礎設施及應用系統自身的記錄檔資訊，在數量龐大的應用系統或服務中排除問題根源的時間及難度會呈幾何級數式上升，對很多企業內部允許中斷時間很短的核心業務來說，是無法容忍的。同理，當某個應用系統發生異常時，可能會影響哪些業務功能，對業務功能的影響程度如何也很可能無法快速得知，即使業務功能沒有發生異常，系統本身也可能已經處於「亞健康」狀態，如有時使用者會覺得頁面打開得慢了，系統的回應時間長了，某筆交易執行變慢了等影響使用者體驗的場景，技術團隊很可能無法先於使用者發現問題並即時查明原因。

因此，我們需要一種更有效的方式對應用系統及業務功能本身進行健康檢查，需要一個可以對業務功能所涉及的每個應用系統所產生的性能資料進行度量、監控、分析，並且協助技術人員在系統異常時快速準確定位導致系統異常的根本原因的系統，目前業界主要使用應用性能管理 APM 系統來實現這一目標。APM 系統可以為我們提供以下功能。

- 故障定位：透過呼叫鏈路追蹤技術，對一次使用者請求的邏輯軌跡進行完整清晰的記錄及展示，當異常發生時，可以透過鏈路資訊進行問題鎖定。

- 性能分析：透過記錄呼叫鏈上每個環節的處理時間（如 Http 請求回應時間、函數呼叫時間、SQL 敘述執行時間、快取查詢時間、訊息佇列讀寫時間等），以及該環節所依賴底層元件或基礎設施的性能資料（如 CPU 佔用率、記憶體使用情況、執行緒池使用情況等）等資訊進行分析，找出系統性能的瓶頸。

- 資料分析：不同業務功能涉及的後端服務的呼叫路徑，可以清晰地顯示各個服務直接的依賴和呼叫關係，分析這些關係可以協助我們進行業務功能最佳化、變更、連結影響分析等工作。

▍**9.2 呼叫鏈路追蹤**

由 9.1 節可知，APM 系統的核心功能是對每次使用者請求涉及的實際系統之間的服務呼叫資訊如呼叫順序、呼叫方式、呼叫內容、呼叫時間、處理時長，以及服務所依賴的底層元件和基礎設施的性能資料進行記錄，並透過對這些鏈路呼叫資料進行分析，提供故障定位、性能分析及資料分析等功能。我們通常把類似這樣的技術稱為呼叫鏈路追蹤技術。

呼叫鏈路追蹤技術最早被業界所熟知，主要是 Google 公司於 2010 年發佈的關於説明內部所使用分散式追蹤系統 Dapper 技術原理的論文 *Dapper, a Large-Scale Distributed Systems Tracing Infrastructure*，這篇論文中提到分散式追蹤系統的工作原理，以及與呼叫鏈路相關的概念如 Trace（一次使用者請求相關的完整呼叫鏈）、Span（一次方法的呼叫區間）、Annotation（關於 Span 的額外資訊）等，一直被直接或間接沿用至今。很多 APM 系統雖然實現方式、技術原理不完全相同，但是其關於鏈路呼叫追蹤的設計方法，都參考了 Google 的這篇論文中所提的思想。

隨著這篇 Dapper 相關論文的發佈，一些公司或社區開始基於 Dapper 的技術原理實現 APM 系統，其中比較著名的開放原始碼 APM 系統有 Twitter 開發的 Zippin、Uber 開發的 Jaeger、大眾點評開發的 CAT，「大神」吳晟開發的在功能及性能方面都很強大的 SkyWalking 等系統；商用軟體比較著名的有 Dynatrace、AppDynamics、New Relic 等。

APM 市場的蓬勃發展為應用系統的健康狀況分析監控開啟了新的方向，但隨之而來了一個新的問題，不同的 APM 系統，內部各元件所設計的 API 標準个一樣，對應用系統的支援程度也不一樣，如在程式語言方面，有些 APM 系統支援基於 Java 開發的應用系統，有些 APM 系統支援基於 C# 開發的應用系統；在 Web 容器方面，有些 APM 系統僅支援對

Tomcat、Jetty 等開放原始碼的 Web 容器進行鏈路追蹤，有些 APM 系統還支援對 JBoss、Weblogic 等商業 Web 容器進行鏈路追蹤。一般企業內部的系統由於建設時期不一樣，所用的技術堆疊也可能是不一樣的，在 APM 系統發展早期，很可能無法找到一套同時支援企業內部所有技術堆疊的 APM 系統，這就造成企業內部為了實現不同的監控需求，要使用多套 APM 系統的情況，同時，企業很可能同時對沒有任何現有 APM 支援的系統展開 APM 自研工作，這就造成一個呼叫鏈的各個環節資料可能涉及不同的 APM 產品。由於不同 APM 產品的 API 並不相容，最終很可能使這個呼叫鏈的各個環節的資料割裂，從而無法讓技術人員從一個全域整體的角度對呼叫鏈進行查看。不同 APM 系統實現標準不一，如果對一套 APM 系統進行替換，可能會導致應用系統變更，對系統的穩定性造成影響。

基於這些原因，APM 的一些專家建立了名為 OpenTracing 的標準，其目的是提供一套與平臺、廠商無關的 API 及對應的資料結構標準，任何 APM 產品只要相容這些 API 和標準，就可以很方便地整合在一起，不同的 APM 產品就可以組成一個更加完備、符合企業實際需求的 APM 系統。目前，Zippin、Jaeger、SkyWalking 等產品均支援 OpenTracing 標準，越來越多的 APM 產品也在逐漸加入支援 OpenTracing 的標準中去。

如果想對 APM 系統有更深入的理解，更進一步地使用 APM 系統，甚至對開放原始碼 APM 系統進行訂製開發或設計開發一套完全符合企業內部開發運行維護需求的 APM 系統，對 OpenTracing 標準的了解是非常有必要的。本節將對 OpenTracing 中提到的一些概念、標準做個簡單的介紹。

9.2.1 Span 的概念

Span 表示具有開始時間和執行時長的邏輯運行單元，是 OpenTracing 中一個基本的工作單元，可以視為表示我們需要追蹤監控的某個程式部分，如實現關鍵業務程式的程式部分、實現跨處理程式之間 RPC 呼叫的程式部分、發起 Restful 請求的程式部分、存取資料庫及訊息中介軟體的程式部分等。在一個 Span 所包括的程式部分中，也可能包括對其他方法的呼叫，而在其他方法中也有可能有我們關注的程式部分，即也是一個 Span，所以不同的 Span 之間可能會有連結關係，Span 之間透過巢狀結構或順序排列建立邏輯因果關係，Span 的資料結構通常需要包含以下屬性：

- OperationName：當前 Span 所表示的操作名稱，通常命名為 Span 所在程式碼部分的方法名稱、對外提供的服務名稱等。

- StartTime：當前 Span 的執行開始時間。

- EndTime：當前 Span 的執行結束時間。

- Tags：當前 Span 的或多個以 key:value 鍵值對組成的標籤資訊，key 必須是字串類型，value 可以是字串、布林或數字類型。通常可以使用標籤來記錄和此 Span 有關的資訊，如 URL 資訊、執行的 SQL 敘述、訂閱的訊息佇列主題名稱等。

- Logs：當前 Span 的記錄檔資訊，和標籤類型類似，也是由一個或多個以 key:value 鍵值對組成的資訊，但每個鍵值對會附有時間戳記，通常用於記錄 Span 執行時的各類動作詳情。

- SpanContext：是在 OpenTracing 中一個的非常重要的資料結構，用於記錄當前 Span 的上下文資訊，如用於記錄表示當前 Span 唯一性的 SpanID、記錄表示當前 Span 所在呼叫鏈路的 TraceID、記錄觸發當前 SpanID 的父 SpanID 等資訊。當一個 Span 被建立時，會根據父 Span 的 SpanContext 資訊生成自身的 SpanContext。同時，當觸發子 Span 時（可能在當前處理程式內部觸發，也可能透過遠端呼叫等方式跨處理程式觸發），會把 SpanContext 傳遞給子 Span，從而讓子 Span 生成對應的 SpanContext（詳情見 9.3.2 節）。

- Reference：記錄當前 Span 和其他 Span 的連結關係。目前，OpenTracing 中暫時定義了兩種類型的連結關係，都用於表示當前 Span 和觸發該 Span 即父 Span 的連結關係。

- Childof 關係：表示父 Span 的執行需要等當前 Span 執行完畢後才可繼續，通常用於父子 Span 是同步呼叫的場景。如某個 Span（假設稱為 Span1）所代表的程式部分觸發了一次 RPC 呼叫，該 RPC 呼叫也是一個 Span（假設稱為 Span2），則 Span2 在建立時，會把 Reference 即連結關係設定為 Childof Span1，即 Span1 的子節點。當父子 Span 的連結關係為 Childof 時的範例時序關係如下所示。

```
[-Parent Span------------]
        [-Child Span----]
    [-Parent Span-----------------------------]
        [-Child Span A---------------]
                [-Child Span B----]
        [-Child Span C---------------------]
            [-Child Span D--------------]
            [-Child Span E----]
```

- FollowsFrom 關係：表示父 Span 不需要等當前 Span 執行完即可繼續執行，通常用於父子 Span 是非同步呼叫的場景。典型的場景是父 Span 發送訊息給訊息佇列，隨後一個或多個子 Span 從訊息佇列消費訊息。下面是當父子 Span 關係為 FollowsFrom 時的範例時序關係。

```
[-Parent Span-]  [-Child Span-]
   [-Parent Span--]
   [-Child Span-]
   [-Parent Span-]
              [-Child Span-]
```

圖 9-2 是 OpenTracing 官網上的表示資料庫查詢階段的 Span 示意圖。

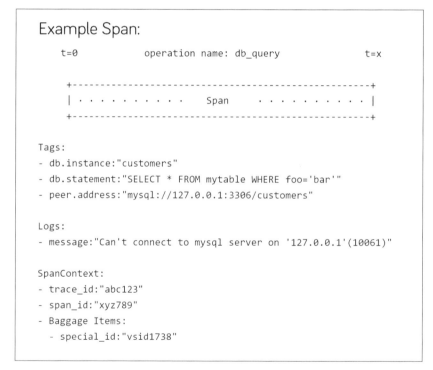

▲ 圖 9-2 表示資料庫查詢階段的 Span 示意圖

9.2.2 Trace 的概念

Trace 在 OpenTracing 中表示一個事物或流程在系統中的執行過程，一個 Trace 就是由多個 Span 組成的有向無環圖，如我們存取某個 Web 系統，當點擊某個按鈕，觸發了對後端應用提供服務的呼叫時，該後端應用為了能給前端提供服務，又可能會呼叫其他服務，最終將結果傳回前端，這個運作流程就可表示為一個 Trace，即一個分散式鏈路呼叫過程。結合之前介紹的 Span 的概念，把每個 Span 裡記錄的 ParentID 和 SpanID 資訊作為圖型演算法裡的起點和終點，就可以得到整個鏈路呼叫的流程圖，圖 9-3 是由 5 個 Span 組成的 Trace 示意圖。

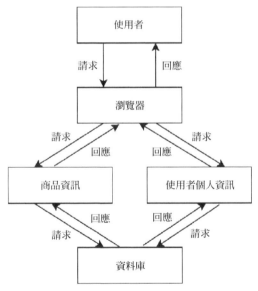

▲ 圖 9-3 由 5 個 Span 組成的 Trace 示意圖

從圖 9-3 中可以看到一個鏈路在呼叫過程中涉及哪些 Span，但是 Trace 示意圖無法展示每個 Span 耗時多久、哪些 Span 是併發執行的等資訊。通常我們可以結合每個 Sapn 的開始及結束時間，以時序圖的方式展示一個鏈路的呼叫過程，如圖 9-4 所示。

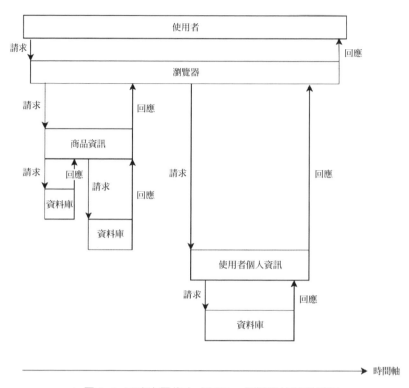

▲ 圖 9-4 以時序圖的方式展示一個鏈路的呼叫過程

透過鏈路呼叫的時序圖可以很直觀地看到一次鏈路呼叫過程中到底經過了哪些 Span、哪些 Span 耗時最長、哪些 Span 是併發執行的、哪些 Span 是循序執行的等情況，結合這些資訊可以對應用系統的健康狀況進行評估。

▋9.3 APM 系統的設計與實現

實現 APM 系統的核心步驟是將當前 Span 的 SpanID 和 TraceID，即 SpanContext 資訊傳遞給下一個 Span，便於下一個 Span 根據這些資訊生成自己的 SpanContext 資訊，同時將當前 Span 的執行時間、Tags、Logs

等資訊傳遞到統一的後端進行呼叫鏈路分析，本節將對呼叫 APM 系統的架構及關鍵技術做個簡單的介紹。

9.3.1 APM 系統通用架構

APM 系統通用架構和第 1 章中介紹的監控系統架構類似，通常包括資料獲取、資料收集、資料分析及展示等模組，APM 系統通用架構如圖 9-5 所示。

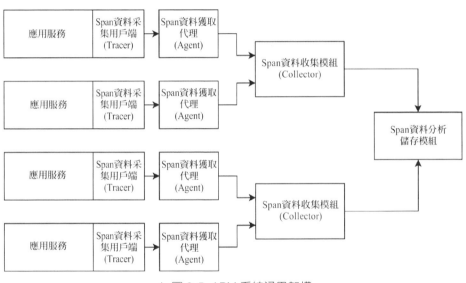

▲ 圖 9-5 APM 系統通用架構

各個模組的主要作用說明如下：

- Span 資料獲取用戶端（Tracer）：負責 Span 的建立及相關 Span 資訊的收集，通常以協力廠商庫即 SDK 的形式嵌入應用系統，供應用系統在需要關注的業務功能對應的程式處呼叫對應介面，或對常用的跨處理程式方法如存取訊息佇列、呼叫 Restful 介面等自動建立 Span（詳情見 9.3.2 節）。隨後，用戶端會將建立好的

Span 序列化，再發給 Span 資料獲取代理，同時，為了盡可能減少對應用系統的影響，需要考慮對 Span 資料的採樣策略（詳情見9.3.4. 節）。

- Span 資料獲取代理（Agent）：通常和 Span 資料獲取用戶端運行在同一個宿主機或容器上，一個宿主機上或容器內通常只需要部署一個資料獲取代理，負責接收該宿主機或容器內各個擷取用戶端發送的 Span 資料，並進行快取，之後一併發給 Span 資料收集模組，如果不是必須在 Span 資料獲取用戶端做的工作，通常都轉交給此模組執行，以此減少對應用系統性能的影響。

- Span 資料收集模組（Collector）：負責對 Span 資訊進行集中收集併發送給 Span 資料分析儲存模組。在有些 APM 系統中，Span 資料收集模組還會負責對 Span 資料進行篩選，篩選後的資料才會被發給資料分析儲存模組（詳情見 9.3.4 節）。同時，資料收集模組由於可能接收來自不同類型 Span 資料獲取代理發送的 Span 資料，所以通常需要對 Span 資料的格式進行統一轉換，然後再發送給 Span 資料分析儲存模組。 同理，資料收集模組也可能需要將數據傳給不同類型的 Span 資料分析儲存模組，所以需要根據各個 Span 資料分析儲存模組的介面類別型，進行不同格式的資料轉換。

- Span 資料分析儲存模組：負責對 Span 資訊進行分析及儲存，同時提供 API 供外部呼叫。通常 Span 資料分析儲存模組也有呼叫鏈展示功能，將呼叫鏈資訊視覺化展示給技術人員，供其進行問題分析追蹤。

9.3.2 Span 的建立及 SpanContext 的傳遞邏輯

如 9.3 節所述,要實現鏈路追蹤的關鍵是將當前 Span 的 SpanID 和 TraceID 即 SpanContext 資訊傳遞給下一個 Span,以便下一個 Span 根據這些資訊生成自己的 SpanContext 資訊,同時將當前 Span 的執行時間、Tags、Logs 等資訊發送給 Span 資料獲取代理,最終將 Span 資料發送到 Span 資料分析儲存模組進行全域分析。

因此,進行呼叫鏈路追蹤,需要我們在關注的業務程式部分(通常是某個方法)的開始階段根據是否有父 SpanContext 資訊來建立 Span 物件並記錄相關資訊,隨後在業務程式結束處將 Span 資訊發送給 Span 資料獲取代理,並同時將 SpanContext 的資訊以某種方式傳遞給下一個 Span,通常整體執行邏輯如下。

▨ 步驟 1:獲取父 SpanContext 資訊

如果此方法是會被跨處理程式呼叫的,那麼此方法可能負責對外提供 Restful 服務、訊息佇列訊息的消費、對外提供 RPC 服務等功能,需要從相關協定請求裡獲取父 SpanContext 的資訊(如從 Http 請求裡獲取、從訊息佇列裡獲取、從 RPC 請求裡獲取等);如果此方法只會在處理程式內部被呼叫,則需要從處理程式內部執行緒間傳遞資訊的機制中獲取 SpanContext 資訊。在不同的程式語言中,實現方法不一樣,如 Java 和 Python 都有類似 ThreadLocal 變數的機制,利用 ThreadLocal 變數,既可以把它當成同執行緒間不同 Span 獲取父 SpanContext 的共用變數,又可以把它當成不同執行緒間傳遞 SpanContext 的載體,對如 Go 語言等不支援 ThreadLocal 變數機制的程式語言來說,只能把 SpanContext 作為方法的參數,傳遞給對應方法。

☑ 步驟 2：根據父 SpanContext 資訊，建立 Span

如果在步驟 1 中沒有獲取到父 SpanContext 資訊，則表示當前業務程式是呼叫鏈裡首先被執行的程式，即當前 Span 是呼叫鏈裡的第一個 Span，我們可以直接建立 Span 物件，並生成 TraceID 和 SpanID。因為當前 Span 是呼叫鏈裡的第一個 Span，所以在預設情況下 SpanID 和 TraceID 相同（SpanID 和 TraceID 生成演算法詳情見 9.3.3 節），可將 SpanID 和 TraceID 的值作為生成 SpanContext 的初始化參數，隨後把 SpanContext 和當前 Span 綁定。

如果在步驟 1 中獲取了父 SpanContext 資訊，當建立 Span 物件時，需要建立當前 Span 和父 Span 的連結關係（Childof 或 FollowsFrom 關係，詳情見 9.2.1 節），生成 SpanContext 的 TraceID 需要從父 SpanContext 中獲取。

☑ 步驟 3：將當前 Span 資訊設定為活動狀態

在建立完 Span 之後，需要把當前 Span 設定為活動狀態，即需要把 SpanContext 物件傳遞到 Java 或 Python 中類似 ThreadLocal 的變數中，以便處理程式內屬於呼叫鏈的下一個節點（相關程式部分）執行步驟 1 時使用。

☑ 步驟 4：將 SpanContext 資訊放在跨處理程式服務請求的協定裡

如果當前 Span 業務程式部分還會有 Restful 介面呼叫、向訊息佇列發送訊息，以及 RPC 服務呼叫等跨處理程式服務呼叫的場景，需要按照具體請求協定格式，把 SpanContext 資訊放在協定裡，以便處理程式外屬於呼叫鏈的下一個節點（相關程式部分）執行步驟 1 時使用。

☑ 步驟 5：在業務程式執行完畢後，發送 Span 資訊到 Span 資料獲取代理

在業務程式執行完畢後，我們需要將 Span 資訊發送給 Span 資料獲取代理，以便其將資料發送到 Span 資料分析儲存模組，從而對整個呼叫鏈進行分析。

上述步驟的虛擬程式碼如下所示。

```
public void tracedMethod(){
        # 從全域變數或呼叫請求協定裡獲取父 SpanContext 資訊
        Span parentSpanContext = getCurrentSpanContext();
        if(parentSpanContext!=null){
            # 如果 parentSpanContext 存在，把當前 Span 設定為 parentSpanContext
的子 Span
            Span currentSpan = tracer.startSpan(operationName=tracedMethod,
childOf(parentSpanContext)).start();
        }else{
            # 如果 parentSpanContext 不存在，建立 rootSpan
            Span currentSpan = tracer.startRootSpan(operationName=
tracedMethod).start();
        }

        # 把當前 Span 設定為活躍狀態，即把 SpanContext 放到全域變數可供本執行緒的
其他方法存取
        # 如果該方法會遠端呼叫其他方法，則把當前 SpanContext 放到遠端呼叫協定裡
        activeSpan(currentSpan.spanContext);

        # 執行業務程式
        doBussinessAction();

        # 業務程式執行完畢，關閉當前 Span 並把相關資訊發送給 Span 資料獲取代理
        currentSpan.finish();
    }
```

9.3.3 TraceID 和 SpanID 的生成方法

當生成呼叫鏈中的 Span 時，我們需要生成 TraceID（如果是第一個 Span）來代表此呼叫鏈，同時，我們需要建立 SpanID 來表示此 Span。 TraceID 和 SpanID 的值通常由應用系統依賴的運行環境生成的隨機數來決定。為了提升性能，企業內部大規模使用的 APM 系統通常會在宿主機上直接生成 TraceID 和 SpanID，不會在後端如 Span 資料收集模組或 Span 資料分析儲存模組進行集中生成。因此，對於 TraceID，通常由兩個佔據 8 位元組的隨機整數組合而成，這樣一來，TraceID 重複的可能性微乎其微。對於 SpanID，因為 Span 肯定是屬於某個呼叫鏈的，所以通常使用一個佔據 8 位元組的隨機整數為其給予值，同一個呼叫鏈下 SpanID 重複的可能性也非常小。第一個 Span 的 SpanID 通常與 TraceID 的其中一個隨機數相同。

以 Java 程式為例，JavaTraceID 和 SpanID 生成範例如下所示。

```
private SpanContext createNewContext() {
  ......
    long spanId = Utils.uniqueId();
    long traceIdLow = spanId;
    long traceIdHigh = Utils.uniqueId();
  ......
}
```

其中，生成 ID 的 Utils.uniqueID() 的方法如下所示。

```
public static long uniqueId() {
long val = 0;
while (val == 0) {
val = ThreadLocalRandom.current().nextLong();
}
return val;
}
```

因為 TraceID 和 SpanID 都可能是一個很大的隨機數，所以通常在轉換成字串顯示時，會轉換成 16 進制數展示，避免太過冗長，同時，從程式中我們可以看到 TraceID 是分別由兩個佔據 8 位元組的數字組成的（traceIdLow，traceIdHigh），相關轉換程式如下所示。

```
private String convertTraceId() {
   String hexStringHigh = Long.toHexString(traceIdHigh);
   String hexStringLow = Long.toHexString(traceIdLow);
   if (hexStringLow.length() < 16) {
     return hexStringHigh + "0000000000000000".substring(hexStringLow.
length()) + hexStringLow;
   }
   return hexStringHigh + hexStringLow;
}
```

當然，無論是 TraceID 還是 SpanID，理論上還是存在重複的可能性的。在實際使用中，通常只有當系統存取量非常大，並且呼叫鏈資料全部被採樣時（詳情見 9.3.5 節），這種情況才可能以很低的機率發生，即使發生了 TraceID 重複或同一個呼叫鏈裡 SpanID 重複的情況，由於該呼叫鏈肯定已經被擷取到多次了，所以我們可以忽略這些異常呼叫鏈的資料。

9.3.4 程式植入方法

在了解了如何建立 Span 及傳遞 SpanContext 的方法後，可以發現這種直接修改業務程式來插入相關呼叫鏈追蹤有關程式的方式，對業務程式的侵入性是非常強的，尤其是對已經上線的應用系統而言，業務程式都需要配合變更，可能會在原本穩定運行的業務程式中引入新的風險，所以在實際生產環境實施鏈路追蹤時，APM 的 Span 資料獲取用戶端會結合應用系統運行環境的特點，利用一些技術手段，將 Span 的建立及 SpanContext 的傳遞等呼叫鏈相關程式盡可能自動無感知地插入相關業務程式中，減少對業務程式的侵入。

☒ 方法 1：使用 AOP（Aspect Oriented Programming）面向切面程式設計原理將呼叫鏈相關程式進行自動植入

AOP 面向切面程式設計是指將程式自動植入指定程式碼部分，通常我們會在不同方法裡把如參數有效性檢查、記錄檔記錄、事務建立等內容相同但又經常呼叫的程式，從業務程式中剝離，透過 AOP 技術，在業務程式中增加相關註釋，就可以讓這些內容自動植入業務程式。這一特性也可以用於對呼叫鏈相關程式的埋點，APM 系統提供 Span 資料獲取用戶端類別庫，在業務系統引用後，透過在需要追蹤的程式中增加註釋來實現呼叫鏈程式的植入。

目前，基於 Java 及 .Net 開發的系統都支援 AOP 特性，同時基於 Python 開發的系統透過 Python 的裝飾類別功能也可實現相同的效果。

我們還可以使用位元組碼插樁技術，自動植入鏈路呼叫追蹤的相關程式。

在 AOP 技術的基礎上，Java 還提供了一種叫位元組碼插樁（Bytecode Instrumentation）的技術來實現呼叫鏈程式的植入。在基於 Java 開發的應用系統中，透過在 Java 應用啟動時增加 -javaagent 參數，指定配套的 Span 資料獲取用戶端類別庫（Jar 類別檔案），在該類別庫中呼叫 JVM 的 java.lang.instrument API，實現對業務程式的動態修改，自動植入呼叫鏈程式。這種方式相比其他程式語言提供的 AOP 技術，可以進一步免去業務程式的增加註釋及引入 Span 資料獲取用戶端類別庫的步驟，等於業務程式是完全無感知植入的。當然，這種方法並不是萬能的，Span 資料獲取用戶端類別庫的開發者需要事先知道要進行程式植入的方法名稱，通常會對常用的和服務呼叫有關的協力廠商類別庫的相關方法進行植入，因為這些方法名稱只要對應的類別庫版本不調整，就會保持不變，因而 Span 資料獲取用戶端類別庫也不需要調整；對業務程式的植入，雖然也可以透過事先和業務程式的開發團隊溝通獲得要植入的方法名稱，但是這樣會增加業務程式和 Span 資料獲取用戶端類別庫的耦合性，同時，如果業務方法名稱調整後沒有即時通知 Span 資料獲取用戶端類別庫開發維護團隊，就可能引發新的問題，所以如果需要對業務程式進行自動植入，通常 APM 的開發團隊和應用系統的開發團隊還是會約定透過增加註釋的方式來實現，當然註釋的實現通常由 APM 開發團隊負責並提供給應用系統開發團隊對應的 SDK 套件。

☑ **方法 2：對應用系統使用的服務呼叫相關的類別庫進行修改，增加鏈路呼叫追蹤的相關程式**

方法 1 透過 AOP 技術進行呼叫鏈程式植入的方式，還需要業務程式做部分修改（增加註釋、引入 APM 類別庫），並且對應用系統的實現技術有限制，應用系統必須支援 AOP 技術。為了使鏈路呼叫追蹤的可適用性更強，另一種方法是對企業內部自研或引用的協力廠商和服務呼叫有關的類別庫進行修改，增加呼叫鏈相關程式（目前很多商業或開放原始碼的 APM 系統，也提供了已經包含呼叫鏈路程式的類別庫，如存取 Redis、發送訊息至 Kafka、Restful 服務呼叫等類別庫），這種方式對業務程式完全透明，但是需要對與服務呼叫有關的類別庫進行修改替換，同時只能追蹤呼叫鏈路裡跨處理程式的相關 Span。

☑ **方法 3：手動在相關業務程式處增加鏈路呼叫追蹤的相關程式**

在有些應用系統不支援或短時間內無法支援方法 1 或方法 2 的情況下，要實現鏈路追蹤，只能仍然以手動增加程式的方式在關鍵業務程式處增加鏈路呼叫追蹤的相關程式。

9.3.5 APM 系統性能最佳化

監控系統首先要做到的是對應用系統是「無害」的。從監控效果來說，監控資料肯定是擷取量越大越好、保留時間越久越好，這樣可以在我們排除各種異常問題時，提供有效支援。但資料獲取越頻繁，對應用系統性能造成的影響可能會越大，同時，資料保留時間越久，需要採購的儲存就越多，成本較高，所以任何監控系統擷取應用系統的各類運行資料，都必須在擷取頻率、對應用系統性能影響程度、擷取資料儲存週期等因素之間尋找平衡點。以前文介紹過的記錄檔監控為例，通常在生產環境中不會收集 debug 類型的記錄檔，也有企業預設不收集任何沒有異常資訊的記錄檔，只收集有異常資訊的記錄檔或特別需要關注的應用系統的某些核心服務的記錄檔。對 APM 系統來說，在收集 Span 資料時，需要盡可能最佳化資料獲取演算法，減少對應用系統自身性能的影響及網路負載。同時，也需要根據應用系統實際的運轉情況採取相關的採樣策略，來決定擷取哪些 Span 資料、多久將快取的 Span 資料從擷取代理傳到 Span 資料收集模組、保留多少時長的 Span 資料等，通常可以採取以下最佳化策略。

1. 在應用執行緒裡只做必要的步驟，其他步驟放到後台其他執行緒執行

由 9.3.2 節可知，Span 資料獲取用戶端通常使用程式埋點方法，即在關鍵程式處建立 Span，並為 Span 打上相關標籤或記錄檔資訊，隨後將這些資料進行序列化，轉換成字串，再發給 Span 資料收集代理模組。這些步驟都會對應用性能造成影響，通常可以將 Span 資料的序列化工作及發送給後端 Span 資料代理模組的工作放到其他執行緒，即放到和應用無關的執行緒裡執行，以此降低對應用性能的影響。

2. Span 公共不變的資料只需要收集一次

Span 資料通常可能包括和此 Span 有關的主機名稱、此 Span 所在應用的運行平臺、此 Span 所在應用使用的程式語言及版本等資訊，這些資料通常只需在和該應用有關的 Span 的第一個 Span 被建立時進行收集，其他時候不需要重複收集，以減少對應用性能的影響。

3. 對 Span 資料進行快取壓縮，批次發給後端

為進一步減少對應用系統性能方面的影響，Span 資料獲取代理通常會對建立的 Span 資料進行快取，集中批次發給 Span 資料收集模組。當然，快取的資料也不宜過多，否則可能佔用過多記憶體，從而影響應用，也會造成 Span 資料無法快速查看、時效性不足等問題，並且如果應用系統所在伺服器發生斷電等異常，會導致過多 Span 資料遺失，影響呼叫鏈的完整性。通常建議 Span 資料以最晚在 1 分鐘內可以被查看為標準來對 Span 資料進行快取和發送，在發送前也要對 Span 資料進行壓縮，以進一步降低對網路頻寬的佔用。

4. 使用採樣策略，有選擇地儲存呼叫鏈相關 Span 資料

如果對每次鏈路呼叫的資料都進行收集儲存，那建構一套 APM 系統的花費及後續維護費用可能會比應用系統本身還要昂貴，尤其在一個存取量非常大的系統中，全部收集儲存呼叫鏈資料幾乎是不可能的。此外，同一個服務被多次呼叫所產生的呼叫鏈資料，大部分時候是類似的，沒有必要每個呼叫鏈資料都儲存，通常 APM 系統都會使用採樣策略，對呼叫鏈資料有選擇地儲存，以減少 APM 系統的建設成本及對應用系統性能的影響。一般來說 APM 系統會基於兩種採樣策略對呼叫鏈資料進行採樣，分別是基於頭部的採樣策略（Head-based Sampling）和基於尾部的採樣策略（Tail-based Sampling）。

1）基於頭部的採樣策略

基於頭部的採樣策略是指在呼叫鏈開始時，APM 系統就透過相關採樣演算法來判斷是否要對該呼叫鏈的所有 Span 資料進行採樣，通常採用的判斷演算法有機率採樣（Probabilistic Sampling）和速率採樣（Rate Limiting Sampling）。

- 機率採樣：APM 系統會設定一個全域機率值（0 ～ 1），隨後，當第一個 Span 被建立時，Span 資料獲取用戶端會生成一個 0 ～ 1 的隨機數，如果該隨機數大於這個機率值，則此次呼叫鏈資料會被採樣；如果該隨機數小於這個機率值，則此次呼叫鏈資料不會被採樣。

- 速率採樣：在指定時間內，APM 系統只會擷取最大不超過預先設定值的呼叫鏈資料，如每秒最多擷取 10 個呼叫鏈資料，或每分鐘最多擷取 1 個呼叫鏈資料等。

由上面的描述可知，基於頭部的採樣策略通常是在 Span 資料獲取用戶端進行的。目前，大多數 APM 系統都使用這種方式對呼叫鏈資料進行擷取。

2）基於尾部的採樣策略

基於頭部的採樣策略非常容易實現，但是由於決定是否對呼叫鏈進行採樣的因素是純粹依靠機率或速率的，而非由呼叫鏈自身的特性決定，所以在實際採樣過程中，很可能遺漏一些實際系統異常時產生的呼叫鏈資料。我們希望根據呼叫鏈的特點來決定是否要對此呼叫鏈進行採樣，這就需要等待來電鏈徹底執行完畢，才可以根據執行結果來判斷，通常這種等呼叫鏈執行完畢再根據其特性來判斷是否對其採樣的策略稱為基於尾部的採樣策略，如我們可以根據呼叫鏈的執行時間、呼叫鏈執行過程中是否出現錯誤、呼叫鏈所有 Span 資料量的大小或其他使用者關心的特性作為擷取依據。基於尾部的採樣策略的優勢是可以擷取真正關心的資料，但是由於這種方式必須等呼叫鏈執行完畢才能判斷是否進行採樣，所以 Span 擷取用戶端預設擷取所有 Span 資料，待最終透過 Span 資料獲取代理發送到 Span 資料收集模組後，才由 Span 資料收集模組進行判斷，這也是這種採樣策略的劣勢，對應用性能造成的影響會比基於頭部的採樣策略更大，同時 Span 資料收集模組必須等一個呼叫鏈所有的

Span 資料都收集全之後，才可以判斷是否發送給 Span 資料分析儲存模組，所以對 Span 資料收集模組的儲存能力也有一定要求。

在實際 APM 系統的應用場景中，我們會使用基於頭部的採樣策略來預設對所有系統進行採樣，對部分核心系統會採用基於尾部的採樣策略來進行更為精確的採樣。然而，這只是一種實踐建議，不是標準答案，具體採取哪種採樣策略需要根據實際應用系統的存取量、輸送量、業務重要程度、應用系統建設成本等各類因素綜合考慮。

9.4 本章小結

本章首先介紹了 APM 系統的基本概念，隨後對 APM 系統的核心技術呼叫鏈路追蹤涉及的各類資料結構、名詞概念等做了介紹，最後對 APM 系統常用架構、SpanContext 在不同服務呼叫常用傳遞方式、如何盡可能無侵入地讓業務服務呼叫時能自動傳遞 SpanContext，以及如何對 APM 系統進行性能最佳化等實踐經驗做了詳細介紹。

記錄檔監控

　　記錄檔記錄了系統運行的過程，當系統出現問題或故障時，記錄檔通常會記錄系統發生問題的經過及問題發生時的上下文資訊。運行維護人員根據記錄檔中的資訊可以快速、準確地判斷和定位系統出現的問題或故障。如何將記錄檔的顯示出錯資訊即時、精準地傳達給運行維護人員，催生了最初記錄檔監控的需求。

　　本章從記錄檔的基本概念講起，依次介紹了記錄檔的基本概念、記錄檔的作用、常見記錄檔類型及格式、記錄檔規範；隨後介紹了記錄檔監控的基本原理和記錄檔監控的常見場景；並按照記錄檔監控的基本步驟逐一介紹了記錄檔的擷取與傳輸、記錄檔解析與監控策略，最後還介紹了常見的記錄檔監控系統。本章結合實際範例，希望展示給讀者記錄檔監控技術的各方面。

10.1 記錄檔的基本概念

記錄檔通常由程式產生，程式開發者為記錄或監控程式執行的過程，會讓程式在執行過程中列印對應的執行結果。記錄檔通常會記錄程式在什麼時間執行了什麼動作、在什麼時間出現了什麼問題等資訊。當程式出現問題時，一般可以透過查看記錄檔定位或分析問題的原因。

記錄檔一般包含以下要素：

- 時間（When）：記錄檔資訊觸發的時間點。
- 地點（Where）：記錄檔資訊觸發在何處，如伺服器、網路裝置、應用等。
- 人物（Who）：記錄檔資訊觸發的具體元件，通常可認為是 Where 的補充資訊。
- 事件（What）：觸發了什麼事件。
- 為什麼發生（Why）：發生的原因。
- 怎麼樣發生（How）：發生的過程。

如圖 10-1 所示為記錄檔的基本要素。

▲ 圖 10-1 記錄檔的基本要素

記錄檔的來源有很多種，常見的有兩類，即來自硬體的記錄檔和來自軟體的記錄檔。

常見的來自硬體的記錄檔有：伺服器記錄檔（如大型主機、小型主機、PC Server、印表機記錄檔等）、網路裝置記錄檔（如路由器、交換機、負載平衡器記錄檔等）、安全裝置記錄檔（如防火牆、防病毒、IPS/IDS 系統記錄檔等）。

常見的來自軟體的記錄檔有：應用系統記錄檔（Debug、業務流、事件記錄檔）、作業系統記錄檔（如 Linux、Windows、AIX 記錄檔）、資料庫記錄檔（如 Oracle、DB2、MySQL、PostgreSQL 記錄檔）、中介軟體記錄檔（Apache、Weblogic、MQ 記錄檔等）。

10.2 記錄檔的作用

記錄檔的作用非常豐富。從最初的記錄使用者操作、追蹤程式執行過程，到擷取運行環境資料、監控系統狀態等，記錄檔都扮演著重要的角色。本節將從運行維護監控、資源管理、入侵偵測、取證和稽核，以及挖掘分析等幾個方面介紹記錄檔的應用場景。

10.2.1 運行維護監控

運行維護人員可以透過手機系統中的記錄檔資料，即時發現系統的運行情況。舉例來說，記錄檔中常使用 "info"、"warning"、"error"、"critical" 或特殊關鍵字來標注系統運行的狀態。透過查詢關鍵字，能夠較容易地定位故障原因或了解故障等級。如某 Oracle 資料庫中的記錄檔資訊如下。

```
ORA-6504 Rowtype-mismatch
```

透過關鍵字 "ORA-6504" 定位故障為「宿主遊標變數與 PL/SQL 變數有不相容行類型」。

10.2.2 資源管理

記錄檔記錄了電腦元件在某個時刻的運行狀態，其中包括性能容量資訊。如 RHEL（RedHat Enterprise Linux）/var/log/message 中有類似下面的資訊。

```
Mar 22 23:28:02 localhost kernel: Memory: 968212k/1048576k available
(6764k kernel code,524k absent, 79840k reserved, 4433k data, 1680k init)
```

該記錄檔資訊詳細地描述了作業系統即時記憶體的使用情況。

10.2.3 入侵偵測

記錄檔分析常被用於被動攻擊的分析和防禦，透過對網路記錄檔的即時檢測、分析，可以尋找和斷定攻擊來源，從而找到有效的抵禦措施，如某 IPS（入侵防禦系統）輸出記錄檔如下。

```
Mar  8 00:14:15 192.168.33.111 Mar  8 00:14:15 ips IPS:
SerialNum=0113241512089995 GenTime="2019-03-08 00:14:15"
SrcIP=222.183.132.77 SrcIP6= SrcIPVer=4 DstIP=111.22.111.11 DstIP6=
DstIPVer=4 Protocol=TCP SrcPort=50661 DstPort=80 InInterface=ge1/7
OutInterface=ge1/8 SMAC=04:c5:a4:e4:cb:37 DMAC=5c:c9:99:63:3b:dc
FwPolicyID=3 EventName=HTTP_Weblogic_wls-wsat_ 遠端程式執行漏洞 [CVE-
2017-3506/10271] EventID=152524381 EventLevel=3 EventsetName=night
SecurityType= 安全性漏洞 SecurityID=17 ProtocolType=HTTP ProtocolID=10
Action=RESET Vsysid=0 Content="URL=;Body_Data=3c 73 6f 61 70 65 6e 76 3a
45 6e 76 65 6c 6f 70 65 20 78 6d 6c 6e 73 3a 73 6f 61 70 65 6e 76 3d 22
68 74 74 70 3a 2f 2f 73 63 68 65 6d 61 73 2e 78 6d 6c 73 6f 61 70 2e 6f
72 67 2f 73 6f 61 70 2f 65 6e 76 65 6c 6f 70 65 2f 22 3e 20 0d 0a 20 20
20 20 20 20 20 20 20 3c 73 6f 61 70 65 6e 76 3a 48 65 61 64 65 72 3e
20 0d 0a 20 20 20 20 20 20 20 20 20 20 20 20 20 3c 77 6f 72 6b 3a 57 6f 72
6b 43 6f 6e 74 65 78 74 20 78 6d 6c 6e 73 3a 77 6f 72 6b 3d 22 68 74 74
70 3a 2f 2f 62 65 61 2e 6" CapToken= EvtCount=1
```

透過 "HTTP_Weblogic_wls-wsat_ 遠端程式執行漏洞 [CVE-2017-3506/10271]"、"EventLevel=3" 等關鍵字,可即時發現特定的安全事件。

10.2.4 取證和稽核

在一般情況下,資料中心的機器記錄檔會發送至集中的記錄檔系統,而運行維護人員的人工作業記錄稽核通常透過堡壘機實現。

堡壘機的記錄檔詳細記錄了何時、何地、何人、登入何台伺服器做何操作,記錄可以是錄螢幕(視訊)、錄音(音訊)、資料檔案、字元等。某堡壘機列印記錄檔部分如下。

```
Last login: Sat Mar 30 09:23:53 2019
[support@SDEPEME01 ~]$ cd ..
[support@SDEPEME01 home]$ cd ts
[support@SDEPEME01 ts]$ ls
app  backup  dev  perl5  tmp  ts.env  tsrepo  update
[support@SDEPEME01 ts]$ netstat -ano | grep 18060
tcp6    0      0 127.0.0.1:18060          :::*      LISTEN
off (0.00/0/0)
tcp6    0      0 192.168.33.110:18060     :::*      LISTEN
off (0.00/0/0)
```

這些記錄能夠有效地還原操作現場,用於取證和稽核。

10.2.5 挖掘分析

記錄檔是資料探勘的基礎資訊。可透過基礎記錄檔檢索、降噪、抽樣、聚類、回歸等手段對資料做前置處理,進而輸入資料倉儲並根據資料模型做連結分析,組成資料立方體、深度挖掘資料價值,如某應用系統列印了以下記錄檔。

```
{18:14:42.223} {SessionFwd_1_1} {TRC} {0} {I} [0] {Transcode =[111] UserID
=[user]
IP=[111.22.22.33] ConMrgID=[2] SessionId [123456]} [SessionFwdThread.
c:586]
```

透過關鍵字 "Transcode =[111]"、"UserID =[user]"，可知使用者 ID 為 user 的使用者進行了一個事務操作，再透過查詢關鍵字字典，可知 [111] 事務為 [登入]。

記錄檔中蘊含了使用者存取的某些規律性特徵，這些規律性特徵可以被挖掘並加以利用。絕大部分的記錄檔挖掘研究都是基於這個假設挖掘出了有用的使用者存取模式，這些模式被極佳地應用到各種場景，可做人物誌和產品推薦。舉例來說，使用者在購物網站中瀏覽了「adidas 籃球鞋」，瀏覽記錄檔會被記錄，系統透過檢索分析，通常又會向使用者推薦「nike 籃球鞋」「籃球」等相關產品。

10.3 常見記錄檔類型及格式

起初，運行維護人員常透過在記錄檔中搜索全文來定位所需要的資訊；然而，隨著記錄檔量和記錄檔種類的增多，為了增加記錄檔的可讀性、提高記錄檔分析或處理的效率，需要在記錄檔的生產者和消費者之間約定一個統一的記錄檔格式。

從記錄檔類型上看，常見的記錄檔類型有很多，其格式也各不相同。不同的組織根據不同的記錄檔來源或記錄檔內容制定了各式各樣的記錄檔格式和記錄標準，如 W3C 的 ELF（W3C Extended Log File）、Apache access log、Syslog 等。這些記錄檔格式定義了記錄檔如何組成、如何傳輸，以及儲存和分析的原則。

　　從記錄檔編碼上看，常見的記錄檔編碼有二進位編碼、ASCII 編碼、Unicode 編碼、UTF-8 編碼等。舉例來説，Windows 系統的事件記錄檔就是二進位編碼格式的，雖然二進位編碼格式的記錄檔可讀性很差，一般需要借助專門的記錄檔閱讀器才能打開（Windows 的事件記錄檔閱讀器），但是二進位編碼格式高效的儲存佔用率和解析記錄檔時更少的資源消耗，使得記錄檔對儲存空間的佔用更小、記錄檔處理也更加高效，因此仍被廣泛地應用。ASCII 編碼格式和 Unicode 編碼格式的記錄檔因為其良好的可讀性，在 Web Server、防火牆和各類應用系統中被廣泛使用。此外，若應用系統在記錄檔中輸出中文，UTF-8 也是中文記錄檔的常用編碼。

　　從記錄檔結構類型和格式上看，不同的廠商或不同的裝置均對記錄檔有不同的要求，分別適用於各自的記錄檔場景需求，本節將依次介紹幾種常見的記錄檔類型和格式。

10.3.1 W3C Extended Log File 格式

　　W3C Extended Log File 格式是 W3C 發佈的擴充記錄檔格式。它是微軟 IIS 的預設記錄檔格式，為 ASCII 編碼，其基本記錄檔結構如下所示。

```
Version: <integer>.<integer>
Fields: [<specifier>...]
Software: string
Date:<date> <time>
Remark: <text>
```

- Version 代表當前使用的版本。
- Fields 定義了記錄檔中所需要的欄位。
- Date 表示當前記錄檔項目被增加的時間。
- Remark 表示記錄檔註釋。

以上欄位在記錄檔中均以 # 開頭，表示記錄檔的結構説明；其中，Version 和 Fields 欄位需要放在記錄檔的最前面，記錄檔的詳細內容跟在結構説明之後，範例如下所示。

```
#Version: 1.0
#Date: 12-Jan-1996 00:00:00
#Fields: time cs-method cs-uri
00:34:23 GET /foo/bar.html
12:21:16 GET /foo/bar.html
12:45:52 GET /foo/bar.html
12:57:34 GET /foo/bar.html
```

在上述範例中，Fields 中定義了 3 個欄位，time、cs-method 和 cs-uri，以空格隔開，在記錄檔詳情中，每筆記錄檔分別記錄 3 個欄位，依次對應 time、cs-method 和 cs-uri。

10.3.2 Apache access log

Apache 的 access log 記錄了伺服器處理的所有請求。CustomLog 指令可以控制 access log 的位置和內容；LogFormat 指令可用於定義和簡化記錄檔內容。

```
LogFormat "%h %l %u %t "%r" %>s %b" common
CustomLog logs/access_log common
```

- %h 代表遠端主機的 IP，也就是發起請求的伺服器。
- %l 代表遠端請求的使用者名稱稱，此處為短橫線則表示當前欄位不可用。
- %u 表示請求的使用者名稱，並且經過了 HTTP 認證。
- %t 表示收到請求的時間。
- %r 表示使用者的請求方法（GET）、請求資源（/apache_pb.gif）和請求協定（HTTP/1.0）。

- %s 表示狀態碼，表示請求傳回的狀態，200 表示傳回正常。
- %b 表示傳回給用戶端的資料物件大小，單位為 bytes。

```
127.0.0.1 - frank [10/Oct/2000:13:55:36 -0700] "GET /apache_pb.gif
HTTP/1.0"
200 2326
```

上面即為 Apache access log 的記錄檔範例，其中，127.0.0.1 代表遠端主機的 IP；- 表示遠端請求的使用者名稱稱不可用；frank 表示請求使用者名稱；[10/Oct/2000:13:55:36 -0700] 表示收到請求的時間;"GET /apache_pb.gif HTTP/1.0" 代表使用者的請求方法是 GET、請求的資源是 /apache_pb.gif、請求協定是 HTTP/1.0；200 表示傳回碼；2326 表示傳回給用戶端資料的大小是 2326 bytes。

10.3.3 Syslog

Syslog 最早在 20 世紀 80 年代由 Sendmail project 的 Eric Allman 發佈，最初只為了收發郵件，後來慢慢地成了 Unix 及類 Unix 系統的標準記錄檔記錄格式，再後來也逐漸被大部分網路裝置廠商支援。2001 年，國際網際網路任務工程組（the Internet Engineering Task Force）制定了 RFC 3164——*The BSD Syslog Protocol*，並將其作為 Syslog 的第一個標準，2009 年 RFC 5424 發佈，也就是一直沿用至今日的 Syslog 標準。因為 Syslog 簡單且靈活的特性，所以其不僅限於 Unix 類主機的記錄檔記錄，任何需要記錄和發送記錄檔的場景，都可能使用 Syslog。如圖 10-2 所示，為 Syslog 的基本結構。

▲ 圖 10-2 Syslog 的基本結構

Syslog 的基本結構分 3 個部分，PRI、HEADER，以及 MSG，總長度不能超過 1024 位元組。

1. PRI

PRI 部分包含 Facility 和 Severity，代表記錄檔的來源及嚴重程度。

Syslog Facility 解析如表 10-1 所示。

表 10-1 Syslog Facility 解析

設　　施	設施碼	描　　述
kern	0	核心記錄檔訊息
user	1	隨機的使用者記錄檔訊息
mail	2	郵件系統記錄檔訊息
daemon	3	系統守護處理程式記錄檔訊息
auth	4	安全管理記錄檔訊息
syslog	5	系統守護處理程式 syslogd 的記錄檔訊息
lpr	6	印表機記錄檔訊息
news	7	新聞服務記錄檔訊息
uucp	8	UUCP 系統記錄檔訊息
cron	9	系統始終守護處理程式 crond 的記錄檔訊息
authpriv	10	私有的安全管理記錄檔訊息
ftp	11	ftp 守護處理程式記錄檔訊息
-	12～15	保留為系統使用
-	16～23	保留為本地使用

Syslog Severity 解析如表 10-2 所示。

表 10-2 Syslog Severity 解析

等級	等級碼	描　述
emerg	0	系統不可用
alert	1	必須馬上採取行動的事件
crit	2	關鍵事件
err	3	錯誤事件
warning	4	警告事件
notice	5	普通但重要的事件
info	6	有用的資訊
debug	7	偵錯資訊

2. HEADER

　　HEADER 部分包含一個時間戳記和發送方的主機名稱或 IP，時間戳記部分是格式為 "mmm dd hh:mm:ss" 的本地時間；主機名稱部分需要注意不能包含任何空格，時間戳記和主機名稱後各自跟一個空格。

3. MSG

　　MSG 同樣包含兩個部分，即 TAG 和 Content。TAG 部分是可選的，MSG 部分一般包括生成訊息的處理程式資訊（TAG field）和訊息文字（Content field）。TAG field 一般不超過 32 個字元，TAG 與 Content 之間的間隔用非字母表字元隔開，一般用 ":" 或空格隔開。

```
<30>Oct 9 22:33:20 hlfedora auditd[1787]: The audit daemon is exiting.
```

　　在以上的範例中，"auditd[1787]" 是 TAG 部分，包含了處理程式名稱和處理程式 PID。TAG 後透過冒號隔開的 "The audit daemon is exiting." 就是 Content 部分，Content 的內容是應用程式自訂的。

▌ **10.4 記錄檔規範**

　　不同的裝置製造商、系統開發廠商均定義了記錄檔規範，這些記錄檔規範廣泛應用在廠商各自的產品中，如應用在作業系統、網路裝置、中介軟體等產品中；這些大多屬於非應用系統。然而，在資料中心的實際運行維護工作中，應用系統、應用軟體的種類更加繁雜，它們在執行時期產生的記錄檔不僅能即時反映系統的運行狀況，也蘊含了大量的業務資訊。如何快速定位、監控、分析這些記錄檔，則需要對系統開發者進行記錄檔列印的約束。因此，從系統開發階段起，對應用系統的開發者制定記錄檔規範是十分必要的。

　　本節對應用記錄檔規範進行簡介，並介紹記錄檔輪轉和爆發抑制的相關技術原理。

10.4.1 應用記錄檔列印規範

1. 要素規範

　　應用記錄檔包括應用程式執行時期發生的事件的完整資訊，一個記錄對應一個事件。在 10.1 節中，我們介紹了記錄檔的基本要素，即時間、地點、人物、事件、原因和過程。

　　一筆好的記錄檔記錄應該包含以上 6 個要素，在實際記錄過程中，每個要素中也可做出適當的刪減和補充，如在 Who 要素中，通常還可以加上身份認證服務提供者的名字或安全域的名字；在跟業務有關的記錄檔中一般還會附加事務 ID 作為唯一標識；在 What 要素中，一般還會加上 status 或 level 欄位，status 用來表示一個動作的成功或失敗，level 則用來表示事件的嚴重程度，如 FATAL、ERROR、WARN 等；在 Where 要素中，一般還根據網路的連結性補充相關資訊，如 IP、主機名稱，甚至補充 CDN 轉換後的 IP 等；在 When 要素中，一般還可以規定採用的時區（如 GMT+8）等。

2. 分隔規範

每個要素對應記錄檔中的欄位，一個欄位只包含一個要素。欄位之間按順序排列後，需要對要素進行分隔和區分，要素之間一般透過分隔符號號（如 "|"、空格等）來區分。如果有欄位的值為空，則將前後兩個分隔符號號相連，以保證每個欄位在記錄中相對位置固定。不同的記錄檔記錄之間透過分行符號區分。在一般情況下，Windows 中的分行符號是兩個字元 \r\n；UNIX 和 Linux 中的分行符號是一個字元 \n。

3. 內容規範

應用記錄檔是與應用系統運行維護有關的記錄檔，包括但不限於程式的啟動和停止、系統間互動的相關事件、服務呼叫及訊息處理相關事件等。常見的有以下幾類：業務操作類、運行維護維護類和安全稽核類等。

業務操作類，包括但不限於業務登入及登出、業務指令、資料維護、業務處理及查詢、資料匯出等操作。業務記錄檔記錄範圍一般由需求規格說明書指定。

運行維護維護類，包括但不限於程式的啟動和停止、系統間互動相關事件、服務呼叫及訊息處理相關事件等。

安全稽核類，包括對重要事件（包括使用者變更、使用者許可權變更內容或變更操作、業務流轉記錄等敏感性資料的操作等）進行記錄。記錄的內容應至少包括事件日期、時間、發起者資訊、類型、描述和結果等。對於資訊安全等級保護等級在三級以上的系統，還應保證無法單獨中斷稽核處理程式等功能。

4. 儲存規範

　　記錄檔一般不應加密儲存，系統中的業務敏感資訊應禁止儲存在記錄檔中，可根據實際情況進行必要的加密或替換處理（如密碼資訊列印為 "***"），從而避免被其他使用者直接讀取。同時，禁止使用 DEBUG 以上等級列印敏感資訊。部分極端敏感資訊（如密碼）禁止直接輸出到記錄檔。

　　記錄檔命名一般採用固定模式來提升記錄檔分析的效率，如 < 系統名稱 >-< 模組名稱 | 元件名稱 | 處理程式名稱 >-< 日期 >-< 序號 >.log。

```
tbs-dqs-20190619-0.log
```

　　記錄檔的儲存時間應滿足稽核要求，如果稽核部門、業務部門未有明確規定，記錄檔一般至少儲存 3 ～ 6 個月。用於抗否認性的記錄檔，應永久保留，以便事後稽核查核。

10.4.2 記錄檔的輪轉歸檔

　　隨著記錄檔列印得越來越多，對儲存資源的消耗也越來越大，然而，伺服器空間是有限的，這些記錄檔一來會極大地佔用伺服器的儲存空間，二來記錄檔的分析、搜索等處理過程也會隨著記錄檔的增多而增大銷耗。因此，記錄檔輪轉歸檔十分有必要。

　　記錄檔輪轉，通常也叫記錄檔的切割，是為了防止記錄檔過大而將記錄檔切割、壓縮並歸檔，同時再建立一個新的空檔案供應用程式繼續列印記錄檔的過程。記錄檔歸檔的整個過程對應用系統是無感的。

　　常見的記錄檔輪轉有兩種途徑，一種是透過外部指令稿將輪轉過的記錄檔移動至外部儲存空間，如 FTP 伺服器、NBU 備份伺服器等；另一種是應用系統自身透過開發記錄檔歸檔模組來實現記錄檔輪轉功能。

通常基於時間的輪轉或基於空間的輪轉來判斷記錄檔什麼時候需要輪轉。

(1) 基於時間的輪轉，就是記錄檔輪轉有一個固定的週期，如每小時、每天、每週等。

(2) 基於空間的輪轉，就是基於記錄檔的大小，當記錄檔增大到一定大小時，如 100MB、1GB 等，則進行輪轉動作。

在實際開發中，為提升記錄檔搜索和分析的效率，大部分情況下會同時使用基於時間和基於空間的判斷標準。

10.4.3 記錄檔的爆發抑制

1. 記錄檔爆發

隨著系統複雜度和業務量的提升，記錄檔列印的項目數量也會顯著提升。在大部分的情況下，記錄一個業務會輸出多個記錄檔項目，即在一個業務過程中，通常呼叫多次輸出記錄檔的方法，因此記錄檔的資料量會隨系統複雜度的升高而增多。

為了減少記錄檔列印的資料量，開發人員和運行維護人員在一般情況下會對記錄檔進行分級，並制訂不同的列印策略。在正常情況下，等級較低的、較為詳細的記錄檔資訊可以少列印或不列印，等級較高、能反應系統功能是否正常的記錄檔資訊預設列印。不同等級的記錄檔列印透過設定檔，可隨時開啟或關閉。如在系統偵錯階段，運行維護人員經常會打開 DEBUG 或 INFO 等級記錄檔，用來輔助問題排障；在生產運行階段，運行維護人員則會關注更高等級的記錄檔資訊，INFO 和 DEBUG 等級的記錄檔通常會被關閉。

記錄檔列印等級表如表 10-3 所示。

表 10-3 記錄檔列印等級表

記錄檔等級	描 述
INFO	系統正常的狀態、通知訊息等
DEBUG	更詳細的記錄檔，可用來說明系統排障
WARN	一些可能對系統有害的資訊
ERROR	部分功能已經不正常，但系統依然可用
CRITICAL	功能已經異常，嚴重的警告
FATAL	系統已不可用

在記錄檔爆發的時候，即使只列印高等級記錄檔，也會出現短時間內記錄檔輸出量暴漲的情況。這時，可以透過預先設定記錄檔輪轉和歸檔規則，即時將已歸檔的記錄檔壓縮或轉移至其他儲存資源上，有效緩解因記錄檔激增帶來的儲存壓力。

2. 記錄檔警告的爆發

在監控系統中，有時會遇到錯誤記錄檔的爆發，即短時間內出現巨量記錄檔均匹配到目標監控策略。舉例來說，1 分鐘內列印了 10 萬分散連結有 "ERROR" 關鍵字的記錄檔。顯然，給運行維護人員發送 10 萬次警告通知是不現實的。

在監控系統中，一般會配備警告聚合功能，即將相同、相似的警告合併為一筆警告。舉例來說，8:00 － 8:30 出現了 1 萬筆 ERROR 記錄檔，則可以合併為一筆記錄檔警告。在 8:00 第一時間通知運行維護人員，並補充警告第一次出現時間（8:00）。隨後，隨著警告的重複出現，監控系統則不斷更新這筆警告的末次出現時間和警告次數，直到 8:30 末次警告出現時間更新為 8:30 和警告次數更新為 1 萬筆。這樣就可以有效地抑制記錄檔警告的爆發。

10.5 記錄檔監控基本原理

目前，成熟的記錄檔監控系統有很多，根據監控方法的不同，主要分為兩類：一類是不大量傳輸記錄檔原始檔案，透過前置記錄檔警告判斷元件，在記錄檔來源端處理記錄檔並匹配警告規則，僅向外傳輸警告資訊的監控方法，簡稱前置式記錄檔監控；另一類是大量收集記錄檔原始檔案聯集中儲存，透過高性能的記錄檔搜尋引擎輪詢記錄檔、匹配警告規則後再上報警告資訊的監控方法，簡稱集中式記錄檔監控。

下面將分別介紹兩類記錄檔監控的原理，並介紹記錄檔監控系統建設的基本階段。

10.5.1 前置式記錄檔監控

前置式記錄檔監控方法常見於主流的監控系統，即透過前置特定的 agent 或其他記錄檔監聽元件監聽記錄檔原始檔案。agent 或元件在運行過程中，即時匹配記錄檔監控策略，當匹配到預置的監控策略（特定的關鍵字，如 "error"、"404"）時，則根據記錄檔監控策略產生對應的指標資訊或警告資訊。產生的警告資訊被主動推送至後端 server，或等待後端 server 的輪詢消費。在 Tivoli 系統中，Tivoli 透過在記錄檔產生伺服器中安裝 agent，即時監聽記錄檔並匹配警告觸發規則，向警告資料庫發送警告資訊。

前置式記錄檔監控透過前置 agent 將大量記錄檔處理工作分散到記錄檔來源端，僅傳輸處理後的警告訊息（或精簡後的通知訊息）。因此，網路上不再大量傳輸原始記錄檔。從警告傳輸的效率來看，前置式記錄檔監控傳輸效率更高，監控系統後端的銷耗也對應更小；但由於刪減了記錄檔的原始資訊，運行維護人員在接收警告訊息後，通常還需要查看記錄檔原始檔案、結合上下文資訊（如警告時間點的前後 5 分鐘內的伺服器記錄檔等），才能更進一步地處理事件。運行維護人員往往需要登入伺服器獲取原始記錄檔或借助其他系統工具獲取足夠的上下文資訊。

同時，記錄檔來源的種類越來越豐富，對跨種類記錄檔分析的需求越來越多。如應用記錄檔和作業系統記錄檔連結、作業系統記錄檔和網路裝置記錄檔連結、網路裝置記錄檔和安全裝置記錄檔連結等。因此，前置式記錄檔監控越來越難滿足運行維護人員連結記錄檔並做記錄檔分析的需求，集中式記錄檔監控則可以較容易地實現連結分析。

10.5.2 集中式記錄檔監控

隨著記錄檔種類和來源類型的增多，記錄檔通常需要進行跨記錄檔種類或跨資料來源的連結分析和連結監控。如一台伺服器的 WARN 顯示出錯可能不重要，但若十台伺服器同時發出 WARN 顯示出錯，則可能暗含了其他更嚴重的顯示出錯。同時，收集多來源異質的記錄檔警告本身就是一件極其消耗時間的事情，對大量異質記錄檔警告做監控分析也是一件非常有挑戰性的事。

在前置式記錄檔監控中，運行維護人員需要針對不同的記錄檔設定不同的監控策略，一方面在前置端設定監控策略時，由於彼此分隔，容易造成較多的設定容錯；另一方面，跨來源的記錄檔監控難以實現，而集中式記錄檔監控可以極佳地解決這些問題。

集中式記錄檔監控，顧名思義就是透過收集原始記錄檔，對記錄檔集中儲存聯集中監控的記錄檔監控方法，常見於記錄檔管理或分析系統中，如開放原始碼的 ELK、商用的 splunk、記錄檔易等。一般記錄檔管理或分析系統均有記錄檔擷取、記錄檔解析、記錄檔資料庫和記錄檔搜尋引擎等模組，其中，記錄檔監控功能主要涉及三個階段：記錄檔擷取、記錄檔解析和警告觸發 / 通知，如圖 10-3 所示。

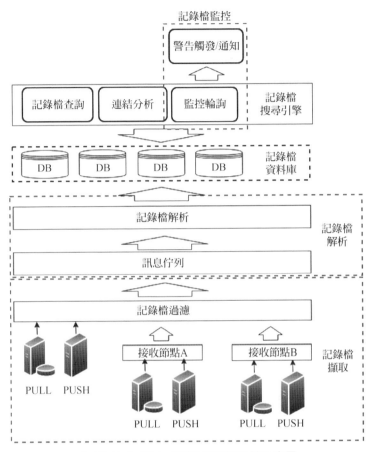

▲ 圖 10-3 集中式記錄檔監控系統示意圖

　　記錄檔擷取階段主要用於監聽並收集原始的記錄檔,然後將記錄檔資料發送至後端伺服器儲存。記錄檔擷取通常有兩種方式,一種是基於記錄檔擷取 agent 的 PULL 方式,即在記錄檔來源上安裝記錄檔擷取 agent 並設定記錄檔監控路徑,當記錄檔寫入資訊時,將記錄檔資訊發送至記錄檔過濾節點或代理接收節點。另一種是基於記錄檔來源主動發送記錄檔資料的 PUSH 方式,常見的為記錄檔來源以 Syslog 的形式主動向外發送記錄檔資訊,這種方式常用於網路裝置、安全裝置等。在記錄檔擷取階段一般會同時設定記錄檔過濾規則,即當原始記錄檔量過大時,為減輕後端伺服器處理壓力，可有針對性地篩選部分記錄檔發往後端；規律規則通常支援正規表示法。

在記錄檔擷取階段，記錄檔監控系統通常會和代理節點搭配使用。代理節點常用於多區域的網路部署環境中，區域之間相互隔離，如多資料中心、生產環境與災備環境等；為便於記錄檔集中監控與管理，通常在每個網路區域內設定一個記錄檔接收的代理節點，用於接收區域內的記錄檔資訊，代理節點在收到記錄檔後再將其轉發至後端集中的記錄檔處理節點，從而實現記錄檔匯聚。更多關於記錄檔拉式擷取（PULL）相關內容將在 10.7.1 節介紹。

在記錄檔解析階段，開始對收集的記錄檔資料進行資料前置處理操作，如記錄檔拆分、欄位解析、關鍵字提取等。記錄檔的解析規則通常基於正規表示法設定，解析後的記錄檔將被送至記錄檔資料庫集中儲存。訊息佇列可用於記錄檔量過大的場景，通常以 kafka 實現，以保證記錄檔訊息不遺失。

在記錄檔監控階段，基於記錄檔系統的強大搜尋引擎對巨量記錄檔進行定時輪詢，如 splunk 的 indexer、ELK 的 elasticsearch 等。輪詢時間通常以分鐘級設定（如每 5 分鐘監控所有記錄檔中是否出現 error 關鍵字），當匹配到目標關鍵字（如 error）時，呼叫警告通知模組即時通知運行維護人員。

10.5.3 記錄檔監控的基本過程

建設高效的記錄檔監控系統，一般需要經過四個階段。

階段一：確立記錄檔規範。確定每筆記錄檔需要包含的基本要素資訊（記錄檔規範在 10.4 節中已做出詳細介紹）。記錄檔的結構應統一且便於快速提取關鍵資訊，如嚴格遵照分隔規範或運用鍵值對。同時，記錄檔的列印應遵循等級原則，防止記錄檔爆發（已在 10.4.3 做出詳細介紹）。在集中式記錄檔監控的場景中，還需要在前置 agent 段設定記錄檔篩檢程式，一方面對敏感性資料進行脫敏處理，另一方面設定過濾規則以精簡記錄檔傳輸量，節約網路流量或記錄檔監控系統的 license 銷耗。

　　階段二：確立監控系統部署方式和資料收集模型。具體涉及：①選擇資料收集端 agent，要支援記錄檔來源的資料獲取、記錄檔解析及 agent 自身的高可用性（能應對目標裝置網路連接失敗、記錄檔解析等情景）；②系統部署選擇時下流行的 SAAS 部署模式或本地部署模式，一般取決於資料是否涉密、基礎設施是否完善等條件；③最佳化記錄檔資料，在記錄檔的傳輸和解析階段對記錄檔資料進行最佳化，特別是對集中式記錄檔監控系統來説，原始記錄檔的傳輸對資源消耗極大，如何提取壓縮原始資料、提取有效資訊、捨棄無用資訊是十分重要的，這對記錄檔的解析和提取技術提出了要求；④在集中式記錄檔監控系統中，還需要明確記錄檔儲存的生命週期，即記錄檔監控系統中原始資料的儲存週期，一般分為熱資料、冷資料、凍結資料和刪除資料；⑤根據存取人員角色，明確資料的存取權限。

　　階段三：收集記錄檔資料。記錄檔的生產者種類繁多，不同的記錄檔生產者基於各自標準產生了巨量記錄檔（在 10.3 節和 10.4 節中已做出介紹），包括基礎設施記錄檔、網路記錄檔、應用記錄檔等，好的記錄檔監控系統應該能相容各種類型的記錄檔生產者。

　　階段四：設定監控策略和警告觸發。

　　在前置式記錄檔監控系統中，通常在 agent 端設定正規表示法來匹配要監控的目標關鍵字；在集中式記錄檔監控系統中，由於記錄檔來源多、類型多，通常需要運用更複雜的搜索甚至全域搜索方案。匹配警告後所進行的觸發動作，一般透過對接通知系統或監控事件匯流排的方式快速通知運行維護人員。

▌ **10.6 記錄檔監控的常見場景**

本節將介紹幾種常見的記錄檔監控場景，結合具體範例，希望給讀者介紹記錄檔監控在不同應用場景中發揮的作用和需要考慮的要點。

10.6.1 關鍵字監控

關鍵字監控是最常見的監控場景，一般基於正規表示法，透過在監控的記錄檔中搜索符合監控策略的關鍵字，如果匹配目標關鍵字則觸發警告，常見的場景如下。

> 正邏輯，如果出現 A 關鍵字則警告。
> 反邏輯，如果不出現 A 關鍵字則警告。通常限定時間視窗，如每 5 分鐘輪詢一次記錄檔，
> 如果不出現 A 關鍵字則警告。
> 且邏輯，如果同時出現 A 和 B 關鍵字則警告。

在 Linux 系統或一些網路裝置的 Syslog 中，Severity 欄位是列印記錄檔的等級，不同等級的記錄檔代表不同的重要程度；在大部分的情況下系統都會直接監控高等級的關鍵字，如 "emerg"、"alert"、"crit"、"err" 等。

在監控應用系統的記錄檔時，監控關鍵字一般會選取應用系統對應資料字典中的關鍵字，如在前文提到的 Apache access log 中，對狀態碼做出了明確的定義，如下所示。

```
100  ;  Continu
101  ;  Switching   Protocols
200  ;  OK
201  ;  Created
202  ;  Accepted
203  ;  Non-Authoritative Information
204  ;  No Content
```

```
205  ;  Reset Content
206  ;  Partial Content
300  ;  Multiple Choices
301  ;  Moved Permanently
302  ;  Found
303  ;  See Other
304  ;  Not Modified
305  ;  Use Proxy
307  ;  Temporary Redirect
400  ;  Bad Request
401  ;  Unauthorized
402  ;  Payment Required
403  ;  Forbidden
404  ;  Not Found
405  ;  Method Not Allowed
406  ;  Not Acceptable
```

部分狀態碼直接反映了系統的服務狀態，如 404、403 等，這些都是監控系統常見的監控關鍵字。

隨著監控的精細化，還可以根據關鍵字出現的次數來判斷警告。

如果最近 5 分鐘出現 3 次及以上 A 關鍵字，則警告。

還可以對監控的欄位進行計算處理，滿足警告設定值的則觸發警告。

如果最近 5 分鐘出現 A 關鍵字和出現 B 關鍵字的次數總計大於 3 次，則警告。

10.6.2 多節點記錄檔監控

多節點記錄檔監控常見於叢集部署的應用記錄檔監控，如當需要監控的記錄檔分佈在多台伺服器甚至分佈在不同的網路環境下的多台伺服器時，就需要處理多節點情況下的記錄檔監控。

在前置式記錄檔監控系統中，一般透過統一下發監控策略，將監聽的記錄檔路徑、關鍵字等下發至每台目標伺服器，當任意一台伺服器觸發警告時，均可上報警告資訊。

在集中式記錄檔監控系統中，同一個模組收集的記錄檔通常會放在同一個索引內（或打上共同的標籤）。當執行監控任務時，指定搜索同一個索引，即可監聽索引內的所有伺服器。如下所示，在 splunk 中可透過 SPL 敘述指定搜索的 index 為 app，選擇搜索 app 索引且 keyword 為 "error" 的全部記錄檔。

```
Index=app   keyword=error
```

同樣地，對多資料中心部署的應用來説，只需要將不同資料中心的記錄檔來源合併為一個記錄檔索引，監控任務針對索引來設定即可。即使後期叢集擴充或網路環境變動，只要將需要監控的記錄檔定義為同一個記錄檔索引即可，無須改動監控策略。

10.6.3 應用系統性能監控

上文中提到，記錄檔的列印數量和業務繁忙程度緊密結合。在大部分的情況下，每個記錄檔項目都會列印業務事務的 ID 或處理訊息的 ID，這些 ID 數量的多少直接反映了系統處理的能力和性能。那麼，提取記錄檔中的事務 ID 或訊息 ID，並根據每分鐘的 ID 數量做出時序圖，可以大致看出業務在一天當中各時段的繁忙程度，如圖 10-4 所示。

在圖 10-4 中，可以看到在每日的早上和中午，訊息發送數量到達頂峰，結合業務場景分析得知是業務市場開市前，系統下發訊息為開市做準備。

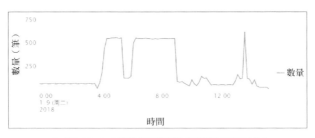

▲ 圖 10-4　某業務系統訊息發送量時序圖

　　在圖 10-5 中，提取業務記錄檔中的業務 ID，並按照每 10 分鐘業務 ID 數量做出時序圖，可以看出一天中業務量的時序分佈。舉例來説，12:00 － 13:30 為午間休市時間，業務量顯著下降。

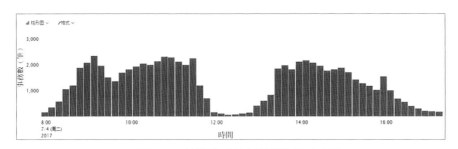

▲ 圖 10-5　某業務系統處理業務量時序圖

　　在圖 10-6 中，某些記錄檔中會直接列印交易處理的平均耗時資料，提取耗時欄位並做時序分析，可以看出一天中的最繁忙的時間在 11:00 － 11:30 和 16:00 前後。透過對耗時時間設定監控，如超過 30000（單位：毫秒），一旦耗時超過 30000 毫秒，則立即通知運行維護人員。

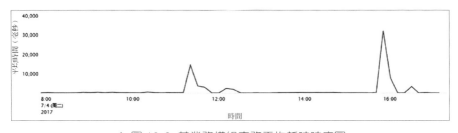

▲ 圖 10-6　某業務模組事務平均耗時時序圖

　　有些業務系統會在不同模組的記錄檔中列印同一個事務的處理耗時，那麼統籌各個節點的記錄檔後則可以計算出該模組的平均交易處理耗時。在圖 10-7 中，事務依次經過 Session Forward 等 4 個模組處理後再傳回使用者終端，透過記錄檔中的耗時資訊，可以直觀地看到各個模組的交易處理耗時。

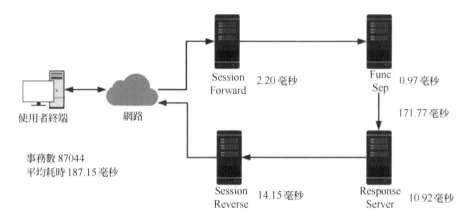

▲ 圖 10-7　某業務系統交易處理耗時圖

10.6.4　應用系統業務量異常監控

　　挖掘記錄檔中不同的欄位，可以分析系統當前的運行狀態。若大量收集歷史運行狀態資料並計算平均值，則可以根據歷史資料的平均值來判斷當前業務量是否正常，即基於業務量歷史平均值的監控。

　　基於歷史平均值的監控，通常需要設定當前值與歷史平均值的差值設定值，如當差值超過歷史平均值 30% 時，則判定為異常，立即通知運行維護人員或業務人員。

　　從圖 10-8 中可以看出，在 13:30 業務量比歷史平均值有顯著增加，即出現了業務量的激增，需要即時通知相關人員處理。

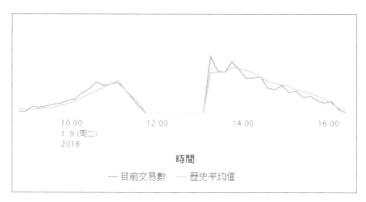

▲ 圖 10-8 某系統當前業務量與歷史平均值

10.6.5 安全監控與異常 IP 自動封禁

在資料中心的記錄檔監控中,安全裝置的記錄檔非常重要;大多安全裝置的記錄檔可以反映攻擊者或疑似攻擊者的來源 IP 及攻擊行為。透過整理分析安全裝置警告記錄檔,可即時取出攻擊記錄檔進行累計記分,對達到評分設定值的攻擊來源 IP 實施封禁,封禁時長可設定調整,從而形成安全事件從檢測、分析到處置的閉環管理。

如圖 10-9 所示,某 IPS 裝置記錄檔提供了攻擊者的 IP 及攻擊行為——「HTTP SQL 植入攻擊」,一般會觸發關鍵字監控策略,監控系統會立即通知運行維護人員對該 IP 進行封禁。

然而,有時來源 IP 的攻擊行為並不明顯,只進行了非高危動作,即在記錄檔中列印的事件等級並不高,若透過設定全部攻擊行為關鍵字來觸發警告,則可能產生大量的誤警告而造成 IP 誤封,這時就需要對 IP 的危險程度進行判斷,即需要結合記錄檔監控系統的運算能力對 IP 的危險程度進行衡量,有時還需要根據業務需求設定白名單,因此,自動封禁系統的核心設定就是封禁白名單和封禁評分策略,均可動態設定調整。封禁評分簡單説來就是對來源 IP 進行評分,對超過一定分數的 IP 進行封禁。舉例來說，WAF 裝置的防護記錄檔會列印事件的類型（見表 10-4），若某 IP 在一定時間範圍內（如最近 24 小時），監測到了類型 1 的 WAF 裝置的 2 次 SQL 植入攻擊和 1 次 XSS 攻擊，則該 IP 記 30×2+20×1=80 分。在一般情況下，會對 IP 計分設定設定值，如對 24 小時內超過 100 分的 IP 進行封禁。

_time	0	src	rc_port	app	signature	priority	dest	dest_port
2017/07/07 19:27:34		218.92.145.98	27794	ips	HTTP_SQL 注入攻擊	3	192.168.33.10	80
2017/07/07 19:27:31		218.92.145.98	47957	ips	HTTP_SQL 注入攻擊	3	192.168.33.10	80
2017/07/07 19:27:28		218.92.145.98	48187	ips	HTTP_SQL 注入攻擊	3	192.168.33.10	80
2017/07/07 19:27:25		218.92.145.98	41094	ips	HTTP_SQL 注入攻擊	3	192.168.33.10	80
2017/07/07 19:27:21		218.92.145.98	56968	ips	HTTP_SQL 注入攻擊	3	192.168.33.10	80
2017/07/07 19:27:18		218.92.145.98	62703	ips	HTTP_SQL 注入攻擊	3	192.168.33.10	80
2017/07/07 19:27:13		218.92.145.98	64554	ips	HTTP_SQL 注入攻擊	3	192.168.33.10	80
2017/07/07 19:27:10		218.92.145.98	29042	ips	HTTP_SQL 注入攻擊	3	192.168.33.10	80
2017/07/07 19:27:05		218.92.145.98	34264	ips	HTTP_SQL 注入攻擊	3	192.168.33.10	80
2017/07/07 19:27:01		218.92.145.98	29750	ips	HTTP_SQL 注入攻擊	3	192.168.33.10	80

▲ 圖 10-9 某 IPS 裝置記錄檔

表 10-4 某 WAF 攻擊行為評分標準（部分）

攻擊類型	分值範例
WAF 類型 1 檢測到 XSS 攻擊	20 分 / 次
WAF 類型 1 檢測到 SQL 植入	30 分 / 次
WAF 類型 2 檢測到 Java 攻擊	30 分 / 次
WAF 類型 2 檢測到 SQL 植入攻擊	35 分 / 次
IPS 檢測到程式植入	30 分 / 次
蜜罐檢測到後門程式	50 分 / 次

10.7 記錄檔擷取與傳輸

在一般情況下，記錄檔生產於許多伺服器或裝置，運行維護人員經常會遇到以下問題：①記錄檔太多且分佈分散，難以集中查看；②分析問題需要互相關聯，很難對記錄檔進行多維度的連結分析；③登入目標裝置查看記錄檔增加了操作風險。因此，大多數資料中心不是透過設定集中的記錄檔儲存分析系統，透過集中收集各類記錄檔資料，達到記錄檔集中查詢與監控的目的；就是透過在前置 agent 上設定匹配規則，僅將警告記錄檔上報，在後端匯集警告記錄檔後再做集中處理。

目前，大多系統透過「拉」或「推」的方式擷取記錄檔。

10.7.1 拉式擷取（PULL）

「拉」的方式是指系統先在目標伺服器端安裝特定的代理（agent），一般代理在收集到指定的記錄檔後，經過一定處理，將相關資訊儲存在本地並等待伺服器端的輪詢消費，後端透過定時輪詢主動去 agent 端拉取記錄檔。一些常見的記錄檔監控系統如 ELK、splunk 等均採用拉的方式獲取需要監控的指標。在部署記錄檔 agent 前，一般需要明確以下資訊。

（1）記錄檔來源：記錄檔的生產者，如網路裝置、作業系統、安全裝置、應用等。不同的記錄檔生產者一般對應不同的記錄檔分析規則。

（2）記錄檔位置：記錄檔的詳細位置描述，一般包含主機名稱 / 裝置名稱、IP、檔案路徑、檔案名稱等。

（3）記錄檔格式：記錄檔的格式資訊，通常需要結合記錄檔範例表明記錄檔的基本結構（已在 10.3 節和 10.4 節中做出詳細介紹）。不同的記錄檔格式通常需要設定不同的記錄檔分析規則來提高記錄檔分析和監控的效率。

（4）記錄檔容量：評估需要擷取的記錄檔容量，如每天的生產量。
　　該資料通常用於計算集中式記錄檔監控系統的 license 銷耗；同
　　時也有助評估記錄檔監控系統的資源銷耗。

（5）記錄檔輪轉：由於集中式記錄檔監控需要收集記錄檔原文，因
　　此需要約定歷史記錄檔的儲存期限；在保證需求的前提下，有
　　效提升儲存效率。

10.7.2 推式擷取（PUSH）

「推」的方式是指裝置主動向記錄檔記錄系統推送記錄檔資料。常見
的記錄檔推式擷取大多是基於 Syslog 機制來實現的。

類 UNIX 作業系統一般都設計有 syslogd 處理程式，syslogd 是一個
系統的守護處理程式，用於解決系統記錄檔記錄、分發等問題。syslogd
透過使用 UNIX 域通訊端（/dev/log）、UDP 協定 514 通訊埠（syslog-
ng、rsyslog 支持 TCP 協定）或特殊裝置 /dev/klog（讀取核心訊息）從應
用程式和核心接收記錄檔記錄。如圖 10-10 所示，Syslog 既可以記錄在
本地檔案中，也可以透過網路發送到接收 Syslog 的伺服器，接收 Syslog
的伺服器可以對來自多個裝置的 Syslog 訊息進行統一儲存，或解析其中
的內容做對應的處理。一般伺服器會設定預設的 Syslog 發送位址，即
Logbase 的監聽位址，將 Syslog 集中匯集後可方便地進行檢索、監控或
分析等。

有些產品的 agent 也可以主動將資料推送到後端伺服器，如 splunk
透過在目標應用伺服器中安裝 splunk-forwarder 來監聽特定路徑下的記
錄檔，並透過特定通訊埠（一般是 9997 通訊埠）集中發送給 splunk-
index。ELK 記錄檔分析系統一般會在目標伺服器上安裝 Filebeat，再將
Filebeat 監聽到的記錄檔轉發給 Logstash，最終進入 elasticsearch 實現記
錄檔集中檢索和監控。

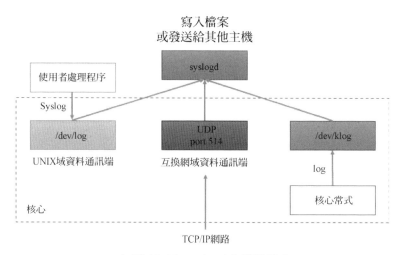

▲ 圖 10-10 syslogd 的發送模式

「推」是一種建立在客戶伺服器上的機制,就是由客戶伺服器主動將資訊發往記錄檔伺服器端的技術。和「拉」技術相比,最主要的差別在於「推」是由客戶端設備主動向記錄檔伺服器發送資訊的,而「拉」則是由記錄檔伺服器主動向客戶伺服器請求和索取資訊的。「推」的優勢在於記錄檔資訊獲取更加主動和即時。

10.7.3 記錄檔過濾

擷取記錄檔的目的是有效利用記錄檔,在大部分的情況下,收集的記錄檔體量龐大且格式多樣,只有在巨量的記錄檔中進行過濾和篩選,才能真正地實現記錄檔的高效利用。

記錄檔過濾在運行維護工作中十分常見,一方面,過濾掉無用的記錄檔會提升記錄檔分析人員的分析效率,提升記錄檔分析系統或監控系統的處理性能;另一方面,對於某些商業記錄檔分析(監控)工具(如記錄檔易、splunk)而言,過濾掉無用的記錄檔可以有效減少無效記錄檔對 licenses 的佔用,有效降低運行維護成本。

常見的記錄檔管理系統中均有記錄檔過濾的功能元件，如在 ELK 記錄檔監控系統中，Logstash 擁有多種過濾外掛程式，如 Grok、Date、Json、Geoip 等，其中最為常用的是 Grok 正規表示法過濾。在 splunk 中，splunk-index 在記錄檔收入本地資料庫之前，也可設定正規表示法，只收入符合特定運算式規則的記錄檔，其餘記錄檔則作捨棄處理。

▌ 10.8 記錄檔解析與記錄檔監控策略

在擷取到記錄檔後，如何準確快速地找到我們需要的資訊是關鍵。要進行記錄檔監控，就需要先對記錄檔進行解析。記錄檔解析的核心就是各類記錄檔分析工具和正規表示法的使用。下面將分別介紹常用記錄檔解析工具、正規表示法，以及記錄檔監控策略相關技術方法。

10.8.1 記錄檔解析工具

1. GREP

GREP 最初是一個 UNIX 的命令列工具，用於匹配檔案內容包含指定字串或範本樣式的項目，並列印匹配到的行或文字，在伺服器端常被用來快速分析記錄檔內容、記錄檔校正等場景，其格式如下所示。

```
grep [options][ 字串 ][ 檔案名稱 ]
```

GREP 常用參數如表 10-5 所示。

表 10-5 GREP 常用參數

參　數	描　述
-c	只輸出匹配行的計數
-I	不區分大小寫（只適用於單字元）
-h	查詢多檔案時不顯示檔案名稱
-l	查詢多檔案時只輸出包含匹配字元的檔案名稱
-n	顯示匹配行及行號
-s	不顯示不存在或無匹配文字的錯誤資訊
-v	顯示不包含匹配文字的所有行

　　-c 用於匹配 /etc/passwd 中包含 nologin 字串的行並列印，有 26 個匹配行，如下所示。

```
# grep -c nologin /etc/passwd
26
```

　　-i 匹配 /etc/passwd 中含有 DNS/DNs/Dns/dns/Dns 等的行並列印，如下所示。

```
# grep -i dns /etc/passwd
avahi:x:70:70:Avahi mDNS/DNS-SD Stack:/var/run/avahi-daemon:/sbin/nologin
```

　　-v 匹配 /etc/passwd 中不包含 nologin 的行並列印，如下所示。

```
# grep -v nologin /etc/passwd
root:x:0:0:root:/root:/bin/bash
support:x:1002:1002::/home/support:/bin/bash
```

2. AWK

AWK 是一個強大的文字分析工具，擁有自己的語法，可用於較複雜的記錄檔分析。輸入資料可以是標準輸入、檔案、或其他命令的輸入。它逐行掃描輸入，尋找匹配的特定模式行，在匹配行上完成操作並列印，其格式如下所示。

```
awk [options] 'script' var=value file(s)
```

或

```
awk [options] -f scriptfile var=varlue files(s)
```

AWK 常用命令選項如表 10-6 所示。

表 10-6 AWK 常用命令選項

命令選項	描　述
-F fs or --field-separator fs	指定輸入檔案折分隔符號號，fs 是一個字串或一個正規表示法，如 -F" "
-v var=value or --asign var=value	為 awk_script 設定變數
-f scripfile or --file scriptfile	從指令檔中讀取 AWK 命令

列印 /etc/passwd 第一個域如下所示。

```
# awk  -F ':'  '{print $1}'
root
daemon
bin
```

統計 /etc/passwd：檔案名稱、每行的行號、每行的列數、對應的完整行內容如下所示。

```
#  awk  -F ':'  '{print "filename:" FILENAME ",linenumber:" NR
",columns:" NF ",linecontent:"$0}' /etc/passwd
filename:/etc/passwd,linenumber:1,columns:7,linecontent:root:x:0:0:root:/
root:/bin/bash
filename:/etc/passwd,linenumber:2,columns:7,linecontent:bin:x:1:1:bin:/
bin:/sbin/nologin
filename:/etc/passwd,linenumber:3,columns:7,linecontent:daemon:x:2:2:
daemon:/sbin:/sbin/nologin
filename:/etc/passwd,linenumber:4,columns:7,linecontent:mail:x:8:12:
mail:/var/spool/mail:/sbin/nologin
```

3. SED

SED 功能與 AWK 類似，是一個十分好用的編輯器，主要用來自動編輯一個或多個檔案、簡化對檔案的反覆操作、撰寫轉換程式等，其格式如下所示。

```
sed [options] 'command' {script-only-if-no-other-script} [input-file]
```

SED 常用參數如表 10-7 所示。

表 10-7 SED 常用參數

參　　數	描　　述
-n	silent 模式，只列印經過 sed 特殊處理行
-e	指令列模式上進行 sed 動作編輯
-f	將 sed 的動作寫在檔案內
-r	預設基礎正規表示法語法
-i	直接修改讀取檔案內容，不在螢幕上列印

刪除 /tmp/passwd 第一行範例如下。

```
# sed '1d' /tmp/passwd
```

在 /tmp/passwd 最後一行直接插入 "END" 範例如下。

```
# sed -i '$a END' /tmp/passwd
```

4. Head/Tail

Head 命令用於查看具體檔案的前幾行內容，Tail 命令用於查看檔案的後幾行內容。它們是用來顯示開頭或結尾某個數量的文字區塊的命令，其格式如下所示。

```
head [-n] file
tail [+/-n] [options] file
```

查看動態更新的檔案如下所示。

```
# tail -f /var/log/messages
匹配 Linux 作業系統 /etc/passwd 前 10 行中含有 "nologin" 的行
# head -n 10 /etc/passwd | grep nologin
bin:x:1:1:bin:/bin:/sbin/nologin
daemon:x:2:2:daemon:/sbin:/sbin/nologin
adm:x:3:4:adm:/var/adm:/sbin/nologin
lp:x:4:7:lp:/var/spool/lpd:/sbin/nologin
mail:x:8:12:mail:/var/spool/mail:/sbin/nologin
uucp:x:10:14:uucp:/var/spool/uucp:/sbin/nologin
```

5. Mtail

Mtail 是一個用於從應用程式記錄檔中提取指標，並匯出到時間序列資料庫，以進行警示和儀表板顯示的記錄檔解析工具。它即時讀取應用程式的記錄檔，並且透過解析指令稿、即時分析，最終生成時間序列指標。解析指令稿格式如下所示。

```
COND {
  ACTION
}
```

範例：在下面的解析指令稿中，error_count 是一個變數值，指令稿表示匹配記錄檔中 "ERROR" 出現的次數，當匹配到一次時則加 1，即統計記錄檔中包含 ERROR 字串的行數。

```
counter error_count
/ERROR/ {
  error_count++
}
```

6. Logstash

Logstash 是一個資料收集處理引擎，包含 "input(輸入)-filter(篩選)-output(輸出) " 三個階段的處理流程。

在輸入方面，Logstash 支援動態地擷取、轉換和傳輸資料，不受格式或複雜度的影響。利用 Grok（Grok 是一個可透過預先定義的正規表示法，來匹配分割文字並映射到關鍵字的工具，原理與 Mtail 類似，此處不再單獨介紹）從非結構化資料中衍生結構。舉例來説，從 IP 位址解碼地理座標，匿名化或排除敏感欄位並簡化整體處理過程等。早期的 ELK 架構中使用 Logstash 收集、解析記錄檔，但是由於 Logstash 對記憶體、CPU、IO 等資源消耗比較高，其擷取記錄檔的職能逐步被輕量級的擷取套件 Beat 取代，Logstash 則更加聚焦於資料解析與篩選。

在篩選方面，Logstash 支持即時解析和轉換資料。在資料從來源傳輸到儲存庫的過程中，Logstash 篩檢程式能夠解析各個事件，辨識已命名的欄位以建構結構，並將它們轉換成通用格式，以便進行更強大的分析和實現商業價值。Logstash 能夠動態地轉換和解析資料，不受格式或複雜度的影響。

在輸出方面，Logstash 提供許多輸出選擇（如 elasticsearch、CSV、file、kafka、websocket 等），可以將資料發送到指定的地方，並且能夠靈活地解鎖許多下游使用案例。如圖 10-11 所示為 Logstash 架構圖。

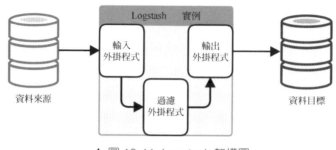

▲ 圖 10-11 Logstash 架構圖

7. SPL

　　SPL 是一種基於 splunk 的記錄檔分析語言，提供了 140 多種命令，可在同一個系統內進行記錄檔搜索、連結、分析和視覺化。SPL 可透過命令的組合或結合正規表示法，輕鬆地在巨量資料中找到所需要的資料。

　　範例：搜索所有來自主機名稱包含 "APP" 的記錄檔。

```
Index=* AND Host=*APP*
```

　　範例：關鍵字包含 "ERROR" 的記錄檔。

```
Index=* AND "ERROR"
```

10.8.2　正規表示法

　　絕大多數記錄檔分析系統均基於正規表示法匹配字串。正規表示法的概念來自神經學。在最近的 60 年，正規表示法逐漸從模糊而深奧的數學概念，發展成電腦各類工具和軟體套件應用中的主要功能。

　　正規表示法是對字串操作的一種邏輯公式，就是用事先定義好的一些特定字元，以及這些特定字元的組合，組成一個「規則字串」，這個

「規則字串」用來表達對字串的一種過濾邏輯。正規表示法已經在很多軟體中得到廣泛的應用，包括類 UNIX 作業系統、PHP、C#、Java 等開發環境，以及在很多應用軟體（記錄檔易、splunk、ELK）中，都可以看到正規表示法的身影。

下面簡介正規表示法的基本概念。

1. 萬用字元

常用的萬用字元如表 10-8 所示。

表 10-8　常用的萬用字元

字　元	說　明
.	匹配除分行符號外的任意字元
\w	匹配字母、數字、底線或中文字
\s	匹配任意的空白符號
\d	匹配數字
\b	匹配單字的開始或結束
^	匹配字串的開始
$	匹配字串的結束

舉例來說，匹配以 1 開始的字串可表述為：^1。

2. 字元簇

使用 [] 將需要匹配的字元括起來的方法稱為字元簇。

舉例來說，[a-z]、[A-Z]、[aeiouAEIOU]、[.?!] 等。

3. 限定詞

常用的限定詞如表 10-9 所示。

表 10-9 常用的限定詞

字 元	說 明
*	重複零次或更多次
+	重複一次或更多次
?	重複零次或一次
{n}	重複 *n* 次
{n,}	重複 *n* 次或更多次
{n,m}	重複 *n* 到 *m* 次

舉例來説,匹配 QQ 號碼(5~12 位的數字),可表述為:\d{5,12}。

4. 跳脫符號

當需要查詢 ^ 或 $,而該字元自身為萬用字元時,可以使用 \ 來取消這些字元的特殊意義。

舉例來説,C:\\Windows\\System32 匹配 C:\Windows\System32。

5. 選擇符號

當有多種條件時,可使用 | 將各條件分割開,標示 "or" 的關係。

舉例來説,匹配首尾空白字元的正規表示法為:^\s*|\s*$。

6. 反義符號

匹配不包含某字元或某字串的字串,常見反義符號舉例如表 10-10 所示。

表 10-10 常見反義符號舉例

字　元	說　明
\W	匹配任意不是字母、數字、底線、中文字的字元
\S	匹配任意不是空白符號的字元
\D	匹配任意非數字的字元
\B	字元邊界匹配符號，通常用於匹配（定位）字串開頭或結尾的位置，或匹配（定位）字元和非字元之間的位置
[^abcd]	匹配除 abcd 這幾個字母外的任意字元

舉例來説，匹配首尾空白字元的正規表示法為：^\s*|\s*$。

7. 註釋符號

正則中使用 (?#comment) 來包含註釋。

舉例來説，2[0-4]\d(?#200-249)|25[0-5](?#250-255)|[01]?\d\d?(?#0-199)。

8. 正規表示法舉例

（1）驗證普通電話、傳真號碼：可以 "+" 或數字開頭，可含有 "-" 和 " " 。

```
/^[+]{0,1}(\d){1,3}[ ]?([-]?((\d)|[ ]){1,12})+$/
```

- \d：用於匹配從 0 到 9 的數字。
- "?" 萬用字元規定其前導物件必須在目標物件中連續出現零次或一次。

可以匹配字串：+123 -999 999；+123-999 999；123 999 999；+123 999999 等。

（2）驗證身份證字號。

```
^[1-9]([0-9]{16}|[0-9]{13})[xX0-9]$
```

可以匹配 15 或 18 位的身份證字號。

（3）驗證 IP。

```
^(25[0-5]|2[0-4][0-9]|[0-1]{1}[0-9]{2}|[1-9]{1}[0-9]{1}|[1-9])\.(25[0-
5]|2[0-4][0-9]|[0-1]{1}[0-9]{2}|[1-9]{1}[0-9]{1}|[1-9]|0)\.(25[0-5]|2[0-
4][0-9]|[0-1]{1}[0-9]{2}|[1-9]{1}[0-9]{1}|[1-9]|0)\.(25[0-5]|2[0-4][0-
9]|[0-1]{1}[0-9]{2}|[1-9]{1}[0-9]{1}|[0-9])$
```

10.8.3 記錄檔監控策略

有了正規表示法，我們就可以快速對記錄檔的要素進行解析。如何從巨量的解析好的記錄檔中進一步提取人們關注的資訊，將運行維護人員關注的關鍵資訊第一時間推送至相關人員處，則需要設定記錄檔監控策略。下面將逐一介紹記錄檔監控策略的基本要素：記錄檔路徑、監控時間、監控關鍵字、警告等級、觸發邏輯。

1. 記錄檔路徑

記錄檔路徑指明了監控的記錄檔存放的具體位置，通常包含伺服器名稱、IP 位址、記錄檔存放路徑等資訊。

2. 監控時間

監控時間即什麼時間對記錄檔進行監控。常見的如 5×24 小時監控、7×24 小時監控等。常透過 Cron 運算式來進行時間判斷。

舉例來説，每天上午 10:15 觸發。

```
0 15 10 * * ? *
```

再如，每 5 分鐘觸發一次。

```
0 0/5 * * * ? *
```

在實際監控中，有時也會需要較為複雜的時間計算規則，如是否為工作日、節假日、交易日、每個月最後一個工作日等。

3. 監控關鍵字

監控關鍵字即檢測當記錄檔中出現某個指定的關鍵字時則發出警告，如 error、critical、fatal 等。

在某些情況下，也會進行全詞匹配監控，即當記錄檔列印了任意字元（有更新）時，則發出警告。

在下面的例子中，當檢測記錄檔中出現 severity="CRITICAL" 或 severity= "FATAL" 關鍵字時，則觸發警告。

Tivoli 系統記錄檔監控策略範例如下。

```
REGEX JmxNotifications-log__Critical<br/>
(.*(severity=\"CRITICAL\"|severity=\"FATAL\").*) <br/>msg $2<br/>detail
$1 CustomSlot1
```

4. 警告等級

記錄檔監控需要指定警告觸發的等級，常見的等級有以下幾種，警告等級按照嚴重程度由低到高排列，如表 10-11 所示。

表 10-11　警告嚴重程度舉例

警告等級	嚴重程度
0	正常
1	通知
2	無礙
3	警告
4	次級嚴重
5	嚴重

5. 觸發邏輯

常見的觸發邏輯有三種，即正邏輯、反邏輯和複雜邏輯。

正邏輯，即當檢測到某個特定關鍵字時就警告。反邏輯，即檢測不到某個特定關鍵字就警告。複雜邏輯包括如同時檢測到多個特定關鍵字就警告（A&B）；一段時間內檢測到 5 次要索引機碼才警告；出現 A 且不出現 B 才警告等。

當監控系統匹配到對應的關鍵字和觸發邏輯時，一般會產生一個警告事件或觸發一個對應的動作（action）。這通常需要提前設定，常見的動作有發送簡訊、發郵件給相關的運行維護人員，抑或執行某個指令稿等。

警告事件通常會發送至警告匯流排或監控匯流排，從而方便運行維護人員進行統一的監控和管理。

■ 10.9 常見記錄檔監控系統

記錄檔監控系統產品有很多，除自研記錄檔系統外，像 ELK、Splunk 都是常見且成熟的記錄檔監控系統，ELK 是當下流行的開放原始碼系統，提供了完整的解決方案；Splunk 則是成熟的記錄檔分析產品，也擁有豐富的實踐案例；下面分別介紹這兩種系統的基本架構和工作原理。

10.9.1 基於 ELK 的記錄檔監控

ELK 是 Elasticsearch、Logstash、Kibana 三大開放原始碼框架的字首大寫，市面上也將其稱為 Elastic Stack。其中，Elasticsearch 是一個基於 Lucene 的、透過 Restful 方式進行互動的分散式近即時搜索系統框架。

ELK 使用 Elasticsearch 作為底層支援框架。Logstash 是 ELK 的中央資料流程引擎，用於從不同目標（檔案 / 資料儲存 /MQ）收集不同格式資料，經過過濾後支持輸出到不同目的地（檔案 /MQ/redis/Elasticsearch/kafka 等）。Kibana 可以將 Elasticsearch 的資料透過友善的頁面展示出來，提供即時分析的功能。

對應資料分析的不同階段，ELK 架構可分為以下四層。

（1）資料獲取層，透過 Beats 套件擷取資訊。

（2）資料解析層，提供資料的清洗、解析和過濾等功能。通常透過 Logstash 實現此功能。

（3）資料分析層，主要提供資料檢索引擎、規則引擎、性能分析、鏈路追蹤及異常診斷等功能。通常透過 Elasticsearch 來實現此功能。

（4）資料展示層，主要透過前端對資料進行展示，包括動態鏈路追蹤、靜態鏈路展示、大盤展示及索引、資料管理等功能。通常透過 Kibana 來實現此功能。

如圖 10-12 所示，Filebeat（面向記錄檔資料）和 Matricbeat（面向硬體指標）負責擷取資料，當應用系統產生記錄檔時，Filebeat 會自動讀取新增記錄檔，並將記錄檔打標籤後發往 Logstash。Logstash 根據設定的規則自動對記錄檔進行篩選。透過 Logstash 篩選的記錄檔會被發送到 Elasticsearch。Elasticsearch 承擔了資料的儲存和查詢等功能。其中，Logstash 和 Elasticsearch 叢集原生支援負載平衡和高可用。

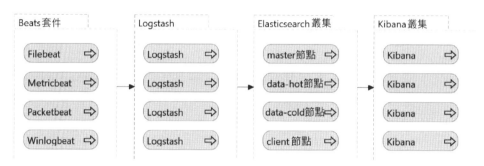

▲ 圖 10-12 ELK 資料流程向圖

在記錄檔監控場景下，通常會在 Elasticsearch 中設定全域的定時查詢敘述，透過 Elasticsearch 的定時查詢檢測關鍵字（如每 5 分鐘檢索全域 error 關鍵字），當檢測到目標關鍵字時，可將關鍵字資訊上報至警告匯流排，並即時通知運行維護人員。

10.9.2 基於 Splunk 的記錄檔監控

Splunk 是巨量資料領域第一家在納斯達克上市的公司，Splunk 提供了一個機器資料的搜尋引擎。Splunk 可收集、索引和利用所有應用系統、伺服器和裝置（物理、虛擬和雲端中）生成的機器資料，輕鬆在一個位置搜索並分析所有即時和歷史資料。使用 Splunk 可以處理機器資料，從而協助解決系統問題、調查安全事件等，避免服務性能降低或中斷，以較低成本滿足系統的各類運行要求。

Splunk 支援在所有主流作業系統上運行，可以即時從任何來源索引任何類型的機器資料，可以接收指向 Splunk 伺服器的 Syslog（包括安全裝置、網路裝置）、即時監視記錄檔，甚至即時監視檔案系統或 Windows 登錄檔中的更改等，還支援透過自訂指令稿獲取系統的指標。Splunk 的擷取調配範圍覆蓋了幾乎所有類型的機器資料；此外，Splunk 還有巨量的外掛程式，可提供豐富的擴充功能，運行維護人員無須單獨撰寫或維護任何特定的分析器或介面卡就能擷取不同類型的資料。

Splunk 主要由三個部分組成，分別是 Search Head、Indexer 和 Forwarder，Splunk 架構示意如圖 10-13 所示。

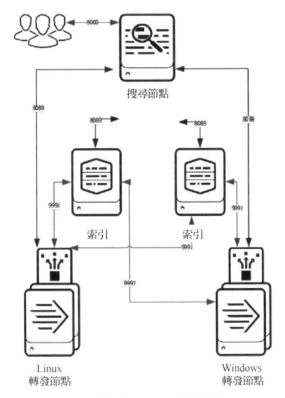

▲ 圖 10-13 Splunk 架構示意

Search Head 主要用於提供搜索、資料分析和展示的介面。使用者透過瀏覽器直接存取 Search Head 的 Web 介面來查看報表和運行相關搜索敘述。Splunk 整合了非常方便的資料視覺化和儀表板功能，並提供了強大的資料搜索敘述——SPL 敘述，以支援運行維護人員對機器資料的各種處理操作。可以透過 UI 方便地對 SPL 執行的搜索結果進行視覺化分析，以及資料匯出等操作。

SPL 敘述舉例如下。

```
index=app keyword=error
```

上述 SPL 敘述表示：搜索 index 是 app 的且關鍵字是 error 的所有記錄檔。

從功能上看，Search Head 類似於 ELK 的 Kibana，提供了所有的用戶端和視覺化的功能。此外，Search Head 在運行搜索和報表命令時，為提高搜索效率，會根據相關條件分發搜索命令到每台 Indexer，在獲取對應資料後再合併搜索結果，最終整理計算。這部分功能類似於 ELK 的 Elasticsearch 的功能。

Indexer 提供資料的儲存和索引，並處理來自 Search Head 的搜索命令。

Forwarder 負責資料連線，類似於 ELK 中的 Filebeat。Splunk Forwarder 即時將增量資料透過負載平衡方式發送至 Splunk Indexers 進行儲存，Indexers 在收到資料後，會將資料儲存在指定的目錄下，並根據資料型態標記為不同的 sourcetype、source、host 等參數，方便運行維護人員搜索或分析。

在記錄檔監控場景下，Splunk 與 ELK 相似，透過設定定時查詢敘述（如每 5 分鐘檢索全域 error 關鍵字），與 ELK 不同的是，Splunk 整合了更多的警告觸發動作，可以直接對接郵件或自訂指令稿等。透過自訂指令稿，Splunk 可執行自訂 action，如將關鍵字資訊上報至警告匯流排。

10.10 本章小結

本章從記錄檔的基本概念講起，依次介紹了記錄檔的概念和常見的應用場景；隨後介紹了幾種常見的記錄檔類型及格式，包括 W3C ELF、Apache access log 及 Syslog；並進一步介紹了一系列記錄檔的要求規範，如列印規範、輪轉歸檔規範及爆發抑制等。

在許多記錄檔監控系統中，本章歸納了兩種基本的記錄檔監控原理，即前置式記錄檔監控和集中式記錄檔監控；並介紹了兩種記錄檔監控系統的基本工作原理。隨後，結合常見的記錄檔監控場景，詳細介紹了包括關鍵字監控、多節點記錄檔監控、應用系統性能監控、應用系統業務量異常監控及安全監控等記錄檔監控場景，以期給讀者詳細展示記錄檔監控廣泛的應用場景。

接著，按照記錄檔監控的各個階段，即記錄檔擷取與傳輸、記錄檔解析與監控策略，逐一介紹了設計中要考慮的要點，包括記錄檔的傳輸方式、記錄檔的解析工具、正規表示法、記錄檔監控策略要素等。

最後，介紹了兩種當下較為流行的記錄檔監控系統，希望結合實際系統，展示記錄檔監控系統的各方面。

智慧監控

目前，市面上的多數 App 都擁有智慧推薦功能，基於使用者需求向使用者推薦真正有價值的資訊，如購物網站推薦使用者心儀的商品、視訊網站推薦使用者喜歡的視訊。任何推薦不是憑空而來的，使用者的性別、年齡、消費能力、喜好、目的等都是推薦的重要依據。

智慧監控的核心源於監控資料，日常各類監控軟體產生了大量資料，但這些監控資料在大多數企業中往往產生不了過多的價值，僅用於應對稽核工作。如何利用好這些運行維護巨量資料，其關鍵在於選擇適合的演算法，就像購物網站為人物誌一樣，我們可以基於監控巨量資料為各類運行維護場景畫像。運行維護工作就是故障發現（Do）、故障定位（Check）、故障處置（Act）和故障避開（Plan）的 PDCA 持續改造的過程。使用這些運行維護場景的畫像反應日常運行維護，與其他運行維護系統如 CMDB、ITIL、自動化平臺等產生聯動提升運行維護品質，提高運行維護效率，才是智慧監控的價值所在，如圖 11-1 所示為關於 AIOps 的思考模型。

（編按：本章中圖例來自各白皮書內容，為保持原文文意，使用原文簡體中文圖例）

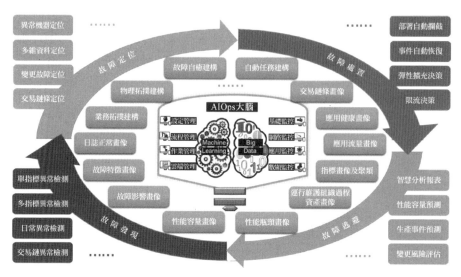

▲ 圖 11-1 關於 AIOps 的思考模型

▌11.1 智慧監控概述

11.1.1 Gartner AIOps

AIOps（Artificial Intelligence for IT Operations）代表運行維護操作的人工智慧，是談智慧監控逃不開的話題，它是由 Gartner 於 2016 年定義的新類別，至今已在全球頂級網際網路與電信企業中有較多落地實踐。

Gartner 認為，AIOps 平臺是結合巨量資料、人工智慧或機器學習功能的軟體平臺，用來增強和部分取代廣泛應用的現有 IT 運行維護流程和事務，包括可用性和性能監控、事件連結和分析、IT 服務管理及運行維護自動化。資料來源（Data Sources）、巨量資料（Big Data）、運算（Calculations）、分析（Analytics）、演算法（Algorithms）、機器學習（Machine Learning）、視覺化（Visualization）是 AIOps 的資料依賴。

AIOps 常被看作對核心 IT 功能的持續整合（Continuous Integration）、持續交付（Continuous Delivery）、持續部署（Continuous Deployment），即 DevOps 的延續，如圖 11-2 所示為 Gartner AIOps 模型。

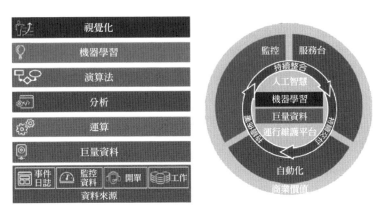

▲ 圖 11-2 Gartner AIOps 模型

11.1.2 NoOps

2011 年，Forrester 發佈「擴大 DevOps 至 NoOps」（Augment DevOps With NoOps）的報告，其中提到「DevOps 很好，但是雲端運算將迎來 NoOps」。德勤（Deloitte，德勤會計師事務所是世界四大會計事務所之一）諮詢的負責人、雲端業務 CTO Ken Corless 將 NoOps（No Operations）稱為「DevOps 山的頂峰」。Microsoft Azure 全球基礎架構副總裁 Rene Head 說，這樣一個幾乎沒有實際運行維護的環境可以提供更快、更無摩擦的開發和部署體驗，表示對新功能和服務的業務請求來說，有更好的周轉時間。

如今，整個 IT 領域變得越來越複雜，雲端和微服務的出現完美地解決了這些複雜的問題。NoOps 的目標是定義一個過程，無須將 Dev（研發）與 Ops（營運）結合起來，透過設計將所有東西合理部署，無須人工作業。這就是 NoOps 的承諾，它是一種新興的 IT 趨勢，正推動一些組織超越 DevOps 提供的自動化，進入無須運行維護的基礎架構環境，而智慧的「監」與「控」在 NoOps 中有著舉足輕重的作用。

11.1.3 智慧監控實施路徑

由高效運行維護社區、AIOps 標準工作群組發起，資料中心聯盟、雲端運算開放原始碼產業聯盟指導，根據著名 AIOps 學者、網際網路領軍企業、AIOps 技術整合商等聯合發佈的《企業級 AIOps 實施建議》白皮書中指出：AIOps 是對我們平時運行維護工作中長時間累積形成的自動化運行維護和監控等能力的規則設定部分進行自我學習的「去規則化」改造，最終達到終極目標——「有 AI 排程中樞管理的，品質、成本、效率三者兼顧的無人值守運行維護，力爭所營運系統的綜合收益最大化」。AIOps 的目標是，利用巨量資料、機器學習和其他分析技術，透過預防、預測、個性化和動態分析，直接和間接地增強 IT 業務的相關技術能力，實現所維護產品或服務的更高品質、成本合理及高效支撐。

該白皮書中提到 AIOps 的建設並非一蹴而就的，通常可以針對企業某區塊業務逐漸完善最佳化，隨後逐漸擴大 AIOps 的使用範圍，最終形成一個智慧運行維護的流程。該白皮書中對 AIOps 能力分級可描述為以下 5 個階段，如圖 11-3 所示。

比較業界提出的各類概念，該白皮書極佳地舉出了企業實現 AIOps 的實施路徑和實現方向，其中提到了效率提升、品質保障、成本管理、AIOps 實施及關鍵技術。本書後續將就監控資料治理、監控動態基準線、監控自癒淺述工作中的部分案例與心得。

▲ 圖 11-3《企業級 AIOps 實施建議》白皮書及能力分級的 5 個階段

11.2 監控資料治理

參照 Gartner 的 AIOps 模型，可將資料分層為：Data Sources、Big Data、Calculations、Analytics、Algorithms、Machine Learning、Visualization。我們對資料進行擷取、梳理、清洗、結構化儲存、視覺化管理和多維度分析，資料分層中越往上，價值就越高。

由於監控的專業性，沒有任何監控軟體能完成所有的監控任務和需求，在集中監控平臺中存在著各類監控軟體的資料，被監控納管的模組與模組間、系統與系統間、業務與業務間、監控系統與監控系統間的資料存在天然的「豎井」或「孤島」。筆者認為，架設 AIOps 系統就是要破除資料「豎井」，使得零散的資料變為可統一呼叫的資料；資料從沒有或很少組織變成企業範圍的綜合監控資料；資料從混亂狀態到井井有條的過程。這個過程也不是「一錘子買賣」，是一個從無到有、從淺到深、從粗到精的持續改善的過程。

11.2.1 巨量資料平臺選型

我們以某監控巨量資料平臺專案為例，專案由開放原始碼巨量資料管理平臺 Ambari 架設，Ambari 是 Apache 軟體基金頂級專案，它是一個基於 B/S 架構的 Hadoop 生態管理工具，用於安裝、設定、管理和監視整個 Hadoop 叢集環境，支援 Hadoop HDFS、Hadoop MapReduce、Hive、HCatalog、HBase、ZooKeeper、Oozie、Pig 和 Sqoop。

Ambari 透過一步步的圖形化安裝精靈方式簡化 Hadoop 叢集部署與元件管理。預先設定好關鍵的運行維護指標（Metrics），可以直接查看 Hadoop Core（HDFS 和 MapReduce）及相關元件（如 HBase、Hive 和 HCatalog）的健康狀態。支持作業與任務執行的視覺化，能夠更進一步地查看元件之間的依賴關係和性能資源消耗，使用者介面非常直觀，使用者可以輕鬆有效地查看資訊並控制叢集。Ambari 產品是由 Apache 軟體基金會維護的，完全開放原始碼。

11.2.2 巨量資料平臺設計

監控巨量資料平臺解決資料生命週期管理的問題，從連線（生成）、計算、儲存、分析、分享、歸檔到清除（消毀），是資料處理及儲存能力的表現，如圖 11-4 所示。

（1）來源資料（Data Sources）來自專案中企業的各類監控及運行維護系統，包括 CMDBuild CMDB、天旦 BPC 應用性能監控、ELK 開放原始碼記錄檔監控、Splunk 記錄檔監控、Tivoli ITM IT 基礎監控、Zabbix IT 基礎監控、IBM System Director 小型主機監控、IBM TPC 儲存監控、新華三 U-Cloud 網路監控。

（2）結構與非結構化的資料透過資料處理介面（ETL）匯聚到 Kafka 做一次分發，完成原始資料連線。本專案使用的 Debezium 是一個開放原始碼專案，為捕捉資料更改（Change Data Capture，CDC）與 Kafka 配合，實現了持久性、可靠性和容錯性，另外，擁有標準可靠的原始介面，如 Zabbix 透過 binlog 方式進行匯聚、OMNIbus 事件透過 JDBC 方式進行整合等。

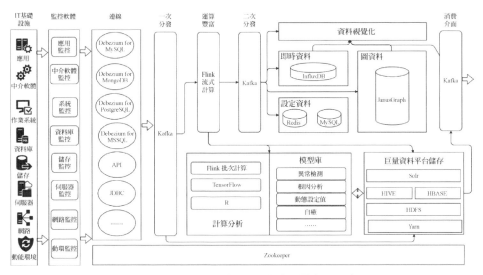

▲ 圖 11-4 監控系統資料連線巨量資料平臺

（3）Kafka 在平臺中還有一個重要的功能，作為 OMNIbus 的緩衝區，抑制警告。擁有 OMNIbus 經驗的人都知道，它是一個基於 Sybase 的記憶體中資料庫，能以最高效率的路由連線資料，但如果遇到警告風暴則非常致命，我們無法截斷警告風暴，引入 Kafka 設定 15 ～ 30 秒的事件緩衝時間，可以有效地在事件匯聚中自動阻斷警告風暴，事件通知方也幾乎不會感覺到警告延遲。

（4）選用 Flink 批次計算框架來實現歷史資料的分析，如動態設定值、根因分析等，也結合 Flink 流式計算框架進行即時資料與動態基準線的異常檢測等。

（5）要將不同類型的資料輸入合適的儲存倉庫中，如性能容量資料輸入 HBASE 和 InfluxDB，HBASE 是結構化資料的分散式儲存系統，主要儲存即時擷取的各類被監控裝置的性能資料，為後續實現動態基準線的計算奠定基礎；InfluxDB 時序資料庫為報表提供資料，能夠極大地提高報表的查詢效率，提升使用者體驗。使用 Redis 快取使用率較高的設定資料，如 Zabbix 的主機資訊、監控項資訊等快取，以提高資料讀取速度。MySQL 會儲存所有的設定資訊。JanusGraph 圖資料庫儲存根因分析中產生的根因樹相關關係類資料。

（6）其他運行維護系統可以將 Kafka 消費監控巨量資料平臺產生的各類資料和模型應用於生產運行維護中。

11.2.3 監控運行維護資料治理

1. CMDB 設定管理資料

針對 CMDBuild 設定管理庫，CMDB 資料連線巨量資料平臺如圖 11-5 所示。

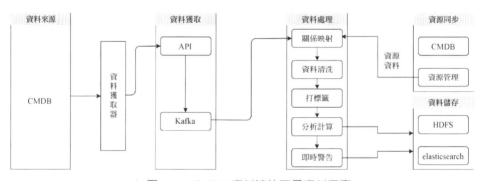

▲ 圖 11-5 CMDB 資料連線巨量資料平臺

（1）定時同步獲取 CMDB 資源資料和關聯資料至 Kafka。

（2）消費 Kafka 中資源和關聯資料，同步到智慧運行維護專案中的資料儲存中。

（3）消費 Kafka 中資源和關聯資料進行根因分析、異常檢測及動態基準線計算。

2. Zabbix IT 基礎監控資料

針對 Zabbix 監控系統，Zabbix 資料連線巨量資料平臺如圖 11-6 所示。

（1）開啟 Zabbix Server MySQL 資料庫 binlog 設定。

（2）在 Zabbix Server 所在伺服器上安裝 Debezium for MySQL，擷取 Zabbix server 資料庫產生的 binlog 檔案。

（3）資料處理器消費 Kafka 中的資料，對資料進行關係映射、資料清洗、打標籤、分析計算、即時警告等操作。

（4）最終將性能資料和產生的警告資料分別儲存在 HDFS 和 elasticsearch 裡。

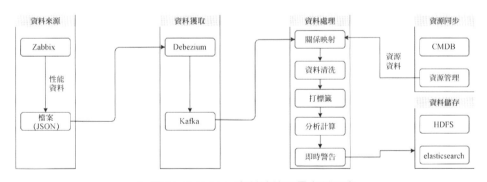

▲ 圖 11-6 Zabbix 資料連線巨量資料平臺

3. U-Cloud 網路監控資料

針對 U-Cloud 網路監控，透過訂製擷取器定時呼叫 U-Cloud API 介面獲取網路性能資料，送入 Kafka 中供資料處理器進行消費，對資料做關係映射、資料清洗、打標籤、分析計算、即時警告等操作,最後將資料同時儲存在 HDFS 和 elasticsearch 裡,如圖 11-7 所示。

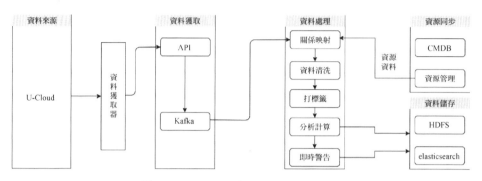

▲ 圖 11-7 U-Cloud 資料連線巨量資料平臺

4. OMNIbus 警告資料

針對 OMNIbus 事件平臺,透過使用 Kakfa 的方式接收集中警告平臺的警告資料,再統一供資料處理器消費,進行關係映射、資料清洗、打標籤、分析計算、即時警告,最後將資料同時儲存在 HDFS 和 elasticsearch 裡,如圖 11-8 所示。

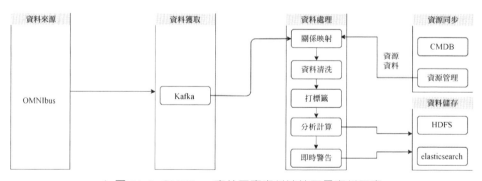

▲ 圖 11-8 OMNIbus 事件平臺資料連線巨量資料平臺

11.3 監控動態基準線

　　2019 年 7 月 30 日至 8 月 1 日，某企業發生了一次事故：該企業的某重要業務模組需要呼叫企業內簡訊平臺發送業務類簡訊通知，由於業務量激增，簡訊平臺佇列堵塞，而該企業的監控警告也是對接該簡訊平臺的，故所有監控警告也無法發送，多起生產事件通知延誤。以下是該簡訊平臺主備兩台伺服器的資源使用情況，請關注報表中主要伺服器資源使用情況，如圖 11-9 所示。

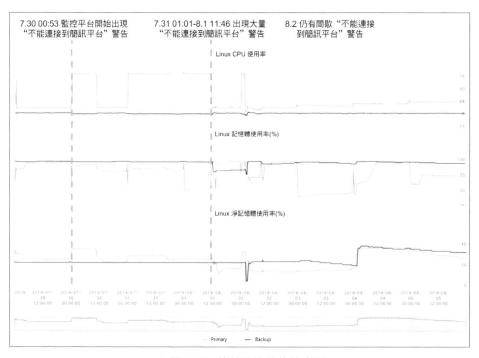

▲ 圖 11-9 傳統設定值故障案例

　　虛線間區域為事故發生時間段，根據圖 11-9 的即時資源報表展示，事故期間，Linux 記憶體使用率和 Linux 淨記憶體使用率均處於正常狀態。Linux CPU 使用率在事故期間長時間衝高並維持在 77% 左右，在該企業的 CPU 監控警告設定值為超過 80% 則警告，所以監控系統針對該類監控無法生成警告。同理，如果該伺服器上的簡訊業務系統異常當機，CPU 資源釋放並跌落到如 10% 時，透過傳統設定值也是無法發現異常的。那麼我們應該如何應對這種情況呢？

　　傳統的資源使用設定值一般為固定值，如 80%，在時序報表中表現為一條直線。所謂的動態設定值就是根據資源歷史時序性指標使用情況透過統計學的方式，生成基於每個時間點的時序性動態基準線，在時序報表中常表現為一條曲線，它反映了過去一段時期的指標趨勢，我們可以基於動態基準線檢測資源異常情況並生成警告。

11.3.1 動態設定值設計與計算

　　在介紹動態設定值前有必要先了解以下幾個概念。（註：由於篇幅有限，詳細內容請大家自行查閱相關資料。）

1. AIC

　　Akaike Information Criterio（AIC），赤池資訊量準則是衡量統計模型擬合優良性的一種標準，由日本統計學家赤池弘次建立，AIC 建立在熵概念的基礎上，可衡量所估計的模型的複雜度和模型擬合數據的優良性。

2. SPC

　　Statistical Process Control（SPC），統計程式控制是一種借助數理統計方法的程式控制工具，用於趨勢檢測，判定性能資料趨勢異常，如以 5 分鐘為採樣間隔，在 1 小時內擷取的即時資料連續 6 個採樣點遞增或遞減，則判定為異常（SPC 常用判定為異常的準則：連續 6 個採樣點遞增或遞減）。

3. 3σ

正態分佈，也稱常態分佈，是在數學、物理及工程等領域都非常重要的機率分佈，表現為兩頭低、中間高，左右堆成的鐘形曲線，如圖 11-10 所示。

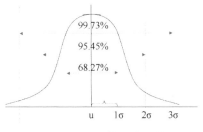

▲ 圖 11-10 正態分佈曲線

3σ 用於偏移幅度異常檢測，即時性能容量與動態基準線出現偏移，如偏移一個 σ 則觸發 warning 等級警告，偏移兩個 σ 則觸發 critical 等級警告，偏移三個 σ 則觸發 fatal 等級警告。

4. ARIMA

ARIMA（Auto-Regressive Integrated Moving Average model，差分整合移動平均自回歸模型），又稱整合移動平均自回歸模型，是時間序列預測分析方法之一，可作為性能資料預測的演算法。

傳統設定值的設定根據裝置運行過程測量值舉出一個固定設定值，固定設定值通常是不變的。動態設定值隨著裝置資源使用情況而變，具體變化表現在不同的時間點資源使用情況不同，設定值也不同。動態設定值計算方式是對裝置執行時間的橫切，如連續 30 天內的 1 點鐘、2 點鐘、3 點鐘，每個時間點有 30 個資料，透過對這 30 個資料雜訊過濾處理後，結合機率分佈演算法、區間取數法、AIC 準則運算後得出該時間點的上下基準線，上下基準線結合 3σ 等計算出警告設定值，如圖 11-11 和圖 11-12 所示。

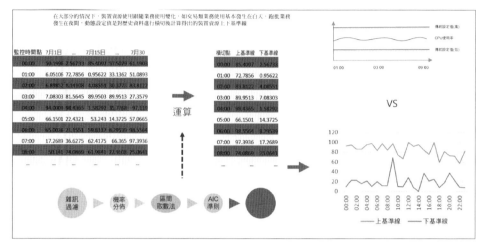

▲ 圖 11-11　傳統設定值與動態設定值

擷取	過濾	處理	基準線	警告
Zabbix ITM	定時取樣 機率分佈	區間取數法	AIC準則	容忍線=基準線×(1±方差×倍數)

▲ 圖 11-12　動態設定值計算流程

　　從 Zabbix、ITM 監控系統中定時獲取一段週期的性能資料（如 30 天內每 15 分鐘一個採樣點），將取到的樣本資料應用區間取數法分成多個資料組（如 30 天內 00:00 的 CPU 性能有 30 個資料，置信度按 0.8 計算，那可信賴資料為 24 個資料，然後從最早一天做視窗滑動，每次取 24 個資料，分成 6 組），計算每個資料組的方差，以方差為標準應用 AIC 準則，找到最佳的資料組，該資料組的最大值、最小值分別為上基準線、下基準線，這個資料組的方差為偏移單位。上容忍線就是上基準線 +N 倍偏移單位，下容忍線就是下基準線 -M 倍偏移單位。

　　另外，批次計算程式從 Hbase 中獲取性能資料，由於生產過程中資料有大量雜訊點，我們需要經過假日資料剔除、峰值資料剔除、變更資料剔除、人工訂製剔除等規則降噪。

11.3.2 基於動態設定值異常檢測

在專案中，我們使用 3σ 檢測資源的幅度異常，SPC 判定規則中 7 點法（連續 7 個點位於中心線的同一側，說明資料的控制中心偏離了原來的預期，需要做出對應的調整）和 6 點法（連續 6 個點上升或下降，資料持續變化反應零件的單向趨勢，這對正態分佈來說是非常不合理的現象，因此要考慮異常的可能性）在實際應用中比較可靠。如圖 11-13 為基於動態設定值的異常檢測判定方法流程圖。

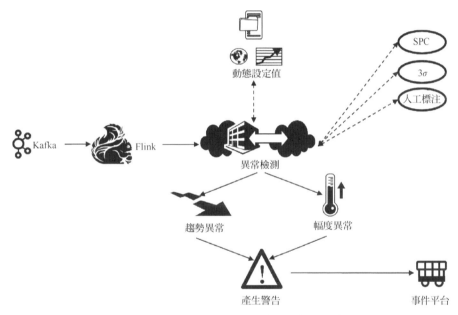

▲ 圖 11-13 基於動態設定值的異常檢測判定方法流程圖

11.3.3 監控動態設定值案例

圖 11-14 是 Linux 伺服器 CPU 使用率動態設定值，實際值曲線為伺服器實際 CPU 使用率，淺灰色區域為動態設定值上下限間的資源正常區域，預測值曲線是資源預測資料。

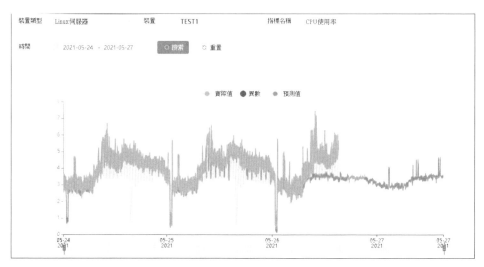

▲ 圖 11-14 Linux 伺服器 CPU 使用率動態設定值

　　圖 11-15 是 Linux 淨記憶體使用率動態設定值俘獲異常情況，在異數標示時段，伺服器上運行的 4 個處理程式異常當機。

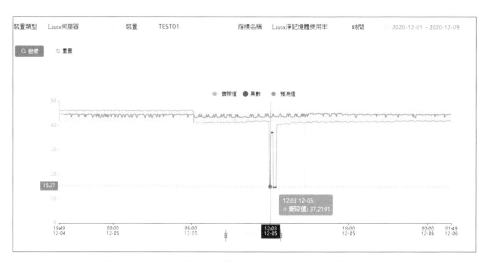

▲ 圖 11-15 Linux 淨記憶體使用率動態設定值俘獲異常情況

單一處理程式對整台伺服器的資源影響不一定大，監控伺服器的整體資源情況不能清晰地反映處理程式狀態。動態設定值還可以有更高的顆粒微性，如設定單一處理程式的資源使用情況。異數標示的 ***-process-launcher 處理程式 CPU 使用率突然衝高，需要持續關注相關業務情況，如圖 11-16 所示為處理程式 CPU 使用率動態設定值俘獲異常情況。

▲ 圖 11-16 處理程式 CPU 使用率動態設定值俘獲異常情況

11.4 監控自癒

如圖 11-17 所示，在監控的幾個階段中，監控自癒就是故障止損過程中的實現方法，透過監控感知並自動修復故障。

▲ 圖 11-17 監控的幾個階段

11.4.1 什麼是自癒

關於監控自癒，不同企業有不同的定義，綜合不同企業的監控自癒關鍵字，複習如圖 11-18 所示。

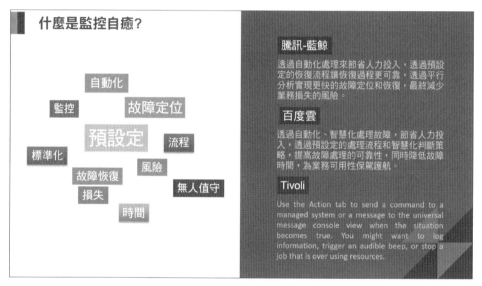

▲ 圖 11-18 什麼是監控自癒

透過自動化處理來節省人力投入，透過預設定的恢復流程讓恢復過程更可靠，透過平行分析實現更快的故障定位和恢復，最終減少業務損失的風險。（騰訊 - 藍鯨）

透過自動化、智慧化處理故障，節省人力投入，透過預設定的處理流程和智慧化判斷策略，提高故障處理的可靠性，同時降低故障時間，為業務可用性保駕護航。（百度雲）

Use the Action tab to send a command to a managed system or a message to the universal message console view when the situation becomes true. You might want to log information, trigger an audible beep, or stop a job that is over using resources.（當情境發生時，使用 Action 標籤將命令發送到託管系統或將訊息發送到通用訊息控制台視圖。您可能希望記錄資訊、觸發警告或停止資源的作業。）（Tivoli）

1. 監控自癒

監控軟體是故障警告的觸發器，不少監控軟體也附帶自癒模組，如 Tivoli ITM/ITCAM、Zabbix 等。當某類事件發生後，Zabbix 可以透過 Actions 模組針對 Target list（執行動作的裝置）執行某 Type（執行動作的類型）的 Commands（執行動作的具體內容），Execute on（執行動作的位置）為 Zabbix agent、Zabbix server（Proxy）或 Zabbix server，如圖 11-19 所示。

▲ 圖 11-19 Zabbix Actions（自癒模組）

2. 自動化

　　當然，也不是所有的監控軟體都包含監控自癒模組，傳統監控軟體提供的自癒模組僅能做簡單的命令和指令稿呼叫，自癒操作的邏輯只能透過撰寫指令稿控制，無法實現複雜操作。

　　監控自癒的基礎是自動化工具。近年來，在運行維護界湧現了大量的自動化工具，其中 Ansible 風頭尤盛。在 2015 年 10 月，也就是 Ansible 面世的 3 年後就被 RedHat 官方收購，在 GitHub 上關注量的增漲也極為迅速，如圖 11-20 所示為自動化工具 2016 － 2020 年發展趨勢。

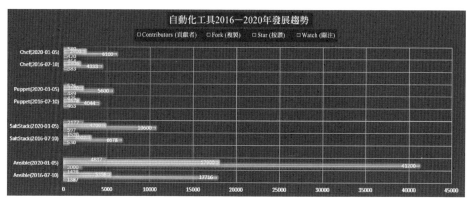

▲ 圖 11-20　自動化工具 2016 － 2020 年發展趨勢

　　可以看出，短短 4 年間，Ansible 的 Contributors（貢獻者）、Fork（複製）、按讚（Star）、關注（Watch）出現了 2 ～ 3 倍的增長，遠遠超過 SaltStack、Puppet、Chef 的相關量。紅帽 RHEL（Red Hat Enterprise Linux）8 的 RHCA（Red Hat Certified Engineer）認證也將成為 Ansible 的主場。監控軟體與 Ansible 整合組成監控自癒模組是自癒開發與設計的發展方向。

3. 故障定位

故障定位是自癒流程規則執行的困難，故障問題多樣、同一種故障的原因也多樣，我們不可能實現所有問題都能故障自癒，所以我們將問題的定位與故障排除從依靠人工決策逐步過渡到依靠機器決策，針對能實現故障自癒的部分進行警告分析，在獲取到特定的警告後再觸發對應的自癒動作。

4. 預設定流程

與傳統生產故障排除一樣，監控自癒不是「黑盒」魔法，它是透過複習某種或某類監控生產故障，人工整理出來的一套切實有效的故障排除方法。透過自癒模組對故障排除流程進行預先定義。

5. 標準化

二八定律告訴我們，運行維護管理過程中 80% 的故障止損流程可以做標準化處理，自癒流程就是這種標準化的成果。標準化會帶來運行維護品質的全面提升，有效減少故障止損時間，易於故障的辨識和處理，降低監控運行維護人員的重複勞動強度。

6. 故障恢復

對警告來說，每天數量巨大的警告絕大部分都是屬於通知性的，如 CPU 使用率達到 85%、目錄使用率達到 80% 等。這類問題不會立即造成系統故障，但存在一定的隱憂，對目前許多企業來說，沒有處理也沒出問題則關係不大，一旦出現問題而沒有處理則責任重大，許多運行維護團隊對這類警告的處理非常頭疼，目前大部分企業都配備 7×24 小時的運行維護值班人員專職進行警告的處理，但最前線值班人員對全系統的警告處理專業性不夠，仍經常把二線人員叫來處理警告，非常麻煩，因此警告的自動化處理非常有必要。警告是基於規則的，具有自動處理的現實性，舉例來說，某個檔案系統滿了，只需要根據既定的規則清理目的檔案即可，這樣警告發生時即刻觸發自動處理的指令稿，確保故障處理 100% 的即時率，同時也能快速將問題、故障消滅在萌芽狀態，有力保障系統的穩定運行。

7. 風險

故障從產生到結束的整個生命週期都存在風險，在故障未恢復之前可能會造成業務系統的遲滯、中止、回應時間過長等影響，給使用者帶來不好的體驗。在整個故障處理過程中，單就故障止損來說，標準的故障處理流程可使故障時間顯著減少、風險降低。

8. 無人值守

自癒流程的執行具有一定的智慧化，流程的執行不需要運行維護人員幹預，依靠預先定義的規則和策略實現無人值守式執行。

9. 時間 / 損失

故障會直接對業務系統的可用性或效率造成影響，進而影響企業的經濟和社會效益。我們常用來衡量故障相關的參數有兩個，分別是 MTTR（Mean Time To Repair，平均修復時間）和 MTBF（Mean Time Between Failures，平均故障間隔）。

MTBF：是衡量一個產品的可靠性指標，它反映了產品的時間品質，是表現產品在規定時間內保持功能的一種能力。具體來說，是指相鄰兩次故障之間的平均工作時間，也稱為平均故障間隔。MTBF 的數學運算式如下：

$$MTBF = \frac{\Sigma(downtime - uptime)}{failuretimes}$$

可簡單地描述為，MTBF（時間 / 次）＝總執行時間 ÷ 總故障次數。舉例來說，某裝置在使用過程中運行 100 小時後，耗時 3 小時修理，在運行 120 小時後，耗時 2 小時修理，在運行 140 小時後，耗時 4 小時修理，則 MTBF=（100+120+104）÷3=120（小時 / 次）。

MTTR：是描述產品由故障狀態轉為工作狀態的修理時間的平均值。產品的特性決定了平均值的長短，舉例來說，硬碟錯誤的自動修復機制所消耗的平均時間，或整個機場的電腦系統從發生故障到恢復正常運行狀態的平均時間。在工程學中，「平均修復時間」是衡量產品維修性的值，因此這個值在維護合約裡很常見，並以之作為服務收費的準則。

平均修復時間記為 MTTR 或 $\overline{M_{ct}}$，其度量方法為在規定的條件下和規定的時間內，產品在任意一個規定的維修等級上，修復性維修總時間與在該等級上被修復產品的故障總數之比。

設 t_i 為第 i 次修復時間，N 為修復的次數，運算式如下。

$$\overline{M_{ct}} = \frac{\sum_{i=1}^{N} t_i}{N}$$

可簡單地描述為，MTTR（時間 / 次）= 總修復時間 ÷ 總故障次數。舉例來說，某裝置在使用過程中運行 100 小時後，耗時 3 小時修理，在運行 120 小時後，耗時 2 小時修理，在運行 140 小時後，耗時 4 小時修理，則 MTTR=（3+2+4）÷3=3（小時 / 次）。

監控自癒模組可以有效縮短平均修復時間，平均故障間隔時間需要依賴生產系統運行維護持續改進。

11.4.2 自癒的優勢

如圖 11-21 所示為在日常運行維護中，人工處置遇到的問題。

運行維護時間的問題

夜間警告,運行維護人員在休息
下班或休假時,運行維護人員不在資料中心

運行維護回應的問題

監控警告到運行維護人員響應有延遲
處理過程需要查詢各類資料有延遲

運行維護決策的問題

新人入職,運行維護人員經驗欠缺
沒有收集到足夠的故障資訊

運行維護操作的問題

應急操作命令錯誤
應急操作過程不規範

▲ 圖 11-21 日常運行維護中人工處置遇到的問題

　　監控自癒解決了原先企業機構內部在非工作時間系統發生異常也需要靠人工去解決的問題。在運行維護響應時間上,監控警告通知運行維護人員本身就有延遲,運行維護人員還需要在各類運行維護支援系統上查詢資料,這些都會消耗大量寶貴的故障處理時間。新員工入職、運行維護人員缺少經驗、沒有收集到足夠的資訊都會造成故障處置決策中的失敗,帶來不可彌補的損失。筆者曾自負在無複習的情況下參加了 RHCA 的某門考試,並按照要求完成了考試中的所有題目,結果卻沒有透過,總結經驗為:滿足某項運行維護操作需求的可以有許多筆路,但是只有一條路是考試或運行維護系統需要的,而監控自癒為故障提供了一個標準化的操作流程。

　　在生產中有 80% 的事件是重複發生的,並且有可流程化的步驟。使用 IBM Tivoli ITM/ITCAM 監控的企業就常會遇到,一旦生產環境代理數超過 1000,幾乎每天都會有 2~5 個代理出現代理資源佔用過高、心跳掉線、性能容量錄庫異常等故障。從異常巡檢到故障處理,假設每天需要耗費約 30 分鐘,透過自癒模組對其進行恢復操作,僅本場景全年可釋放 30 分鐘 ×365 天 = 182 小時的工作時間。監控自癒模組可有效解決人工處理的尷尬,減少運行維護碎片時間,並能即時恢復生產。

據騰訊 - 藍鯨的統計,監控自癒模組的利用能有效節約人力成本 30%,並 500% 降低 MTTR,如圖 11-22 所示。

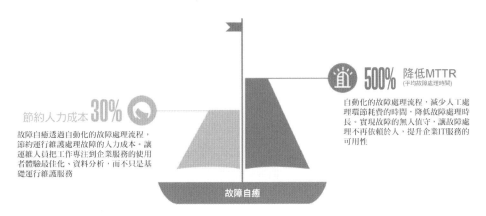

▲ 圖 11-22 騰訊 - 藍鯨統計自癒模組的功效

11.4.3 監控自癒模組設計

監控自癒模組設計如圖 11-23 所示。

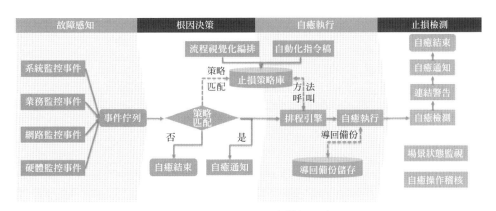

▲ 圖 11-23 監控自癒模組設計

（1）**故障感知**：提供業務固定與智慧檢測、智慧異常檢測功能。主要依賴於企業的各類基礎監控系統。

（2）**根因決策**：根據不同感知方式設定不同的處理流程及自動化指令稿。運行維護人員可根據經驗證的事件歷史處置經驗編制監控自癒策略，存放在止損策略庫中。

（3）**自癒執行**：提供單伺服器故障處置、跨伺服器故障處置、跨平臺故障處理方式。主要依賴自動化模組，依照止損策略集中呼叫資源恢復生產。另外，導回備份儲存可用於自癒過程中的過程資料或狀態資料的備份和收集。

（4）**止損檢測**：針對執行完畢的自癒操作設定業務層級的狀態檢測，保障業務持續可用。

11.4.4 監控自癒案例分享

某企業使用了 IBM Tivoli ITM/ITCAM 和 Netcool OMNIbus 架設的 Tivoli 監控解決方案。該方案中使用 Tivoli Server（主備 2 台）、OMNIbus Server（主備 2 台）、Tivoli Remote（主備 3 台）、事件和性能資料庫（主備 2 台），共 9 台伺服器，涉及近 40 個監控相關模組，一旦某模組出現異常，即使非常熟悉環境的工程師也需要逐層、逐台伺服器推演異常原因，在解決問題後還需要逐層、逐模組檢查這個監控平臺的整體運行情況。

在該企業監控專案中，我們用了一套流程圖式的可編輯的自動化模組設計開發了自癒系統，並梳理了整套 Tivoli 監控平臺的資源情況及啟動和檢查順序，使用自癒系統中的標準呼叫模組與命令和指令稿配合，繪製了整個監控平臺自癒流程。如圖 11-24 所示為流程圖式的自癒流程案例。

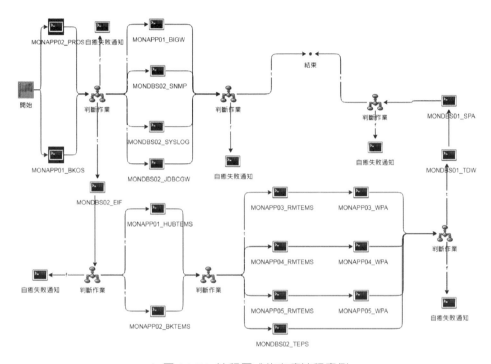

▲ 圖 11-24 流程圖式的自癒流程案例

　　該模型有效提升了問題解決的效率，當某監控模組出現異常被俘獲並生成事件送入事件平臺時，事件平臺聯動自癒系統，遍歷策略庫找到該事件的自癒策略，並通知事件受理工程師「Tivoli 監控平臺 ×× 模組工作異常，開始執行 ×× 自癒策略。」繼而啟動策略執行自癒操作，執行完畢後會啟動 Tivoli 監控平臺可用性檢查。如果事件自癒，恢復正常，則通知事件受理工程師「Tivoli 監控平臺 ×× 模組工作異常，執行 ×× 自癒策略，成功。」如果失敗則收集即時資訊，通知事件受理工程師即時人工作業。監控自癒模組相當於一個自動化的應急切換演練模型，能夠做到快速回應、高效恢復、即時止損。

▌11.5 本章小結

　　本章首先介紹了 Gartner AIOPS、NoOps，以及高效運行維護社區發佈的《企業級 AIOps 實施建議》白皮書中的智慧監控實施路徑；並以專案為案例介紹了監控資料治理工作；詳細描述了監控動態設定值的設計與計算、基於動態設定值的異常檢測和動態設定值的案例；最後分享了監控自癒的概念及監控自癒實際案例。

參考文獻

第 1 章

[1] 徐亮偉 . 運行維護監控系統 [EB/OL]. (2019-09-28)[2021-05-01]. https://www.cnblogs.com/ deny/p/11605080.html.

[2] IBM.IBM Documentation[DB/OL]. (2021-05-01)[2021-05-01]. https:// www.ibm.com/ docs/en.

[3] Zabbix.Zabbix documentation[DB/OL]. (2021-08-15)[2021-05-01]. https://www.zabbix.com/ documentation/.

第 2 章

[1] 維基百科 . Data center[DB/OL]. (2021-08-13)[2021-08-16]. https://en. wikipedia.org/wiki/ Data_center.

[2] 維基百科 . Mainframe computer[DB/OL]. (2021-08-07)[2021-08-16]. https://en.wikipedia. org/wiki/Mainframe_computer.

[3] 維基白科. Minicomputer[DB/OL]. (2021-07-17)[2021-08-16]. https://en.wikipedia.org/ wiki/Minicomputer.

[4] JUJITSU. 刀鋒伺服器的優勢 [DB/OL]. (2019-02-21)[2021-04-01]. https://www.fujitsu. com/cn/products/computing/servers/primergy/featurestories/fs04-bladeserver.html.

[5] IBM. 管理 HMC[DB/OL]. (2021-05-01)[2021-05-01]. https://www.ibm. com/docs/zh/ power7?topic=interfaces-managing-hmc.

[6] Monster 小怪獸. 使用 HMC 管理 Power Linux[DB/OL]. (2020-11-16)[2021-04-01]. https://blog.csdn.net/xinluosiding/article/details/109700520.

[7] 王鴻瑞. Zabbix 透過 HMC 監控 IBM 小機硬體 [EB/OL]. (2021-02-03)[2021-08-01]. https://cloud.tencent.com/developer/article/1784189.

第 3 章

[1] 維基百科. 虛擬化 [DB/OL]. (2012-11-23)[2021-04-01]. https://zh.wikipedia.org/wiki/ %E8%99%9B%E6%93%AC%E5%8C%96.

[2] 維基百科. VMware[DB/OL]. (2021-04-04)[2021-05-01]. https://zh.wikipedia.org/wiki/ VMware.

[3] 維基百科. Kernel-based Virtual Machine[DB/OL]. (2021-05-22) [20210601]. https://en. wikipedia.org/wiki/Kernel-based_Virtual_Machine.

[4] Aldin Osmanagic.VMware Monitoring with Zabbix:ESXi, vCenter, VMs(vSphere) [EB/OL]. (2021-06-10)[2021-06-14].https:// bestmonitoringtools.com/vmware-monitoring- with-zabbix-ESXi-vcenter-vm-vsphere/.

[5] Vmware 官方檔案 . VMware vSphere 檔案 [EB/OL]. (2021-06-30) [2021-07-01]. https:// docs.vmware.com/cn/VMware-vSphere/index. html.

第 4 章

[1] 柴文強 , 薛陽 . 系統架構設計師教學 [M]. 北京：清華大學出版社 , 2012.

[2] 阮一峰 . 處理程式與執行緒的簡單解釋 [EB/OL]. (2013-04-24)[2021- 07-01]. http://www. ruanyifeng.com/blog/2013/04/processes_and_ threads.html.

[3] 維 基 百 科 . Windows Server[EB/OL]. (2021-08-13)[2021-07-01]. https://en.wikipedia.org/ wiki/Windows_Server.

[4] DANIEL P.BOVET, MARCO CESATI. 深入理解 LINUX 核心 [M]. 中國電力出版社 , 2014.

第 5 章

[1] SEBASTIEN GODARD. SYSSTAT 官方檔案 [EB/OL]. (2020-11-21) [2021-03-14]. http:// sebastien.godard.pagesperso-orange.fr/man_iostat. html.

[2] KENNY GRYP. Yoshinorim/mha4mysql-manager[EB/OL]. (2018-03-23)[2021-03-20]. https:// github.com/yoshinorim/mha4mysql-manager.

[3] Oracle 官方檔案 . Oracle Database High Availability[EB/OL]. (2021-06-13)[2021-04-01]. https://www.oracle.com/database/technologies/ high-availability.html.

第 6 章

[1] Tomcat 官方檔案 . The Tomcat Story[EB/OL]. (2021-07-05)[2021-07-10]. http://tomcat. apache.org/heritage.html.

[2] ActiveMQ 官方檔案 . ActiveMQ Unix Shell Script[EB/OL]. (2021-04-30)[2021-07-10] https://activemq.apache.org/unix-shell-script.

[3] 維 基 百 科 .Nginx wiki[DB/OL]. (2021-07-07)[2021-07-11]. https://en.wikipedia.org/wiki/ Nginx.

第 7 章

[1] IWANKGB. cAdvisor GitHub[EB/OL]. (2021-07-07)[2021-07-08]. https://github.com/ google/cadvisor.

[2] YASONGXU. cadvisor Gitbook[EB/OL]. (2018-05-01)[2021-07-19]. https://yasongxu. gitbook.io/container-monitor/yi-.-kai-yuan-fang-an/di-1-zhang-cai-ji/cadvisor.

第 8 章

[1] Kubernetes 官 方 檔 案 . Kubernetes 介 紹 [EB/OL]. (2021-06-23)[2021-07-02]. https:// Kubernetes.io/docs/concepts/overview/what-is-kubernetes/.

[2] Promethes 官方檔案 . Prometheus 介紹 [EB/OL]. (2020-06-21)[2021-07-05]. https:// prometheus.io/docs/introduction/overview/.

[3] MARKO LUKSA.Kubernetes in Action[M]. Manning, 2018.

[4] BRIAN BRAZIL. Prometheus:Up & Running Infrastructure and Application Performance Monitoring[M]. OREILLY, 2018.

[5] Node Exporter 官方檔案 . Node Exporter 介紹 [EB/OL]. (2021-03-05) [2021-07-07]. https://github.com/prometheus/node_exporter.

[6] Kube State Metrics 官 方 檔 案 . Kube State Metrics 介 紹 [EB/OL]. (2021-05-20) [2021-07-07]. https://github.com/kubernetes/kube-state-metrics.

第 9 章

[1] BENJAMIN H. SIGELMAN, LUIZ A B. Dapper, a Large-Scale Distributed Systems Tracing Infrastructure[EB/OL]. (2010-04)[2021-04-08]. https://static. googleusercontent.com/media/research.google. com/zh-CN//archive/papers/dapper-2010-1.pdf.

[2] OpenTracing 官方檔案 . OpenTracing 術語定義 [EB/OL]. (2020-08-25) [2021-03-05]. https://github.com/opentracing/specification/blob/master/ specification.md#references-between-spans.

[3] OpenTracing 官方檔案 . OpenTracing 最佳實踐 [EB/OL]. (2017-03-19) [2021-03-06]. https://opentracing.io/docs/best-practices/.

[4] YURI SHKURO. Mastering Distributed Tracing: Analyzing performance in microservices and complex systems[M].Packt, 2019.

[5] AUSTIN PARKER, DANIEL SPOONHOWER. Distributed Tracing in Practice Instrumenting, Analyzing, and Debugging Microservices[M], OREILLY, 2020.

第 10 章

[1] 記錄檔易學院 . 記錄檔管理與分析 [M]. 北京：電子工業出版社 , 2021.

[2] 郭岩, 等. 網路記錄檔規模分析和使用者興趣挖掘 [J]. 電腦學報, 2005, 28(9):1483-1496.

[3] LIM C, SINGH N, YAJNIK S. A log mining approach to failure analysis of enterprise telephony systems[C]. Dependable Systems and Networks With FTCS and DCC, 2008. DSN 2008. IEEE International Conference on. IEEE, 2008.

[4] C GORMLEY. Elasticsearch: The Definitive Guide[J]. Oreilly Media, 2015.

[5] 林英, 張雁, 歐陽佳. 記錄檔檢測技術在電腦取證中的應用 [J]. 電腦技術與發展, 2010, 20(006): 254-256.

[6] PHILLIP M.HALLAM-BAKER, BRIAN BEHLENDORF. Extended Log File Format (W3C Working Draft WD-logfile-960323)[EB/OL]. (1996-3)[2021-08-16]. https://www. w3.org/TR/WD-logfile.html.

[7] CHUVAKIN A, SCHMIDT K, PHILLIPS C. Logging and Log Management: The Authoritative Guide to Understanding the Concepts Surrounding Logging and Log Management[J]. Syngress Publishing, 2012.

第 11 章

[1] AIOps. AIOps (Artificial Intelligence for IT Operations)[EB/OL]. (2019-05-28) [2021-08-08]. https://www.gartner.com/en/information-technology/glossary/aiops-artificial-intelligence-operations.

[2] 高效運行維護社區 AIOPS 標準工作群組. 企業級 AIOps 實施建議白皮書 [EB/OL]. (2018-06-13)[2021-07-01]. https://download.csdn.net/download/zhucett/10476322.

[3] 蘇槐 . 資料治理 [EB/OL]. (2019-08-14)[2021-07-01]. https://www. infoq.cn/article/ ubch5bdk2twgdo5xuzn.

[4] 裴丹 . 清華裴丹分享 AIOps 落地路線圖 , 看智慧運行維護如何落 地生根 [EB/OL]. (2017-11-24)[2021-07-01]. https://www.sohu.com/ a/206232614_505827.

[5] 全國品質專業技術人員職業資格考試辦公室 . 品質專業理論與實務 (中級)[M]. 北京 : 中國人事出版社 , 2010.

Note